黑龙江省优秀城乡规划项目作品集

2014-2016

黑龙江省城市规划协会　编著

中国建筑工业出版社

编　委　会

主 任 委 员：杨占报

副主任委员：赵景海

委　　　员：周贵才　　张宝武　　徐苏宁　　冷 红　　张建喜　　赵志庆　　刘曦光　　王 巍

　　　　　　李经纬　　戴世智　　寇胜平　　郭湘宁　　李海波　　陶英军　　陆 彤　　朱恒利

　　　　　　张 宁　　吕剑飞　　郭 一　　刘晓峰　　宫金辉　　张远景

主　　　编：张宝武

副 主 编：张远景　　韩继发　　董沛学

编 辑 人 员：贺 红　　李城润　　王一淳

编 务 人 员：崔丽荣　　陆 洋　　纪雨希　　刘 岩　　由嫦娥

谨以此书

献给黑龙江省城乡规划行业的优秀规划师，以及十七年来为黑龙江省城市规划协会无私奉献的各界朋友！

Acknowledgements

We dedicate this portfolio to all prominent urban planners in urban and rural planning industry of Heilongjiang province，as well as all friends supporting HAUP for 17 years wholeheartedly!

协会简介

黑龙江省城市规划协会（Heilongjiang Association of Urban Planning，简称HAUP）成立于2001年1月2日，为黑龙江省城乡规划工作者和有关单位自愿结成的地方性、行业性、学术性、非营利性社会组织。现有会员单位182个。

协会宗旨是贯彻党和国家的方针政策，遵守宪法、法律和法规，遵守社会道德风尚，团结全省城乡规划工作者，积极开展学术研究和交流活动，提高本省城乡规划的理论与实践水平，发挥行业与政府的纽带作用，协助政府行业主管部门加强行业管理，提高行业整体水平和从业人员素质，维护会员合法权益，反映会员愿望，为本省城乡规划行业的建设和发展服务。

业务范围包括：开展学术研究和交流活动，加强同国内外学术团体和城乡规划工作者的友好交往；总结、交流、推广城乡规划及相关领域先进理论和新技术；宣传普及城乡规划业务知识、公共政策和相关学科知识；组织行业考察、会议交流、培训讲座、成果展览等多种形式的学术活动；积极参与国家和本省城乡发展战略决策咨询，参与重要规划建设项目的论证、咨询工作；接受委托进行科技项目及各类规划的论证、科技成果的评议、行业发展规划以及地方标准规范的制定等技术服务工作；组织编辑出版协会刊物、学术专著、科普读物和其他出版物工作；协助政府及行业主管部门宣传贯彻党、国家和本省有关城乡规划的方针政策和法律法规；沟通政府和行业的关系，协助政府做好行业管理；建立行业职业道德标准和自律公约，维护行业之间公平的竞争环境；开展诚信评价，创造良好的行业发展秩序，维护行业整体利益，促进行业健康发展；负责全省注册城市规划师的继续教育和有关管理工作；组织开展城乡规划成果和学术论文评优活动，举荐学术人才；经政府或行业主管部门批准，组织开展城乡规划方面的表彰和奖励活动；承担政府和行业主管部门转交或委托的其他工作。

下设二级机构有：城乡规划管理专业委员会、区域与总体规划学术委员会、城市设计学术委员会、景观环境与生态规划学术委员会、村镇规划专业委员会、城市综合交通专业委员会、新技术与信息化专业委员会、历史文化保护规划专业委员会、城市勘测与地下空间规划专业委员会、城市基础设施规划专业委员会。

协会自成立以来，很好地完成了业务范围内的各项工作，协助了政府行业主管部门加强行业管理，提高了行业整体水平和从业人员素质。今后，协会将牢固树立服务意识，将服务市场、规范行业、发展产业作为第一要务，着重推进品牌建设和平台建设，成为行业与政府之间沟通、行业之间协调解决矛盾的平台。协会将主动作为，真抓实干，攻坚克难，突破创新，科学发展，为全省城乡规划建设事业提供服务。

协会寄语

城市建设，规划先行，谋定后动。城乡规划是一项全局性、综合性、战略性非常强的工作，涉及政治、经济、文化和社会生活等各个领域，是各级政府统筹安排城乡发展建设空间布局，保护生态和自然环境，合理利用自然资源，维护社会公正与公平的重要依据。

习近平总书记在十九大报告中强调，中国特色社会主义进入了新时代，我国社会主要矛盾已经转化为人民日益增长的美好生活需要和不平衡不充分的发展之间的矛盾。新时代要有新思路，新的历史节点上新的城乡规划课题随之而来，如何顺应城市工作新形势、改革发展新要求、回应人民群众新期待，在社会发展的转型关口，谋篇布局中国未来的城市，不仅是各级政府的工作重点，也是每一位规划设计人员在进行项目设计时都应深入思考的问题。

作为全省城乡规划工作者沟通交流的平台——省城市规划协会历年来都在为促进全省城乡规划编制水平的提高而不断努力，每年度组织的评奖活动更加促进了行业的发展，加速了技术水平的提升，发挥了重要的组织引领作用。评奖之后，让历年评选的优秀规划范例发挥更大的作用，加强省内设计机构和人员的交流，为新型城乡规划设计技术和创意理念提供展示平台，为规划设计者构思新项目时提供他山之石的绵薄之力，是省城市规划协会出版这本《黑龙江省优秀城乡规划项目作品集》的初心。

本书收录了2014—2016年度黑龙江省优秀城市规划一、二等奖的获奖作品48项，分别出自9家优秀编制单位和304名优秀规划工作者之手。在便于查阅、交流和珍藏的同时，也希望有利于读者从技术发展的角度予以深思和审视，不断提高城乡规划设计水平。

新时代，新使命。根据总书记要求，我们每一位规划设计者都需要在立足国情、尊重自然、顺应自然、保护自然、改善城市生态环境上下功夫，在统筹上求突破，着力提高城市发展的持续性、宜居性，体现城市精神、展现城市特色、提升城市魅力。要在规划理念和方法上不断创新，增强规划科学性、指导性。同时坚持以人民为中心的发展思想，最终让人民群众满意。

新时代，新征程。期待我省的规划工作者能够顺势而为，团结奋进，快马加鞭，发扬"工匠"精神，以习近平新时代中国特色社会主义思想为统领，紧紧围绕十九大精神和省委、省政府工作重点，牢固树立创新、协调、绿色、开放、共享发展理念，迎难而上，放眼长远，以提升全省城乡规划品质为目标，以推动城乡规划改革为动力，在新的起点上绘就新的蓝图，书写出更加璀璨的崭新篇章，为我省乃至全国规划界作出新的更大贡献！

张宝武

2018年3月于哈尔滨

目录

黑龙江省优秀城乡规划项目作品集

2014年度获奖作品

2015年度获奖作品

2016年度获奖作品

密山市中心城区总体城市设计及重点地段城市设计

编制单位：哈尔滨工业大学城市规划设计研究院
编制人员：张昊哲、杨灵、刘畅、崔鑫悦、信乃琪、王作为、赵志庆、夏子康、马和、张丽艳、
　　　　　张为福、秦耕、李子为、杨曼获、盛晖
编制时间：2014年
获奖等级：一等奖 2015年度全国优秀城乡规划设计奖（城市规划类）三等奖

■ 一、规划背景

密山，隶属于黑龙江省鸡西市的县级市，是一座拥有6000年悠久文明的文化之城，一座素有"鱼米之乡"之称的生态之城，更是一座处于东北亚"金三角"和对俄出口黄金通道的口岸之城。

密山市正处于由县级市跨入小城市行列的重要发展时期。在这一进程中，一系列问题已然浮现，为城市发展带来极大挑战。这些挑战包括：

（1）城镇化进程方面，周边村镇人口向中心城区快速聚集从而造成城市空间资源相对紧缺；

（2）城区建设方面，城市各片区快速发展，各类资源及城市风貌缺乏有效协调与统筹；

（3）城市管理方面，规划成果缺乏从总体战略到具体落实的完整操作体系，难以满足城市管理工作日益精细化的现实需求。

在上述背景下，为积极与有序推动密山市新型城镇化进程，密山市政府、密山市城乡规划处与哈工大城市规划设计研究院共同开展并完成了本次《中心城区总体城市设计及重点地段城市设计》研究和编制工作。

■ 二、规划构思

为了使本次城市设计更符合密山城市发展需求，并具可操作性，成果由两部分组成：一是城市（近、远景）空间形态的构想；二是为实现这一构想提出的实施管理手段。两者一起构成完整的成果，实现设计与规划管理的有效衔接。

基于这样的认识，从城市发展的现实挑战出发，立足城市建设管理的客观需要，本项目提出以"战略化、整体化、控制化"为核心的研究目标，力争为密山建立一个绿色城市的生态骨架、提供一个可行的旧城改造策略、明确一个城市活力塑造的方向、打造一处有力的招商引资平台、增加一个新兴旅游业发展机能、并保留一处未来发展的城市副都心，将密山塑造成以自然为体、多元现代的旅游口岸之城。

城镇化应对策略方面，强调以就业人口预测与布局、产业调整与升级为导向的战略思路，正确引导城镇化进程；城区建设应对策略方面，强调从总体规划、总体城市设计、重点地段城市设计在垂直管控系统上无缝衔接，注重定性定量相结合，

用以引导城市发展建设；深入研究，使管理人员能够方便，快捷地查找出不同地段的城市设计条件，从而提高城市设计成果的可操作性。强调落实城市设计意图的控规成果，并对以往控规成果加以整合协调，用以完善城市管理控制体系。通过以战略化目标为核心的"建构生态永续的生态之城、重视存量管理的有序之城、引导机能提升的再生之城"议题；以整体化目标为核心的"演绎城市文脉的魅力之城、彰显市民需求的活力之城"议题；以控制化目标为核心的"贯彻实施可行的理性之城议题"六大核心议题实现上述研究目标。构建多向衔接，内容翔实的工作框架网络，从而最终达到对城市城镇化进程战略化、城市建设风貌与重点地区空间形态整体化、城市管理工作可控制化的目的。

■ 三、创新技术

（一）工作内容创新

根据上述考虑，本次城市设计工作在城镇化进程引导、城区建设以及城市管理工具方面都进行了相应的研究。

1.城镇化进程引导研究方面主要内容包括

城市总体发展战略研究，通过检讨总体规划的用地、交通等战略及城市存量，完善以政策与区位、生态与资源、产业与人口为核心的中心城区城镇化发展战略内容；人口发展与产业发展等相关专题研究，通过就业人口预测与引导、产业体系建构与落位内容，指导城市设计视角下的城镇化进程。

2.城区建设设计研究方面主要内容包括

评估以往控规成果，进行合理调整；进行中心城区总体城市设计与重点地段城市设计，用以协调整体控制与局部建设过程。其中总体城市设计即对城市中心城区的整体概念设计，规划范围约30平方公里，通过建设生态系统框架建构生态永续的生态之城、通过城市结构功能细化引导机能提升的再生之城、通过公共服务设施总量预估及分配重视存量管理的有序之城、通过城市风貌引导演绎城市文脉的魅力之城、通过市民活动组织彰显市民需求的活力之城、通过开发时序控制等设计手段贯彻实施可行的理性之城，达到城市设计目标并承接总体规划。

3.城市管理办法研究方面主要内容包括

分区控制性详细规划成果编制，结合总体城市设计与重点地段城市设计内容，落实总体发展战略要求，并最终落实到具体土地出让条件之中，以便于实施控制。

（二）规划特色

同时，此次规划在以下几方面提出创新尝试，以期让规划成果更加具有前沿性、理论性及实用性：

1.研究思路创新

从城市总体战略高度制定城市设计策略通过基于城市特色，将产业发展与人口布局相结合的专题研究形式，深化"生态优先、特色引领、产城融合、以人为本"城市总体发展战略，用以引导总体城市设计体系构建。

2.规划价值观创新

从未来城市居民特征需求入手明确人本型城市设计方案贯彻新型城镇化战略思想，以人为本，根据未来人口的分布、结构、需求进行合理引导及规划，引导人口合理完成城镇化进程。

3.研究方法创新

从规划实施评估方面入手完善城市设计方法运用系统概念，对规划区内不同时间、不同背景下的控规及总体规划进行整合评价，重新梳理城市空间要素，用以提升城市设计的整体性。

4.工作内容创新

从整合宏观及中观尺度城市空间确定协同型城市设计内容在城市规划体系中，将大中型城市设计与总体规划和分区控规相协调，以整合宏观及中观层面内的城市空间系统梳理，及城市空间景观发展引导。

对俄口岸城市展示区的综合商业中心图

密山市中心城区总体城市设计及重点地段城市设计

有力的招商引资平台连珠山新城图

倡导多元聚合与动力永续的密山文化、行政、商务、创意新都心的铁西新城图

5.规划成果创新

从城市管理实施工作着手形成城市设计控制成果充分考虑规划成果与管理工作的协调性，将城市设计要素，落实到控规指标体系，以指导不同层面的城市规划工作。

四、实施情况

在本次城市设计在城市建设工作和城市管理工作都开展了相应的实施工作。在城市建设方面，指导了60余项已批待建项目成果调整落地，以及铁西新城等重点片区的实际建设；在规划管理方面，形成了贯彻总规、城市设计要求的分区控制性详细规划成果。

本次城市设计成果已经成为指导中心城区各项规划设计的重要指导文件，并将继续指导后续专项规划及片区规划设计，加强对整个城市整体空间品质的控制与引导。总体来说，本次城市设计工作是新型城镇化背景下中小城市开展战略性城市设计的典型尝试，为今后的相关城市规划工作提供了经验与借鉴。

城市建设工作和城市管理工作相应的实施工作图

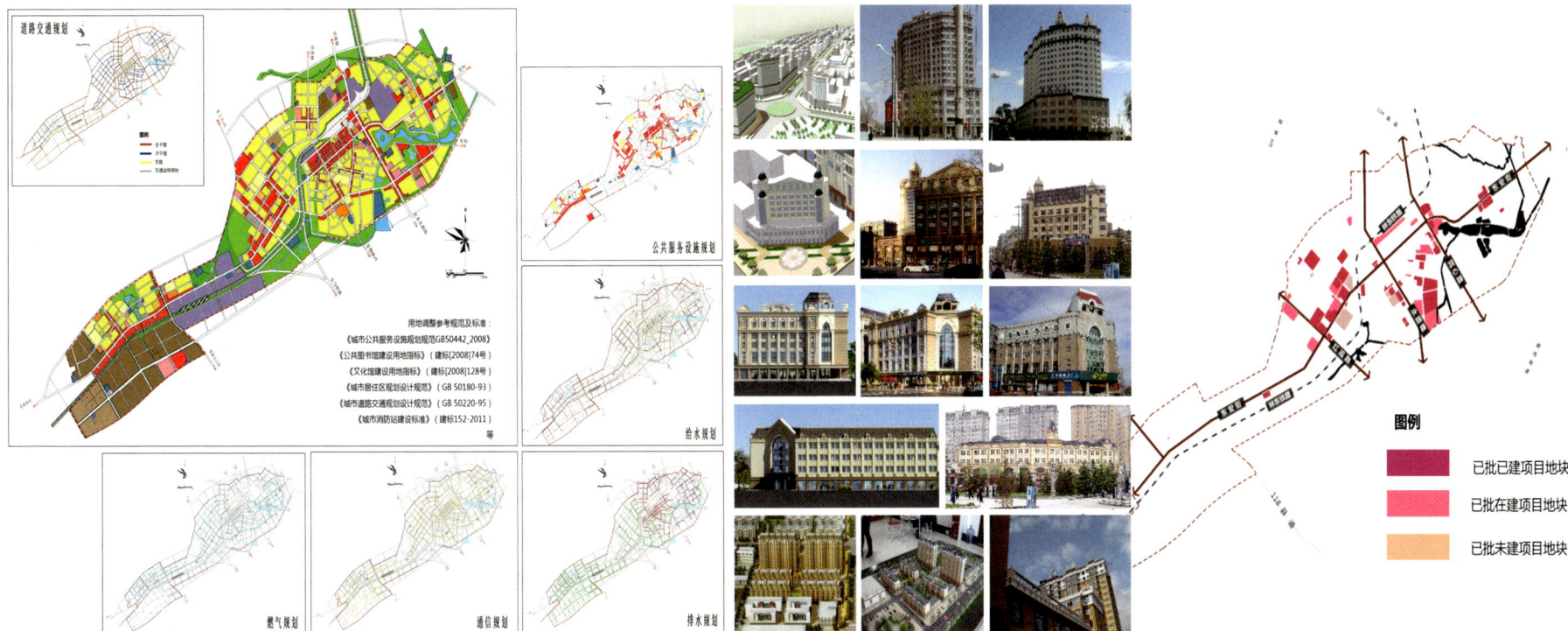

绥化市城市总体规划（2012-2030）

编制单位：绥化市城乡规划局　上海同济城市规划设计研究院
编制人员：高中岗、王颖、封海波、付军、胥建华、杜景波、赵曼丽、彭军庆、郁海文、
　　　　　徐丽丽、付岩、汪劲柏、郑国栋、徐琳斐、潘鑫
编制时间：2014年
获奖等级：一等奖

一、规划背景

上版总体规划2002年经省人民政府正式批准以来，绥化市经济社会各项事业有了迅速发展，因黑龙江省、绥化市政府提出了新的发展思路，城市规划编制技术体系的变化，同时为了对接上位规划、相关规划，满足重大基础设施的建设和城市用地布局调整的要求迫切需要。2012年，绥化市规划局联合上海同济规划设计研究院编制新一轮绥化市城市总体规划。

二、规划构思

1.区域协调：通过分析绥化与哈尔滨、大庆等相邻地区发展的关系，理清发展思路，制定相应的空间发展策略。

2.生态优先：力求合理配置城市土地资源，保持良好的生态环境质量，在城市产业选择、空间布局、城市基础设施建设、水资源利用等方面给予重视。

3.统筹发展：突出城市近期、远期和远景的关系，协调和安排城市建设的开发时序，增强实施的可行性和适用性，协调城市和乡村的发展，重视城市郊区和乡村地区的城镇化和工业化。

4.突出特色：规划在城市发展形态、空间布局、城市建设、生态景观等方面，突出绥化特色，彰显城市形象。

5.以人为本：本次规划中，需要塑造良好的城市形态和有个性、舒适宜人的城市空间，提供高质、便捷、优越的人居环境，同时考虑各方面的利益。

中心城区土地使用现状图

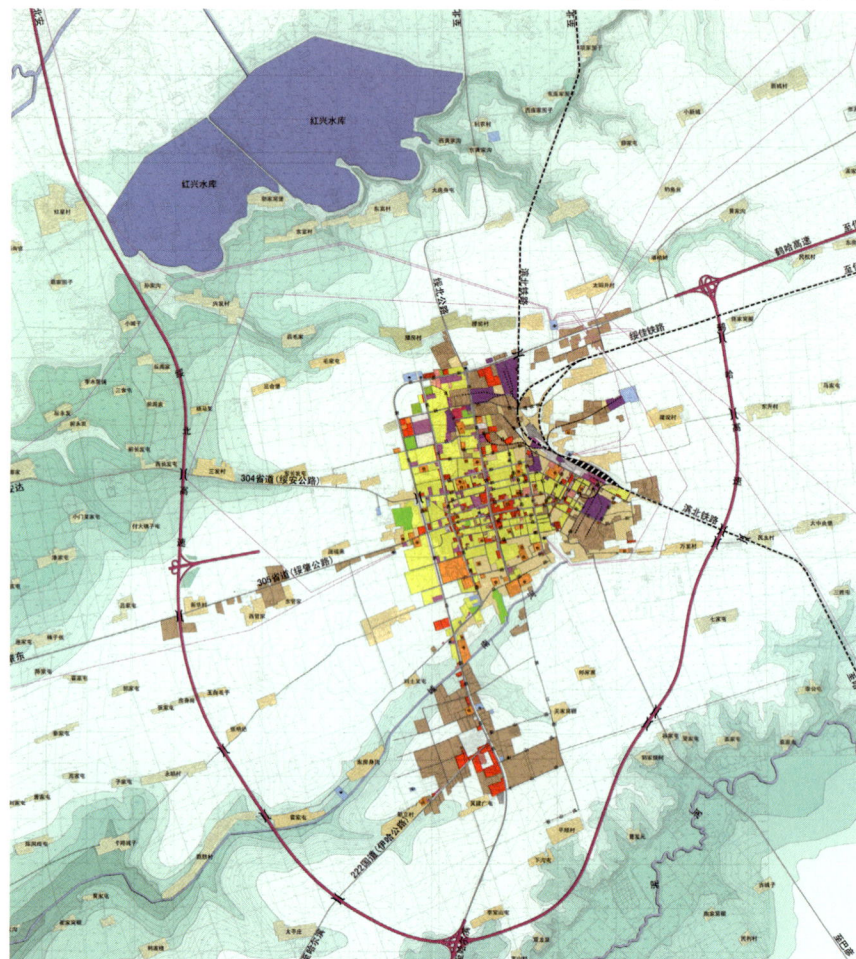

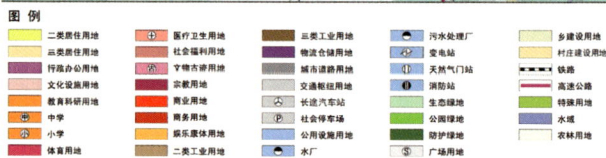

■ 三、规划主要内容

1.城市规模：至2030年，中心城区城市建设用地规模控制在78.4平方公里。

2.人口规模：中心城区常住人口至2030年为77万人。

3.城市性质：黑龙江省中部的区域中心城市和交通枢纽，绿色产业与现代农业服务基地，以寒地黑土文化为特色的绿色城市。

4.建设用地发展方向："东跃、南延、西拓、北控"。东跃——跨跃滨北铁路向东发展；南延——沿康庄路、绥巴公路向南延伸；西拓——沿绥兰公路、绥望公路向西拓展；北控——向北控制发展，可适度发展生态旅游业。

5.布局结构：规划城市的总体布局结构为："三轴拓展，三心鼎立，一城六组团"。

三轴拓展：依托城市西面的3条对外公路（绥安公路、绥肇公路和南面的乡道）形成的三条城市拓展轴，引导城市沿着轴线向西拓展，形成规划的三个城市新区组团。

三心鼎立：分别为商业服务中心、行政中心和文化商务中心。

一城六组团：即主城区和围绕在主城区周边的以绿带分隔开来的四个居住组团和两个工业组团。

■ 四、规划创新

1.立足远景，拉开框架

规划提出本次规划中心城区的范围，将绕城高速公路、红兴水库、绥化开发区、东富工业园区以及周边城乡用地统一纳入中心城区范围，旨在跳出既有的发展模式，拉开城市框架，保证城市的可持续发展。

2.交通引导，指状发展

基本特点为：从城市的核心地区出发，沿着放射形状的快速交通走廊布置城市功能，走廊之间穿插楔形绿地，城市沿着不同的发展轴向向外伸展。建立放射状、大运量的公共交通系统是"指状发展"形态形成的重要因素。

因此规划采用交通引导模式，城市用地在西面依托三个方向的对外交通干线向外生长，其间以楔形绿地穿插，保证"指状发展"形态得以实现。

3.生态融合，彰显特色

规划以生态为出发点，从空间上体现"农林绿城"的形象定位，同时打造富有特色的绥化城市形象。首先充分挖掘周边的生态要素，将红兴水库、城南河、泥河以水系沟通成为完整的系统，作为城市空间的重要元素。规划延续上版规划"生态轴"的思路，在康庄路以西规划一条纵向的绿化带，结合红兴水库的引水水渠，以及西湖公园，形成本版规划的"生态轴"。此外规划在城市的西部和南部，形成多条楔形绿带，将城市与周边生态环境融于一体，彰显城市生态特色。

绥化市城市总体规划（2012-2030）

中心城区绿地系统规划图

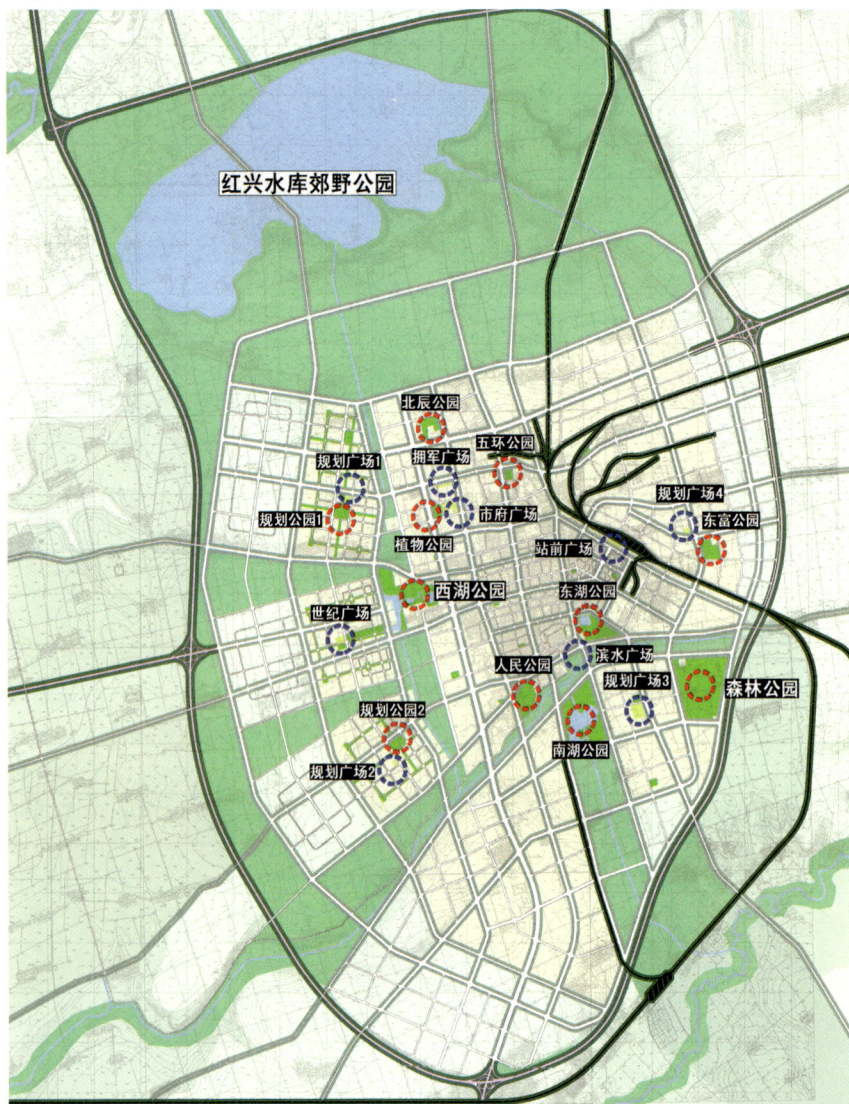

红兴水库郊野公园

北辰公园
规划广场1
拥军广场
五环公园
规划公园1
市府广场
规划广场4
植物公园
东富公园
站前广场
世纪广场
西湖公园
东湖公园
人民公园
滨水广场
规划公园2
规划广场3
森林公园
规划广场2
南湖公园

图例

公园绿地		水域	
防护绿地			
广场用地			
生态绿地			
城市公园			
城市广场			

N

中心城区综合交通规划图

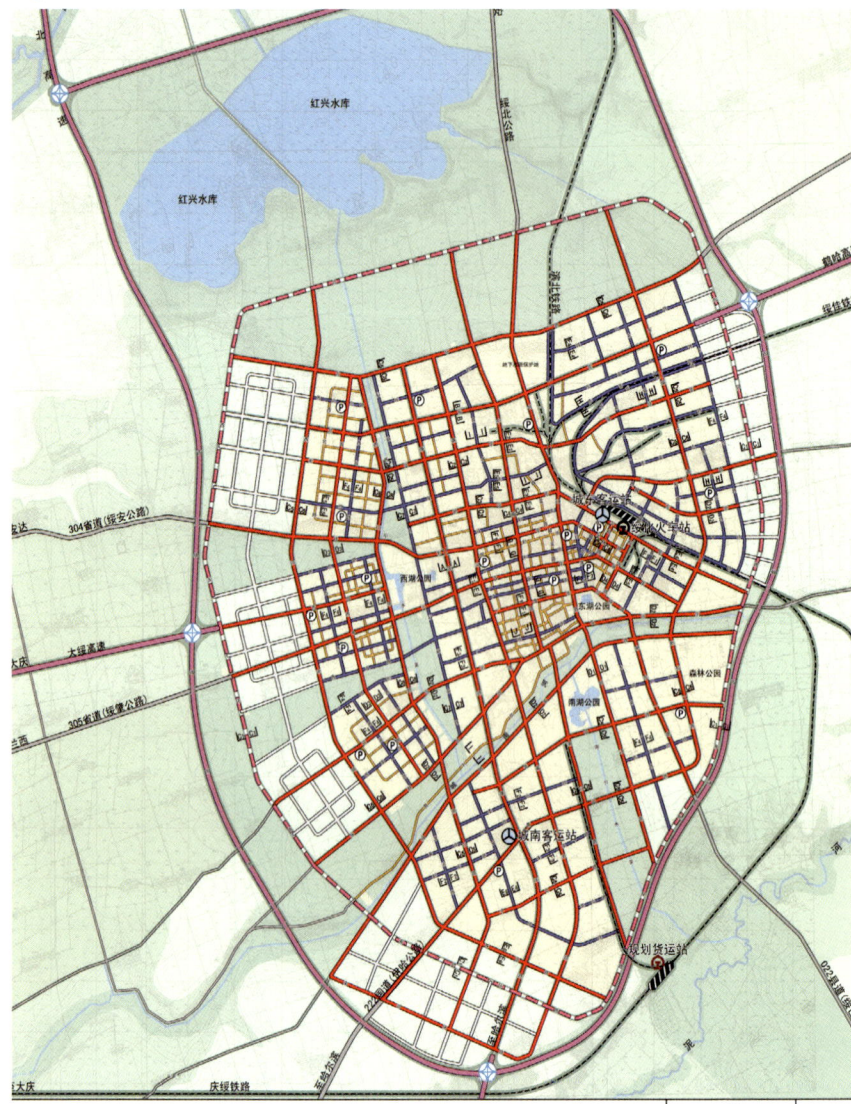

红兴水库

红兴水库

图例

高速公路		铁路	道路剖切线
一般公路		铁路客运站	
远景快速路		铁路货运站	
城市主干路		长途汽车站	
城市次干路		社会停车场	
城市支路		互通式立交	

N

五、实施情况

1.建设时序及规模

2015年，中心城区城市建设用地规模控制在41.0平方公里，人均建设用地为87.2平方米/人；2020年，中心城区城市建设用地规模控制在50.0平方公里，人均建设用地为94.3平方米/人；2030年，中心城区城市建设用地规模控制在78.4平方公里，人均建设用地为101.8 平方米/人。

2.规划实施总结和综合评价

现行总规重点解决了绥化市城市发展战略和总体目标、用地发展方向和空间布局、基础设施和公共设施配套、近期建设等一系列重大问题，同时对城市生态环境、人居环境和景观风貌等现代化城市建设的重要内容提出了具有可操作性的建设控制要求和实施措施。

现行总规实施以来，绥化市紧密围绕城市发展目标和职能定位，坚持城市规划引领城市发展，强化城市规划调控和引导作用，城市经济发展和建设取得了长足进步，城市建设逐步走向合理布局、规范建设、快速发展的轨道，在城市总体规划的指导下，绥化市城市功能不断完善，人居环境明显改善，城市面貌焕然一新，城市品位逐步提升，城市框架进一步拉开。

↓ 中心城区土地使用强度控制图

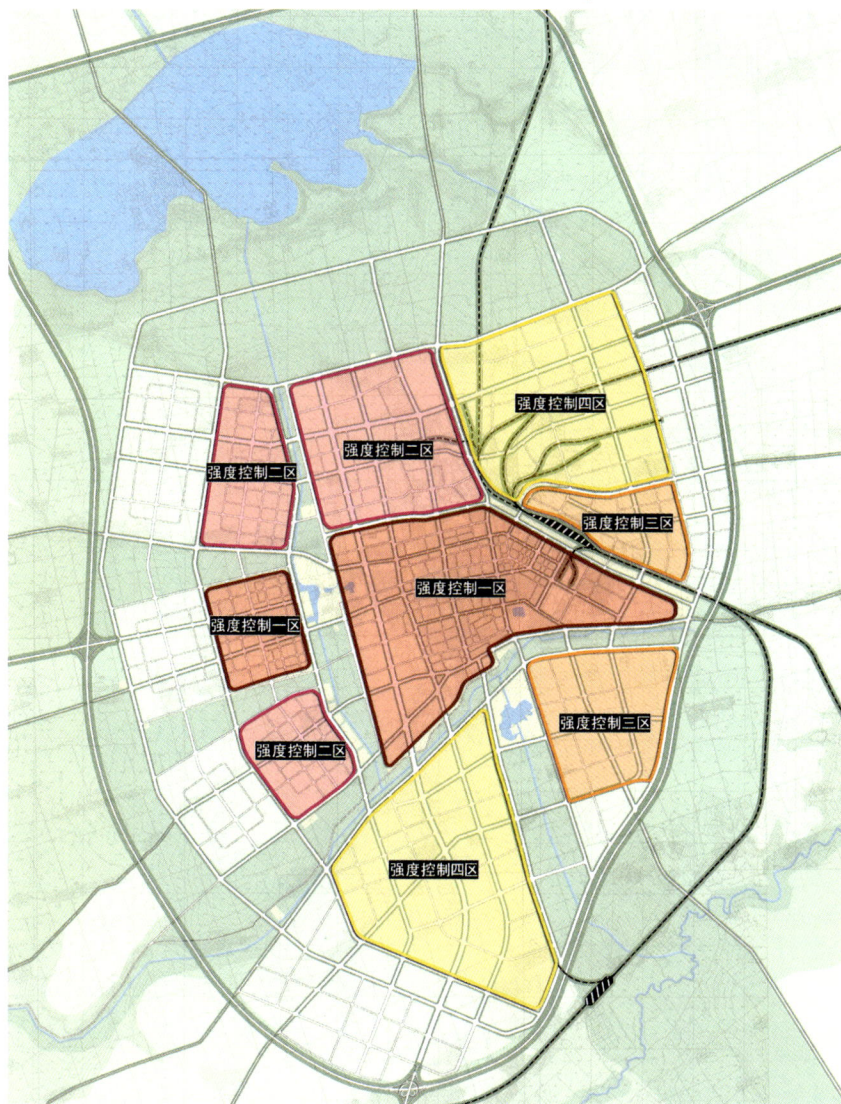

龙江县龙湾新城滨河景观总体规划

编制单位： 黑龙江省城市规划勘测设计研究院

编制人员：马力、陶英军、郑志颖、谢冰、张双玲、武胜楠、邱成刚、张赫、韩杨、徐雷、林繁茂、李可、刘艳泽

编制时间：2014年

获奖等级：二等奖

一、规划背景

龙江县处于黑龙江省、吉林省、内蒙古三省交界，区域开放性较强，位于黑龙江省西部，嫩江西岸，东邻齐齐哈尔市，南部、东南部与泰来县隔江相望，西、西北部与内蒙古的布特哈旗、扎来特旗接壤，北与甘南县相接；处于黑龙江省、吉林省、内蒙古三省交界处，区域开放性较强，为龙江县吸引周边资源。

龙江县房地产发展以多层住宅为主，高层建筑相对比较少。随着近年来城市改造的深入和乡镇学校的撤并，越来越多的乡镇居民涌进县城，使得城里的房源十分抢手，价格也随着水涨船高。

近几年龙江县最高均价已达到3800元，在全省县级城市中居于高位。房地产发展趋势整体看涨。道南具有较好的开发前景。具有如下优势：新区开发规划布置宜成系统；基础设施及景观环境可先期规划，有序实施；对于河流这种稀缺景观资源的利用。开发需考虑污水处理措施、防洪处理措施、增加绿化面积、规划休闲空间以及规划CBD景观带等问题。

二、规划构思

龙湾河新城滨水景观带的规划设计将根据规划区域两岸的用地性质逐段分区：功能分区明确，各分区内不同侧重点，满足龙湾河景观带整体功能上的需求。

规划将龙湾河滨河景观带分为四个区域：分别是龙湾河水湿涵养生态区、龙湾河CBD滨河商务景观区、龙湾河滨水生态住区以及都市农业植物观赏体验区。与龙文化相结合，前两个区域为"龙头"，滨水生态住区为"龙身"，都市农业植物观赏体验区为"龙尾"。

龙湾河水湿涵养生态区，主要生态功能为涵养水源、保持水土、和减轻污染等。该区是生态屏障和重要资源宝库，就像一块宝贵的绿翡翠。营造 生态、休闲、观赏的景观效果。

三、规划主要内容

启动区形态的塑造，将启动区的自然景观与历史文化资源充分结合到启动区的设计中，塑造出具有独特空间形态的现代商业区。交通梳理与优化，对启动区外部交通进行梳理，对内部交通进行优化。商务功能延伸与拓展，对启动区范围内用地功能进行有效梳理，将商务功能进行合理的延伸与拓展。

景观结构布局规划，启动区景观结构布局为："一轴、二带、四节点"。

一轴：以龙湾河水系为轴，组织各景观节点。二带：龙湾河河南、河北分别有两景观轴线，河北轴线以硬质铺装与现代式绿化种植为主，打造商业区现代风格景观；河南以自然式绿化景观造景，为其南部的居住小区打造绿色屏障，同时也将与河北侧的景观形成对景。四节点：四个景观节点如珍珠般散落于龙湾河两岸，起到集散、观景、休闲等重要作用。

↓ 总平面图

↓ 总鸟瞰图

↓ 启动区平面图

铺装树阵场地
林下木栈道
亲水平台
景观树阵
景观花池
景观廊架
张拉膜休息区
街口休闲场地
丁香树阵
亲水木平台
亲水木平台
林荫步道
铺装广场
龙吸水景塘
铺装树阵场地
石阵
林下木栈道
粗沙滩
生态停车场
景观绿地
景观置石
林下木栈道
林荫健身场地
镜水面
商业建筑
砂石路
张拉膜休息区
亲水平台
张拉膜休息区
休息凉亭
生态停车场
景观灯
商业建筑
铺装树阵场地
商业建筑
路边停车场

龙江县龙湾新城滨河景观总体规划

启动区鸟瞰图

四、规划创新

（一）植栽专项设计

行列式种植：植物用于行列式种植是一种设计手法，这种设计富有特色、引人注目，还可以引导方向，加大隔离噪声的作用。

自然式种植：以反映自然界植物群落自然之美，并且与自然式水系相呼应，产生形态的曲线美与自然美。

疏林草地：种植方法既能维持区域内碳氧平衡，减少噪声也能降低温度还能吸收有毒气体、滞留烟尘、防风固沙，这种设计手法给人一种"乱花渐欲迷人眼，浅草才能没马蹄"的感觉。

多样式花带种植：采用多种草花加以种植，给人以多样的视觉冲击力与不同的心理感受，不同的草花生长周期和凋谢时间不同，四季的变化有不一样的景色产生，每一个季节都有让你留恋的景色。

（二）生态专项设计

雨水经过收集净化处理后形成中水，用来绿化喷灌，清洗路面，补充景观水体。水体采用净化设施布局。

（三）铺装专项设计

入口商务广场：铺装材质以花岗岩为主。铺装纹理规整大方，色彩以冷色调为主。

中央同心广场：铺装材质以花岗岩为主。局部采用条石防腐木装饰。铺装样式现代简洁，主题鲜明，具有可识别性。

滨水休闲场地：铺装材质结合防腐木与花岗岩。铺装纹理规整大方，色彩以冷色调为主。

亲水平台场地：铺装材质以防腐木为主。铺装纹理自然简洁，避免对环境的影响。色调以暖色调为主。

（四）标识系统设计

选用锈铁与有机玻璃相结合的材质，在园区内有效指引交通。

（五）夜景照明设计

灯型选择有广场灯、庭院灯、景观灯柱、草坪灯、路灯。灯光是高度动态的，构成区域强烈特性，灯光普通动态的，以创造新的手法表达科技的运用与公园家具形成统一的主题。

■ 五、实施情况

2015年底，该项目已向龙江县政府进行了成果汇报，得到了当地政府的充分认可。未来龙江县规划与建设部门将以此项规划作为指导，来促进龙江县龙湾河区域各项公共服务设施与商业服务设施的良性建设。

区域效果图

区域效果图

区域效果图

哈尔滨市园林种苗科研示范基地规划设计

编制单位：黑龙江省城市规划勘测设计研究院
编制人员：周小新、杨岚、李海波、刘译泽、张婷婷、郑昊、翟世博、杨博涵、
　　　　　李智博、陈淼、魏文波
编制时间：2014年
获奖等级：二等奖

一、规划背景

按照党的十八大精神，哈尔滨市政府围绕建设现代大都市的总体目标，立足加强生态文明城市建设，针对城市园林绿化跨越发展的迫切需要，现有市属苗圃、花圃难以满足园林绿化事业的快速发展，亟需扩大规模、提高质量，进一步增强苗木、花木的科研、培育、驯化和生产能力，建设东北地区规模最大、寒地植物品种最全、种苗花卉生产条件较好、苗木供应能力较强的现代化、科技型、多功能产业基地，全面提高哈尔滨市园林绿化行业的科学发展能力、科技创新能力。

2013年10月，哈尔滨市城管局面向全国公开征集方案，黑龙江省城市规划勘测设计研究院以规划超前、科技含量高、功能布局合理、符合地方实际等特点，成功中标并经过多次调研与方案修改整合，编制完成从规划设计至施工图各个阶段的成果，并经过近两年的建设，种苗科研示范基地开始投产使用。

哈尔滨市种苗科研示范基地位于哈尔滨市道里区太平镇区域，北侧分布有永和村、武家屯、腰屯，南侧近邻哈双路，占地面积264万平方米。基地现状地势平坦、土壤良好，中间被一条通村路分割为东西两个部分，西侧面积为42万平方米，东侧为222万平方米。

苗木基地外部交通方便，南距太平机场1.7公里，东距环城高速公路21公里，道路四通八达，便于育苗物资的输入和优良苗木的输出销售。

二、规划构思

（一）规划定位

以市场为导向，以科技为支撑，采用现代新技术、新设备，新工艺。在较短的时间内实现专业化、工厂化、科学化育苗，力求打造东北地区最大的产学研于一体的科普、观光、休闲兼顾的综合性种苗科研示范基地。

（二）规划指导思想

积极繁殖、推广优良树种，培育园林绿化需要的优质壮苗；开展科学实验，实行科学育苗，提高育苗技术水平并利用种苗示范基地开展多种经营，发挥土地的最大经济效益。

园区效果图

（三）规划思路及方法

结合苗木生产模式，局部利用园林艺术造园手法，展览示范苗木配置的景观实例，并结合观光科普实践活动，优化用地资源配置。

（四）规划目标

近期目标：实现工厂化、专业化、标准化于一体的综合现代种苗生产示范基地及东北地区最大的优质种质资源基地。

远期目标：全面提高城市园林绿化科研能力、苗木供给能力，实现园林事业跨越式发展。

在认真调研分析哈尔滨市苗木现状发展情况的同时，我们总结和研究了国内外大量综合性苗木示范基地的实例；依据哈尔滨市绿地系统规划中提出的树木配置比例以及近几年哈尔滨苗木需求量和新增绿地面积，我们科学的划分各苗木地块的适用面积，合理的配置苗木出圃比例；根据现场踏查及对基地土壤分析、竖向分析、交通分析、周边环境分析、病虫害调查情况分析，规划设计出适合本地域的布局方案。

■ 三、规划主要内容

根据种苗示范基地作业的特点，从便于生产、经营、管理的角度出发将种苗示范基地划分为苗木生产用地、辅助用地两大类用地。

（一）生产用地分为露地播种区、营养繁殖区、苗木移植区、大苗培育区、引种驯化区、新优品种及母树区、设施育苗区、景观示范区等。

（1）露地播种区背风向阳、土壤肥沃、地势平坦，排水良好，靠近管理区，是整个基地自然条件和经营条件最优越的地段。
（2）营养繁殖区是培育扦插、嫁接、压条、分株等营养繁殖苗的生产区域。
（3）苗木移植区是繁殖区的贮备仓库，由繁殖区繁殖出来的幼苗移入苗木移植区进行培育，移植区选择距繁殖区和温室大棚区较近的地块，便于生产和轮作。
（4）大苗培育区培育出来的苗木可直接出圃用于园林绿化建设，采用整齐的地块，为了出圃运输方便，大苗区布置在靠近苗木基地主路及园区出入口处。

（二）辅助用地是为苗木生产服务所占用的土地。主要包含道路系统、排灌系统、供电系统、供暖系统、通信系统、微气象预警智能系统、防护林带、实验办公楼、库房、仓库、晾晒场、苗木窖、生产实验设施及育苗机械、积肥场等。

（1）道路系统
经现场实际勘查，在苗木基地南侧偏东的位置设置主出入口，并沿现状田间土路修筑新路，为更好的衔接东西两侧苗木基地，在通村路两侧设置出入口，作为日常苗木生产及运输的主要出口。在场地东侧设专用物料出入口，场地北侧设置两个人行办公出入口，方便职工通行。园区道路系统共分为三级：一级路为种苗示范基地内部和对外运输的主要道路，路宽10米高于耕作区20厘米；二级路与主干道相垂直，与各耕作区相连接，宽6米高于耕作区10厘米；三级路是沟通各耕作区的作业路宽2米。

（2）给水系统
生产区灌溉用水选择地下水源，水源地位于规划区内，共设深井泵站6座，在各水源附近设置钢筋混凝土蓄水池，用于临时存放灌溉水并提升水温，池内设置潜水泵，分别为灌溉系统和浇洒系统供水。苗木移植区、引种驯化区、繁殖区和温室大棚区域对土壤水分条件要求较为严格，采用喷灌和滴灌，其中容器育苗区采用滴灌方式。大苗区对土壤内水分条件要求相对较低，采用人工浇洒，在浇洒供水系统供水管网上安装快速取水阀，取水阀可以与软管连接，由工人定期进行浇洒。生活用水主要集中在办公区，供水水源引自距该区域较近的永和村，管材采用PE给水管。

（3）排水系统
沿规划道路设置三级排水渠，在区域东南角设置钢筋混凝土蓄水池，负责收集雨水渠内的雨水，通过潜水排污泵将雨水加压送入灌溉蓄水池，回用作为生产区灌溉用水，水池南端接溢流管，当雨水量过大时，将过剩的雨水导至哈双路北侧的雨水渠。为防止雨季区域外的雨水进入苗圃规划区冲淹苗圃，沿规划区设置石砌截洪沟，最终汇入雨水蓄水池。生活污水管道收集生活区内的污水，经化粪池处理后进入污水管网，污水最终汇入规划区东侧的沼气池内进行厌氧反应，生成的沼气用于生活区能源。

▼ 园区效果图

哈尔滨市园林种苗科研示范基地规划设计

■ 四、规划创新

（一）尖端、前沿的生产工艺

利用生长微气候调控、水肥灌溉一体化、智能控制等前沿的生产工艺，解决多种植物的繁殖与培育问题，组建组培室、发芽温室、育苗温室，实现高技术、高投入、高产出的现代化科学育苗。

（二）简洁、集约的布局结构

按照苗木生产工艺及精细化管理程度，生产区域用地采用逐级发散的布局结构。为便于机械化操作，道路采用规则的方格网布局形式。局部利用园林艺术造园手法，展览示范苗木配置的景观实例，并结合观光科普实践活动，优化用地资源配置。

（三）多元、复合的经营模式

将观光游览苗木基地的理念融入规划建设中，借鉴观光园发展的成功经验，结合传统示范基地的生产功能、公园的游览功能、植物园的科普教育功能和园艺市场

的展示宣传及销售功能，在生产苗木的同时充分利用生产性绿地的景观价值，将园林种苗科研示范基地打造成集苗木花卉生产、园林园艺展示、园林科普、技能培训、观光游赏等多项功能于一体的复合型现代化苗圃。

（四）低碳、环保的清洁能源

以绿色、循环、低碳理念为指导，严格执行建筑节能强制性标准，采用轻型环保节能建筑材料，积极推动浅层低能、太阳能等可再生能源的应用，规划设计中主要科研实验楼、连栋智能温室均采用地源热泵采暖。从而推进能源生产和消费革命，促进生态文明建设。

■ 五、实施情况

哈尔滨市园林种苗科研示范基地是新中国成立以后东北地区最大的新型现代化苗圃。该基地经过近两年的建设，现已定植苗木70万株，五年后预计年出圃苗木20万株。

种苗科研示范基地为哈尔滨市城市绿化提供稳定苗源，从根本上解决哈尔滨市园林绿化用苗依赖外购，成活率低、效果不佳的现状，构建稳定的绿化生产格局，有效提高哈尔滨市园林绿化的景观效果和投资效率。

↓ 园区鸟瞰图

图例

1 灌木区　　**2** 阔叶乔木区　　**3** 针叶树区　　**4** 容器育苗区　　**5** 移植区　　**6** 过渡温室区　　**7** 播种区　　**8** 炼苗场
9 日光温室区　　**10** 营养繁殖区　　**11** 地被区　　**12** 花卉区　　**13** 连栋温室区　　**14** 实验管理区　　**15** 新优名品及母树区
16 绿化带　　**17** 景观示范区　　**18** 剪型树区　　**19** 引种驯化区　　**20** 主入口　　**21** 管理用房　　**22** 次入口

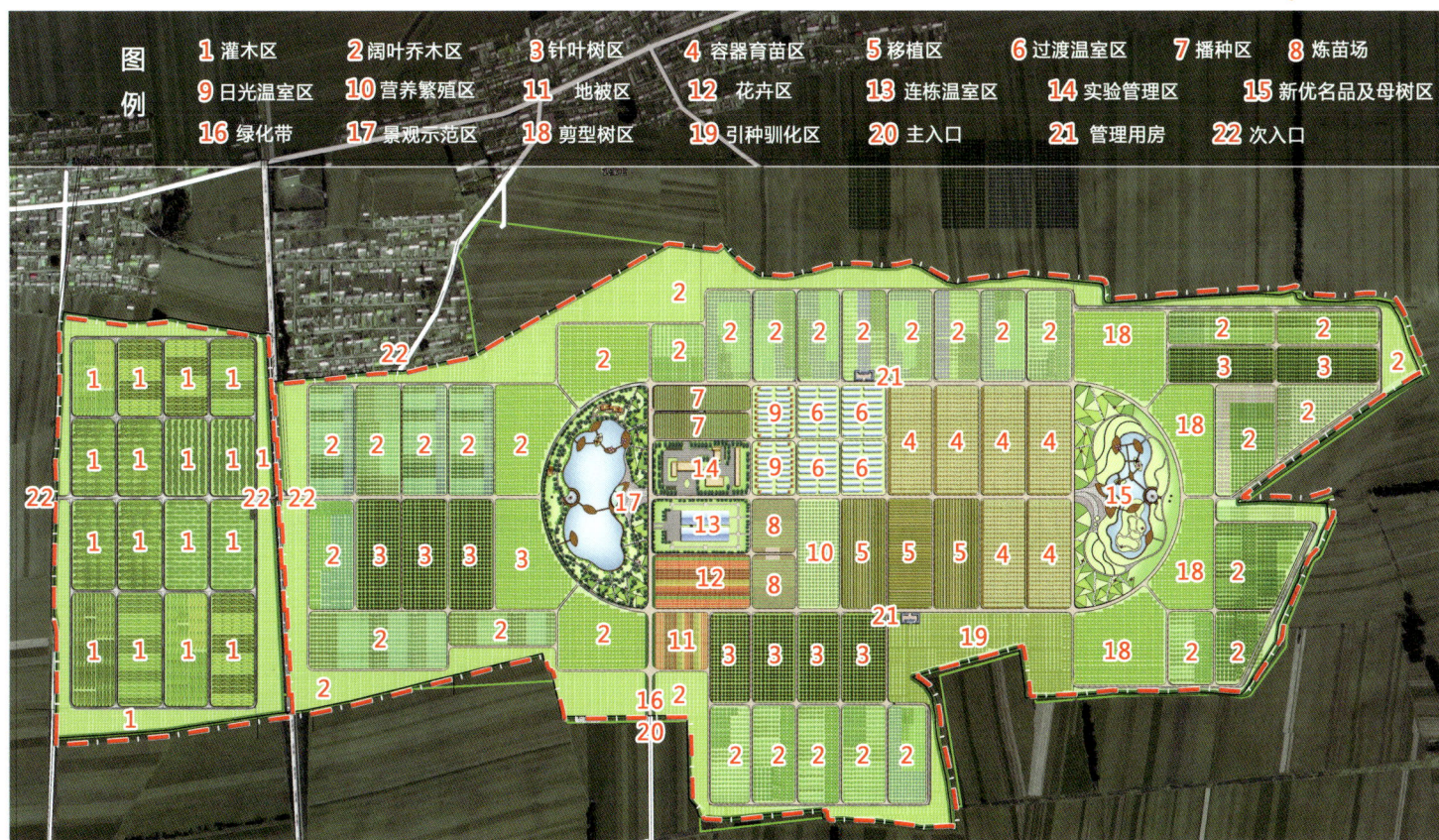

民族文化视角下的同江市八岔赫哲族乡规划设计研究

编制单位：黑龙江省城市规划勘测设计研究院
编制人员：张宝武、陆彤、张远景、白兰、王春龙、吴玥、张尧、肖一夫、王泽华、
　　　　　赵健、柳清、王汝波、梁为公、闫春梅、杜秀丽
编制时间：2014年
获奖等级：二等奖

一、研究背景

2013年8月23日，八岔乡段堤坝发生了垮坝，洪水淹没了八岔乡，垮坝前水位46.88米，超出历史最高洪水水位1.13米，同江市紧急转移受灾群众。洪灾直接影响了4个乡镇，造成共计1.6万村民无家可归。八岔乡政府驻地受灾最为严重，所有房屋全部过水，无一幸免。本研究基于八岔赫哲族乡灾后重建规划，从同江市赫哲族聚居区域的发展历程来看，灾后的重建规划应兼顾两个方面：一是如何恢复当地物质建设，以弥补洪水带来的经济发展倒退现象；另一方面则是要关注当地精神建设，使赫哲族的传统文化在经济发展、人民生活富足的同时得到延续和发扬。

二、研究目的与意义

作为赫哲族地区的灾后恢复重建项目，其研究目的有三点：首先，为了传承民族文化。从传承民族文化的角度出发，要尊重和弘扬赫哲族传统文化，将民族精神和民族信仰渗透到规划布局和建筑设计中去，着力打造鲜明的民族风情和民族特色，同时，将民族文化展示和民族生活体验的功能有机融入规划设计之中，发展文化产业，推进民族文化的弘扬和传播；其次，为了永续民族活力。从永续民族活力的角度出发，要尊重民风民俗，为灾区的民众提供舒适的生产生活空间，考虑原有的作息习惯，尽快恢复正常的生产与生活，同时利用地区独有的景观资源和渔猎文化，引入旅游及疗养等现代产业，激发地区活力，加快地区未来前进步伐；第三，为了八岔赫哲族乡的可持续发展。从可持续发展角度，要延续当地建筑自古以来就尊重和顺应自然的理念，提取自然元素和文化符号，从建筑布局与细节处理两个角度出发，做到建筑肌理与自然环境有机融合，充分保护生态景观，还原地域建筑赖以生存的真实外部空间。

通过对同江市八岔赫哲族乡的受灾情况以及灾后重建的规划，分析如何在民族文化视角下对少数民族地区进行灾后重建规划设计，使该地区的重建规划具有传承民族文化、永续民族活力和推动当地可持续发展的三重效果。并希望为我国其他地区少数民族聚居地灾后重建规划提供借鉴。

三、规划特点

本次规划重建的重点不只是完成灾民的安置、市政设施的完善等基础工作，更是借此机会，探索八岔赫哲族乡未来文化传承、活力永续、可持续发展的途径。渔猎生产和鱼文化是八岔乡珍贵的文化传统也是宝贵的资源，因此，本次规划将渔猎文化作为设计的核心和出发点，来考虑城镇的总体布局、产业发展措施、旅游文化发展策略。

规划从渔猎文化出发，总体布局延续渔猎文化的神韵，打造具有赫哲族文化特色的布局形态，在整体布局中，考虑民俗习惯，灵活运用水体元素。从物质文化角度，规划力求挖掘赫哲族的文化精髓，创造具有民族特色的建筑形式，利用服饰符号等传统赫哲族特征发展特色文化产业。在非物质文化保护方面，规划通过餐饮、文化体验等三产发展措施，为八岔乡的发展注入永续的活力，策划民族特色活动，保证城镇发展的生命力。

住宅立面图

规划空间结构为"一心一带，两轴六区"
一心：公共服务中心；
一带：防护景观带；
两轴：沿南北向和东西向主干路的两条主要发展轴；
六区：公共服务区，占地面积22.29公顷，主要规划行政服务中心、医院、养老院、学校、赫哲族特色商业街、抗洪纪念广场等设施；
赫哲族民俗风情体验区，占地面积20.50公顷，主要规划乌日贡广场、文化馆、博物馆、赫哲族民俗风情园等设施；
文化旅游度假区，占地面积115.69公顷，充分利用黑龙江溃坝形成的水面，打造具有赫哲族特色的文化旅游度假区，主要规划赫哲渔村、度假村、抗洪纪念设施；
赫哲族聚居区，占地面积34.15公顷，包括三个赫哲族聚居组团，规划212户，每户占地600平方米，按照赫哲族传统生活习惯，将其打造为溪水环绕、傍水而居的聚居组团；
居住社区，占地面积63.39公顷，包括五个居住组团，规划1105户，每户占地350平方米；
工业园区，占地面积91.48公顷，主要发展渔业加工及农副产品加工业。

空间结构规划图

↓ 平面方案图

↓ 住宅效果图三

图例
① 乌日贡广场　⑰ 商业街
② 行政服务中心　⑱ 南湖
③ 医院　⑲ 北湖
④ 养老院　⑳ 度假村
⑤ 学校　㉑ 赫哲渔村
⑥ 赫哲族商业步行街　㉒ 抗洪纪念馆
⑦ 文化广场　㉓ 抗洪纪念广场
⑧ 赫哲文化公园　㉔ 自来水厂
⑨ 文化馆博物馆　㉕ 供热中心
⑩ 赫哲民俗风情园　㉖ 污水处理厂
⑪ 赫哲族展居区　㉗ 带状公园
⑫ 渔船停坡场　㉘ 客运中心
⑬ 花园洋房　㉙ 停车场
⑭ 居住社区　㉚ 保留村委会
⑮ 社区服务中心　㉛ 保留公建
⑯ 社区公园　㉜ 保留村民住宅

四、研究结论

　　本研究在总结以往规划建设的经验教训的基础上，深入挖掘赫哲乡发展的内生动力，多渠道探索，在建设赫哲新家园的同时，继承和发扬辉煌灿烂的赫哲族文化。在前期规划过程中充分考虑和挖掘赫哲族历史文化基础，并抽象化形成各种文化元素符号，用以对规划总体格局、功能结构、道路交通以及景观绿化、建筑组团等方面进行指导，使本研究不论从各个方面都是有理可寻。规划还明确了八岔乡发展方向，即将赫哲文化与旅游相结合，形成一个民俗体验游的特色旅游区，不仅可以增加居民收入，还能有助于传承赫哲文化，同时还能激发区域活力，符合可持续发展思路。因此，本研究是对少数民族地区灾后重建规划的一次积极探索。

　　本研究将理论研究与实践相结合，在理论方面，重点分析民族视角下的少数民族地区灾后重建与传统意义上的灾后重建的不同要求和规划方向，并从文化传承、活力永续和可持续发展三个方面提出规划设计的解决方法，并在此基础上对普遍存在的少数民族地区灾后重建规划建设提出建议；在实践方面，力求以八岔赫哲族乡灾后重建为例，为我国其他地区少数民族聚居地灾后重建规划提供经验和借鉴。

　　此外，对于少数民族地区的建设，除灾后重建规划时应该考虑对民族文化的呵护和传承，其他前期规划均应该避免千篇一律的城镇化建设，而应以当地民族文化的特殊视角来探寻规划设计的理念。除了要注意设计有典型民族特点的建筑和景观等这些"实体"外，还应该重视该民族的语言、文学等非物质文化遗产的元素抽象化，以达到让民族文化源远流长，让本民族人民幸福安定的最终目标。

绥芬河市城市总体规划

编制单位： 黑龙江省城市规划勘测设计研究院
编制人员： 宫金辉、李艳杰、谢尔恩、高春义、王家成、李晓晶、高向娜、丁冠华、王琳晔、宋扬、秦磊、曲仓健、王艺珊
编制时间： 2014年
获奖等级： 二等奖

一、规划背景

随着绥芬河边境经济合作区的建设、绥芬河综合保税区的运营、绥芬河重点开发开放试验区的研究设立等宏观背景的变化，使绥芬河市面临更大的发展机遇；牡绥高速、牡绥铁路扩能改造、绥芬河公路口岸扩建改造、五花山水库等重大基础设施的规划建设，促进了绥芬河区位条件的提升，对城市发展提出了新的要求。

二、规划构思

1.本规划遵循和实施国家可持续发展战略，从国家的根本利益出发，以经济效益为核心，注重统筹考虑经济效益、社会效益和生态环境效益的最佳组合，使经济、人口与资源、环境协调发展。

2.充分借鉴国内外边境口岸城市和国家第一批沿边重点开发开放试验区、寒冷地区城市发展、建设的经验和教训，大胆创新，创造性地解决绥芬河发展与建设中的实际问题。

3.充分认识绥芬河在全国、黑龙江省的对俄沿边开放的战略地位，明确其在我省沿边开放体系中的地位和作用，强调特色并协调好各方面的横向联系与协作。

4.正确认识绥芬河作为对俄贸易口岸城市，其城市开发建设受俄罗斯政策等不确定性因素影响较大，因此在规划口岸城市经济、基础设施系统、各类生产用地配套等方面应遵循循序渐进、与时俱进、稳步开发的原则，使规划更具弹性和可操作性。

5.着重解决沿边开放与城镇空间结构优化、资源开发与环境保护、城镇发展与建设等重点问题，本着近细远粗的原则，重点编制好与"十二五"相协调的近期建设规划，提高规划的可操作性。

三、规划创新

（一）高标准提出发展战略与目标

提出走差异化发展道路，构建多元外向的产业体系的产业发展战略；集中城镇化，城乡统筹发展的城镇化发展战略；资源节约、环境友好的生态环境发展战略。

加强区域协调与合作，进一步壮大绥芬河中心城实力，依托哈牡东，连接俄日韩，建设东北亚国际商旅名城。

（1）开放目标：按照"哈—牡—绥—东"产业带开发开放和区域经济整体发展的要求，对接国家沿边开放战略，建立国家沿边重点开发试验区，在全国率先建成

数字化的国际商旅名城，成为东北地区沿边开放的排头兵和核心增长点之一，黑龙江省"哈—牡—绥—东"经济带发展的"引擎"。

（2）产业目标：建立以国际商贸、国际物流、进出口加工、国际旅游、现代金融为重点的现代服务业主导型经济体系。推进园区发展模式，成为黑龙江省新型工业化基地建设的服务平台和全国低碳经济与节能减排的"典范"，全面完成经济转型和实现可持续发展。

（3）功能目标：社会发展水平和经济效益显著提高，城区的功能结构和乡镇空间布局进一步优化，居民收入和公共服务水平不断提高，商业和口岸的地位进一步加强，成为东北亚区域性的物流中心、东北亚区域性最活跃的商贸交流中心、中俄边境特色旅游文化中心和北方生态城市。

中心城区用地规划图

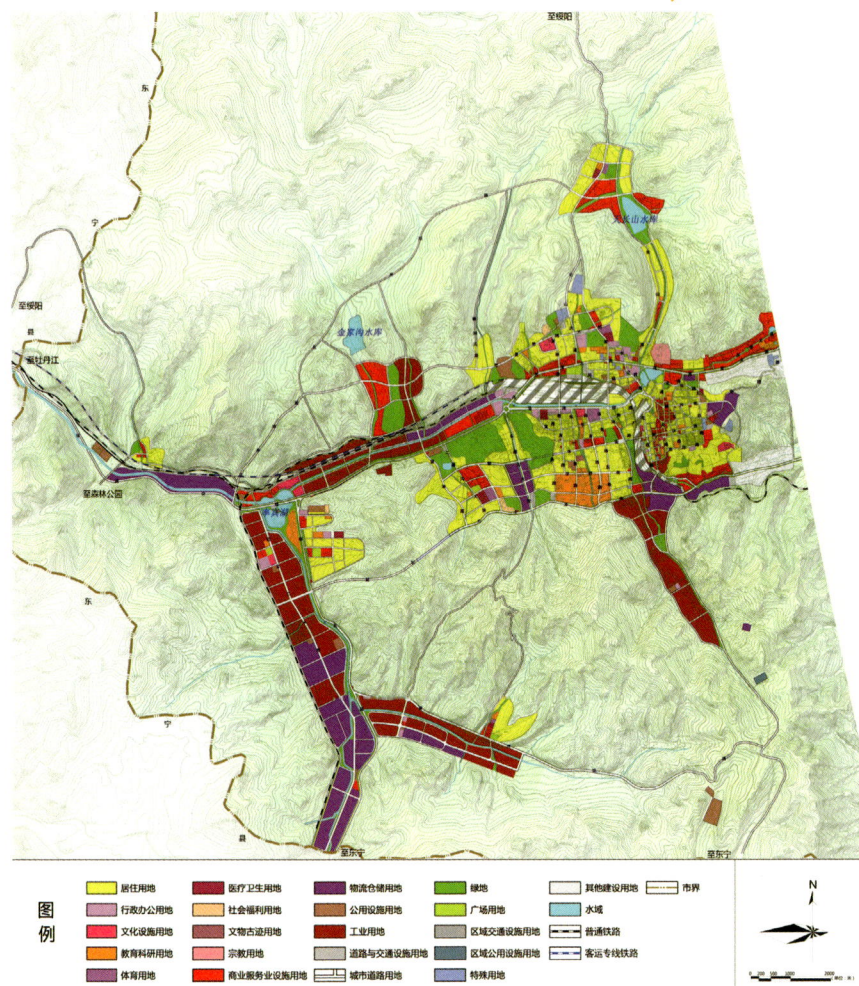

（二）明确城市性质与职能定位

明确城市性质为：我国重要的中俄边境口岸城市、面向东北亚的区域贸工、物流和旅游中心城市。

其城市职能包括：（1）中俄重要的边境贸易口岸；（2）东北亚重要的区域交通枢纽；（3）国际联运大通道；（4）面向东北亚区域性商贸物流中心城市；（5）黑龙江省重要的进出口深加工基地；（6）低碳生态宜居的现代化城市；（7）国际化的旅游城市。

（三）合理确定城市规模

规划至2030年，中心城区人口规模30万人；城市建设用地为3435hm²，人均城市建设用地114.50平方米。

（四）优化及拓展城市空间

提出"中优、西拓、北跃"的城市空间拓展战略。明确向西和向北的城市发展方向。规划采取带状组团式的布局形式，形成"一轴、二城、三区"的总体城市空间布局。"一轴"是指沿301国道形成的城市发展轴带。"二城"分别指二道沟以东的以绥芬河镇为主的东部城区和二道沟以西以阜宁新镇区为主的西部城区。"三区"是指三个功能区，分别是城市生活区、工业生产区和休闲娱乐区。

（五）构建城市综合交通体系

1.铁路
改造货运编组站，在绥芬河站北站场北侧新建新绥芬河铁路客站。

2.公路
规划完善301国道，规划将206省道改造成为双向四车道的高等级公路。规划新建绥芬河市公路客运站，承担国内和国际客运业务。公路和铁路客运站集中布置，实现公铁联运。

3.航空
规划在东宁县绥阳镇建设4C级支线机场，并由快捷的公路与市区相连。

4.城市道路系统
规划将城市道路的功能等级划分为四个级别：快速路、主干道、次干道和支路，形成"三环、三快、二十八条主干道"的路网结构。

中心城区空间结构规划图

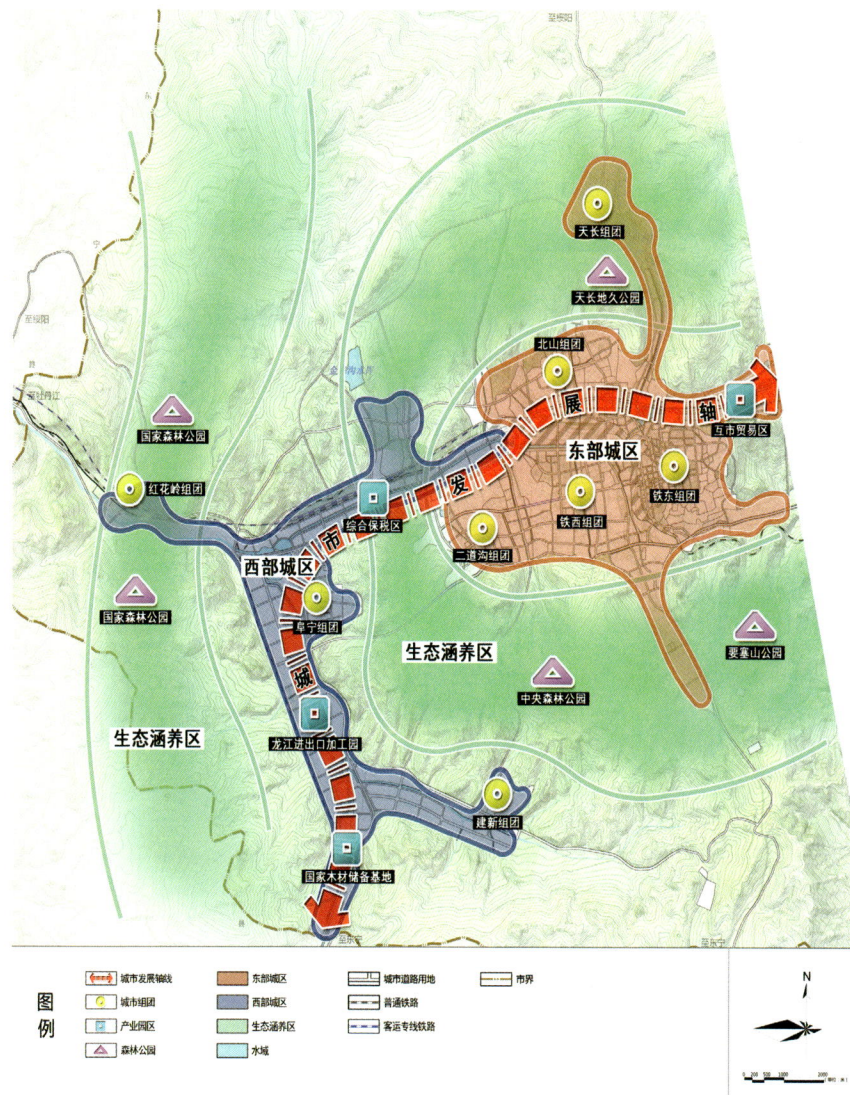

5.主要交叉口

规划的中心区道路交叉以平面交叉口为主，规划道路与铁路相交、快速路与快速路相交建设立体交通，共设置各类立交桥22座，其中新建14座。

（六）切实做好城市历史文化与街区保护

1.保护重点：

（1）重点保护俄国领事馆旧址、铁路大白楼、俄国侨民学校旧址、东正教堂、日本领事馆旧址、绥芬河火车站。对其建设控制地带内的建筑高度、体量、风格等方面制定与文物古迹环境风貌相适应的控制引导要求。

（2）划定大白楼片区、迎新街片区（火车站—教堂中轴线地区）、长安街片区3处历史街区。

（3）将未列入历史文物保护范围的有历史意义的历史建筑物和构筑物进行定级保护。

（4）规划将绥芬河地区的古代村落遗址打造成为具有科学考察价值的考古区域，规划期内不得将其作为建设用地，保持其土地的原有性质。

（5）规划将四个原侵华日军要塞进行修缮，打造成为红色旅游线路。

2.历史文化街区保护范围：

规划绝对保护区包括俄国领事馆旧址、铁路大白楼等28栋历史保护建筑。

（七）独具特色的城市景观风貌

综合研究绥芬河市人文景观和自然景观资源，优化城市景观特色，形成以绿色生态和人文景观为特色、结构清晰、有机和谐、繁荣发展的现代化、生态化城市总体景观风貌。

规划形成6个景观分区：

（1）历史文化景观风貌区；（2）特色商贸、旅游接待景观风貌区；（3）现代都市景观风貌区；（4）生活居住景观风貌区；（5）工业产业景观风貌区；（6）自然绿化景观风貌区进行控制。

四、规划实施

在城市总体规划的指导下，绥芬河市先后建设了牡绥铁路、绥芬河火车站新站区、绥东高等级公路、绥芬河机场、五花山水库、绥芬河综合保税区、龙江进出口加工园区、西城区棚户区改造及相关基础设施建设，规划所提出的城市发展战略、总体目标为城市的发展提供了科学的依据和参考，规划的部分功能基本实现，在人居环境的改善和城区基础设施的完善等方面取得了一定成效。

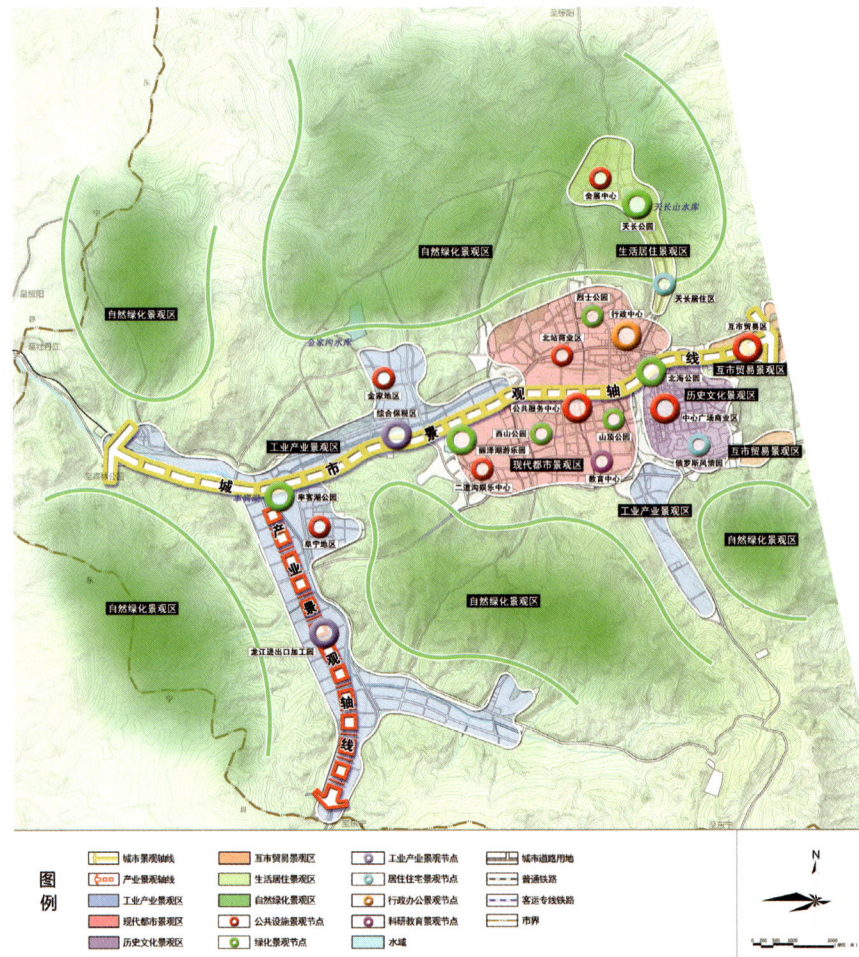

中心城区景观风貌规划图

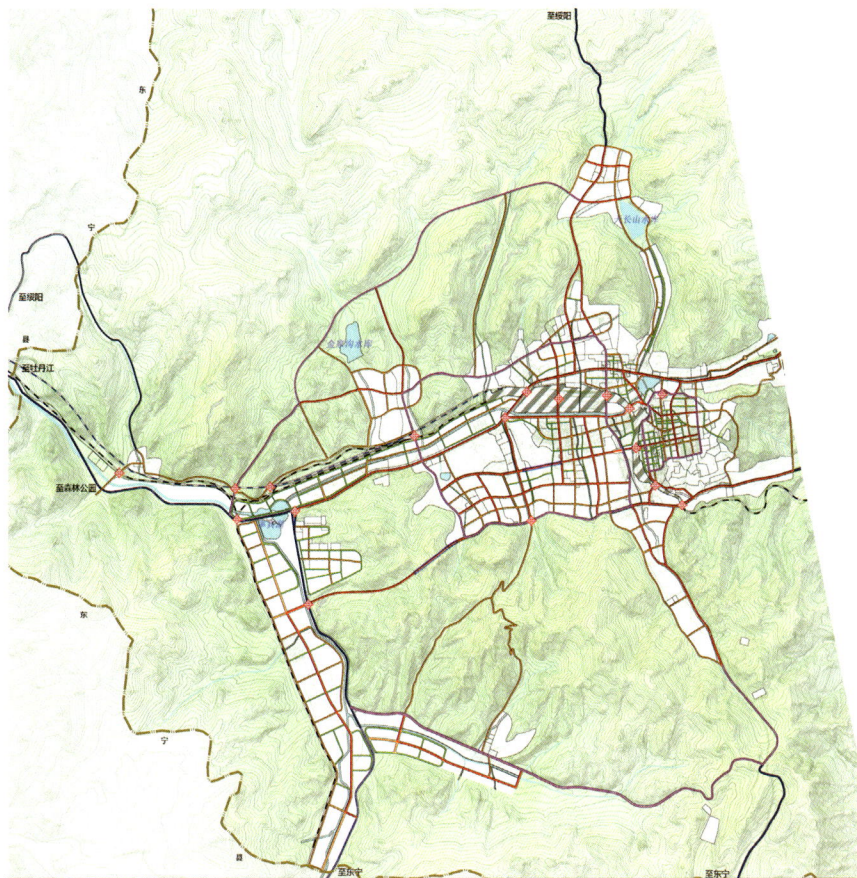

中心城区道路系统规划图

图例

公路	环路	立交桥
主干路	隧道	水域
次干路	普通铁路	市界
支路	客运专线铁路	

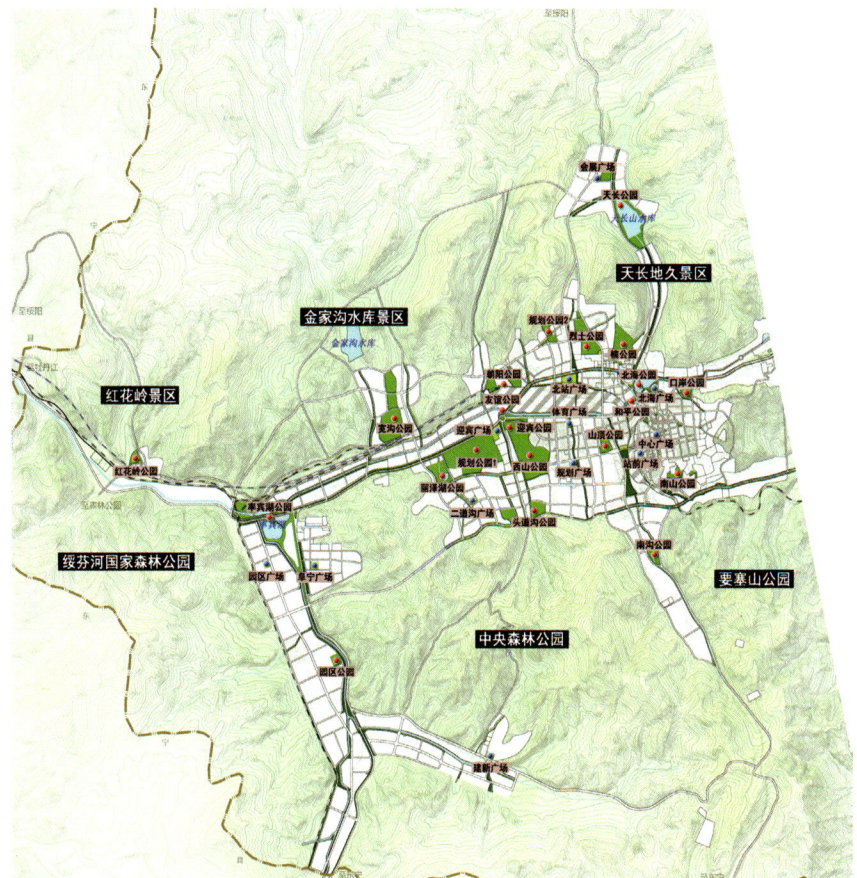

中心城区绿地布局规划图

图例

城市公园	广场用地	客运专线铁路
城市广场	水域	市界
公园绿地	城市道路用地	
防护绿地	普通铁路	

龙江县新城区控制详细规划

编制单位：黑龙江省城市规划勘测设计研究院
编制人员：张远景、王春龙、肖一夫、王泽华、赵健、吴玥、张尧、柳清、白兰、徐雷、
　　　　　林繁茂、王汝波、徐晓民、霍艳琢、杜秀丽
编制时间：2014年
获奖等级：二等奖

一、规划背景

　　本项目位于龙江县城北部，规划范围为纵横大道、北顺街、正阳北路、北苑路、建设北路、通达街、延顺北路、长横街和汇丰路等道路围合区域，规划总用地面积为4.36平方公里。龙江县近年城市发展迅速，老城区现有建设已不能满足城市快速发展需求，并且城市发展驱动力不足，城市建设中生态建设滞后，因此加快建设城北新区尤为重要，本项目位于龙江县城北部，是龙江县重要的城市功能拓展区域，规划总用地面积为4.40平方公里。

二、规划构思

　　考虑新城区与老城区在功能上的互补与联动，结合新城用地的经济性，制定控制指标体系，保证规划指标制定的科学性，同时通过可视化规划把控总体空间形态。

三、规划创新

1.基于GIS技术构建控制模型，科学量化控规指标

　　采用"计量化的精细方法"，通过建立"基准模型"、"修正模型"确定规划区域的开发强度分区，根据不同区域的开发强度高低，最终确定各个用地的控制指标。"基准模型"遵循微观经济学效率原则，以交通区位（如大容量轨道交通线路和城市主次干道）、服务区位（如城市主次商业中心、公共服务中心）和环境区位（如城市主要公共绿地）作为密度分区基本影响因素，按照各因素空间格局和影响权重，将城市空间划分为若干基准强度分区，确定不同开发强度区域的整体结构。而"修正模型"则是在效率原则基础上，"引入生态原则（生态敏感地区）、安全原则（不良地质地区）、美学原则（城市设计形态考虑）或文化原则（历史保护地区）等等"来修正"基准模型"，将"模型"进行扩展，形成基于效率原则的基准密度分区和基于其他原则的修正密度分区。修正的结果"可能提高或降低城市局部地区的开发强度"。在确定开发强度分区过程中运用地理信息系统（GIS）更科学、更客观地建立基准模型和修正模型。

2.基于多维度制定分图图则，增强控规管控效果

　　图则分为指标控制图则、公共设施图则、城市设计引导三张图则。根据这三张图则，城市管理者可更直观地管理城市建设，城市开发者可更清晰地理解控制指标，项目建设者可在实施过程中可更有效地解决设施建设对接问题。

3.基于城市设计引导，把控城市空间形态

　　本控制性详细规划编制中增加城市设计引导专题研究。城市设计对城市空间的形成具有指导作用，主要在于要比较准确地把控规划地区与城市整体空间的关系和体现规划地区独有特色，更好地指导修建性详细规划的编制。

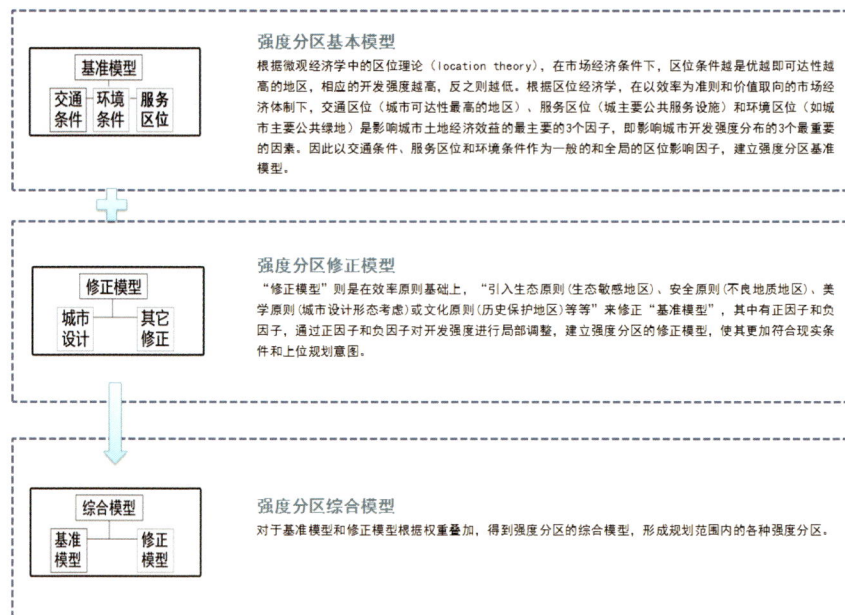

强度分区基本模型
根据微观经济学中的区位理论（location theory），在市场经济条件下，区位条件越是优越即可达性越高的地区，相应的开发强度越高，反之则越低。根据区位经济学，在以效率为准则和价值取向的市场经济体制下，交通区位（城市可达性最高的地区）、服务区位（城市主要公共服务设施）和环境区位（如城市主要公共绿地）是影响城市土地经济效益的最主要的3个因子，即影响城市开发强度分布的3个最重要的因素。因此以交通条件、服务区位和环境条件作为一般的和全局的区位影响因子，建立强度分区基准模型。

强度分区修正模型
"修正模型"则是在效率原则基础上，"引入生态原则（生态敏感地区）、安全原则（不良地质地区）、美学原则（城市设计形态考虑）或文化原则（历史保护地区）等等"来修正"基准模型"，其中正因子和负因子，通过正因子和负因子对开发强度进行局部调整，建立强度分区的修正模型，使其更符合现实条件和上位规划意图。

强度分区综合模型
对于基准模型和修正模型根据权重叠加，得到强度分区的综合模型，形成规划范围内的各种强度分区。

为便于影响因子叠加计算，根据影响程度从高到低赋值分别为：3，2，1，0

↑ 技术路线图

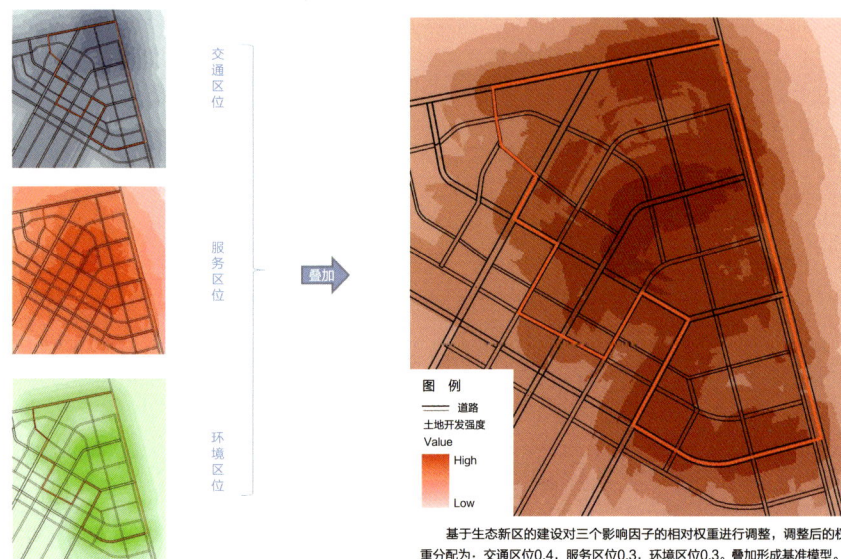

交通区位　服务区位　环境区位　叠加

图例
—— 道路
土地开发强度 Value
■ High
　 Low

基于生态新区的建设对三个影响因子的相对权重进行调整，调整后的权重分配为：交通区位0.4，服务区位0.3，环境区位0.3。叠加后形成基准模型。

↑ 基准模型图

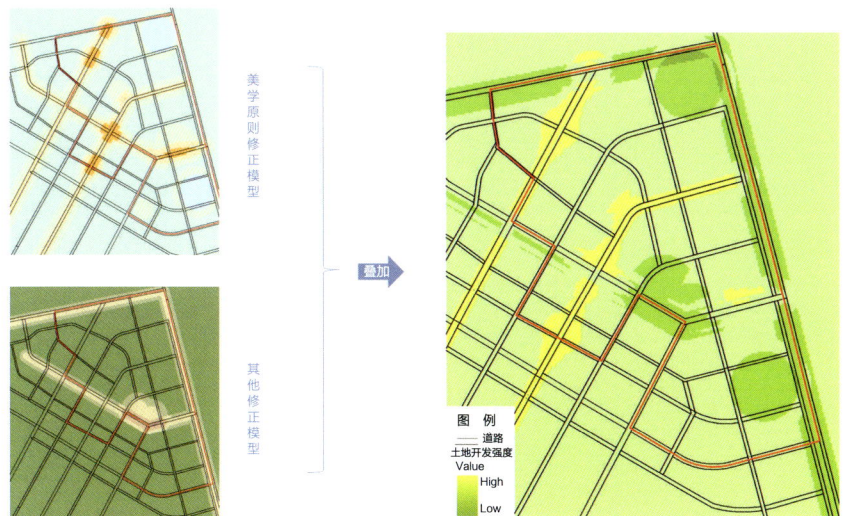

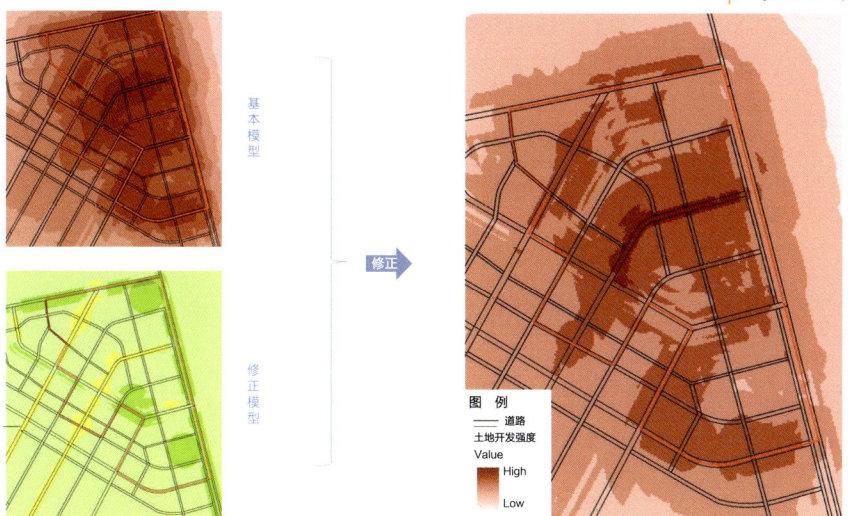

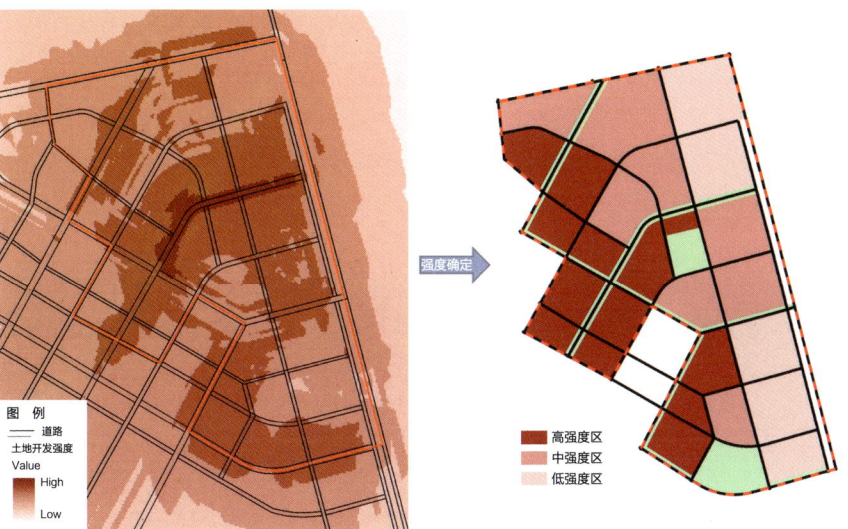

美学原则修正模型

其他修正模型

叠加

图 例
— 道路
土地开发强度
Value
High
Low

修正模型图

基本模型

修正模型

修正

图 例
— 道路
土地开发强度
Value
High
Low

综合模型图

图 例
— 道路
土地开发强度
Value
High
Low

强度确定

高强度区
中强度区
低强度区

强度确定图

四、实施情况

目前，《龙江县新城区控制性详细规划》已由龙江县人民政府批准实施，龙江县正处于高速发展时期，新城区控规实施以来，经过多年的努力，龙江县新城区建设已取得初步成果。

1.已修建两条主干路、多条支路，新建道路共4500米。

2.龙江县瀚沃建材城一期已经建设完成，建筑面积4.2万平方米，已有商家入驻，二期已经完成修建性详细规划，并进入施工阶段。

3.燃气站建设完成并投入使用，占地面积3.3公顷。

4.供热站建设完成并投入使用，占地面积3.9公顷。

实施情况图一

实施情况图二

实施情况图三

哈尔滨松花江避暑城总体规划（2012-2030）

编制单位：哈尔滨工业大学城市规划设计研究院
编制人员：郭嵘、崔禹、苏万庆、薛睿、李盛、崔彦权、王振茂、高野、黄梦石、白玉静、
赵婧、宋晓雅、卞贺、谷梦婷
编制时间：2014年
获奖等级：二等奖

■ 一、规划背景

松花江避暑城位于哈尔滨市呼兰区境内，紧邻利民开发区，西靠滨北铁路，南接环城高速路，东侧、北侧分别为呼兰河、松花江，坐落在两条水系交汇处，规划总面积约32平方公里，两江口处环境优美，水域面积近6000公顷，拥有不可多得的滨水岸线优势，区域内空间开阔，地势平坦，适宜进行大规模的新区开发，是北国水城的示范区，是万顷松江湿地的核心区。

松花江避暑城区位交通优势明显，与道外区隔江相望，经松浦大桥7公里即可到达江南主城区，距离哈尔滨火车站12公里，距离哈尔滨太平国际机场50公里、半小时车程，具有水、陆、空便捷的对外交通体系。

■ 二、规划构思

（一）规划发展目标

以湿地景观、山水景观、风貌建筑景观为背景，以"商务、度假、旅游、养生"为核心理念，突出"山水新城，欧陆风情"的形象特征，创新开发生态休闲旅游项目，完善配套设施，建设东北亚地区知名的商务、度假、旅游、养生新城，共有以下五个方向的目标。

1. 大松北双轴（哈黑路+沿江景观路）发展格局的纽带；
2. 万顷松江湿地，百里生态长廊建设的核心区；
3. "北国冰城"真正意义上的高端示范区；
4. 绿色避暑休闲生态示范新城；
5. 哈尔滨新时期城市特色名片。

（二）规划发展定位

根据基地所处的特殊地理位置和景观特征，规划将其目标定位确立为：以滨水景观、山冈、湖城相依为景观特色，特色鲜明、生态宜居、服务功能完备、区域协调发展的集生态旅游、休闲养生、文化观光、科普教育、会展购物于一体的现代商务、度假、旅游、养生的避暑度假新区，从而成为哈尔滨发展新的核心增长极。

土地利用规划图

图例

- R1 一类居住用地
- R2 二类居住用地
- A1 行政办公用地
- A3 教育科研用地
- A4 体育用地
- A5 医疗卫生用地
- B1 商业设施用地
- B2 商务设施用地
- B3 娱乐康体设施用地
- B4 公用设施营业网点用地
- W1 一类物流仓储用地
- S3 交通枢纽用地
- S4 交通场站用地
- U1 供应设施用地
- U2 环境设施用地
- U3 安全设施用地
- G1 公园绿地
- G2 防护绿地
- G3 广场用地
- B1R1 商住混合用地
- X 旅游发展用地
- 山体兼容用地
- E1 水域
- E2 农林用地
- H2 铁路用地
- 城市建设用地界线
- 城市规划区用地界线

"避暑"强调规划区的时效特征；"度假"定位规划区的资源背景和开发方向；"新区"定位规划区的综合功能。通过科学规划、综合开发，在国内形成"南有三亚湾避寒、北有松花江避暑"的高端生态度假区。

松花江避暑城总体规划突出低碳、生态、总部经济、会展经济、文化教育、旅游地产、医疗保健等特点，依托吃、住、行、游、娱、购、修、养、康、藏、品、庆等十二大产业活动载体，以旅游度假、避暑休闲、养生健身、文化娱乐、商务商贸、生态宜居六大功能为支撑，全力打造"赏万顷松江风光，居世界避暑胜地"的国际高端旅游度假区，构建"南有三亚湾避寒、北有三家湾避暑"的旅游新概念和新格局。

松花江避暑城发展定位为：北国特色水乡、欧陆园艺博览、国际人居荟萃、世界风情之窗、公共艺术之都。

（三）水陆交通支撑

1.对外交通性道路（两轴、三环）

为进一步与大松北规划相融合，规划设计了贯穿区内的南北、东西两条交通轴线和连通度假区内各功能区的三条环状路网，1座公交始末站，15个大型停车场，5个加油站，大小型景观桥梁40余座。

2.水路系统规划（两个码头、内环旅游航线）

在地理空间上呈现出明显的山环水映特征，景观堤外规划2处游船码头，服务于万顷松江湿地旅游。区域内以发生渠为核心，沿水系形成内河游船环线，在各功能区设置游船停靠码头30余个。在"以水定城"的战略指导下，松花江避暑城两个对外码头和内环航线通过大型船闸，使内环水系与松花江水域相连通，形成内外通畅的水路交通系统。

3.铁路（扩建站舍、联动发展）

为适应松花江避暑城产业发展的需要，可适时扩建松花江避暑城徐家车站，在规划上与码头发展连为一体，带动整个地区的对外交通体系全面发展。

景观结构图

N

0 500m 1000m   2000m

图例

—— 湖泊界线
■ 湖泊
—— 岛屿界线
■ 岛屿
● 山体
↦➔ 山体景观渗透线
⚓ 码头
▬ 城市建设用地界线
▬ 城市规划区用地界线

哈尔滨松花江避暑城总体规划（2012-2030）

图例

- - - 城市主干路
- - - 城市次干路
- - - 城市支路
- - - 城市慢行路
- P 停车场
- 重要交通枢纽
- 油 加油站
- - - 城市建设用地界线
- - - 城市规划区用地界线
- - - 铁路

三、规划创新

规划坚持"以水定城、多规合一"的原则，将产业经济规划、风貌特色规划、城市设计、水利规划、旅游发展规划统筹整合，构建出一心、九镇、十六岛，三山、五湖、十八湾的总体空间结构。

（一）一心、九镇、十六岛——世界风情之窗、国际人居荟萃

1、一心

即在区域中央，北京路两侧，形成商贸服务、金融办公、体育赛事、休闲、文化娱乐等为主导的中心镇，是整个区域的核心服务区。总面积约4.5平方公里。

2、九镇、十六岛

松花江避暑城通过开挖水系，河湖连通，形成十六个大小不一，形态各异的岛屿。这十六个功能岛分别是金融办公岛、总部经济岛、文化教育岛、博物馆岛、体育休闲岛、商务会议岛、休闲娱乐岛等，这十六个岛屿组成九个特色小镇，既是整个新区的特色产业小镇，同时也是对外展示新区风貌的载体。其中这些岛屿和小镇可概括为"一岛一主业，一镇一风情"。

（二）三山、五湖、十八湾——北国特色水乡、公共艺术之城、世界园艺博览会

在区域北部、中部与南部三处较大水面周边的开阔地，利用开挖水面的土方，建设3座人工山地景观和5处20～50公顷以上的大型湖面，结合内部环城水系建设，设置水上游览主航道，并创建18个特色水岸空间，成为水系景观与绿化景观的有机结合点，也是居民亲水、近水的最佳平台。松花江避暑城区域内绿地、水系面积占比近34%，共包含8个50～80公顷以上的大型特色主题公园，12个风情游园。8个大型主题公园分别是水文化艺术公园、水上运动园区、湿地公园、世界棋文化公园、世界面具艺术公园、高尔夫健身公园、马术运动基地和青少年军体活动基地。这些公园散布在各个小镇内，使松花江避暑城成为一个前所未有、总面积达32平方公里的开放式公共艺术之城和世界园艺博览会。

四、规划特点

哈尔滨市委、市政府高度重视哈尔滨松花江避暑城开发，专门成立了松花江避暑城开发建设办公室，并组织城乡规划局专家专项负责规划编制的指导工作。松花江应充分利用这一机遇，在坚持高标准开发、高水平设计和高起点规划的基础上，实现该地区特色产业集群的快速起步和旅游业的健康发展。规划以湿地景观、山水景观、风貌建筑景观为背景，以"避暑度假"为核心理念，松花江避暑城突出"山水新区，欧陆风情"的形象特征，创新开发生态休闲旅游项目，完善配套设施，建设东北亚地区知名的避暑度假新区。功能定位简称为"4+3"（四大活动，三大产

业），避暑、度假、旅游、休闲活动与三大产业相融合，三大产业即健康产业、低碳产业、科教产业。规划中有机地将风貌规划、产业规划、空间规划、土地利用规划、旅游专项规划等规划进行结合，形成"多规合一"、统筹发展的特色。

五、规划实施

现避暑城内的主干路网北京东路、北一路、超级堤、发生渠等基建项目大部分已经完工。黑龙江省冰雪体育职业学院暨哈尔滨全民健身中心项目已实施竣工。皇家海洋乐园项目一期已实施竣工，二期设计方案已完成。

（一）波塞冬皇家海洋乐园

位于地中海风情岛上，占地约1600亩，主要包括大型室内水上乐园、中央演艺区、商业广场、博物馆、极地海洋馆等内容，将建设成为集室内嬉水乐园、海洋动物观赏表演、影视、室外游乐场、商业、酒店等功能于一体的国内一流、国际领先的大型文化旅游项目，预计年接待游客量达270万人次以上。该项目计划总投资80亿元，分为文化旅游项目区和生活配套服务区两部分，计划2013年启动文化旅游项目区建设，2016年5月1日前完成一期项目（大型室内外嬉水项目、中央演艺广场、商业广场）建设并对外运营。

（二）黑龙江省冰雪体育职业学院暨哈尔滨全民健身中心项目

位于区域东南部，占地约900亩，将建设成为集体育教学、运动训练、体育赛事、全民健身等功能于一体的开放式综合体育设施项目，并结合避暑城的公共空间和区域积极开展自行车、球类、冰雪、高尔夫、马术、水上等各类体育项目，将避暑城打造成为区域体育教学中心、运动训练中心、体育赛事中心和全民健身中心。该项目计划总投资20亿元，预计2013年6月启动项目建设。

（三）蝴蝶岛旅游度假区项目

位于阿尔卑斯风情岛上，占地约2600亩，由避暑城开发办自主开发建设，将打造成为集休闲度假、总部经济、商业服务、教育、文化创意、健康疗养、会议会展、高端居住等功能于一体的示范区。该项目计划2～3年完成开发建设。

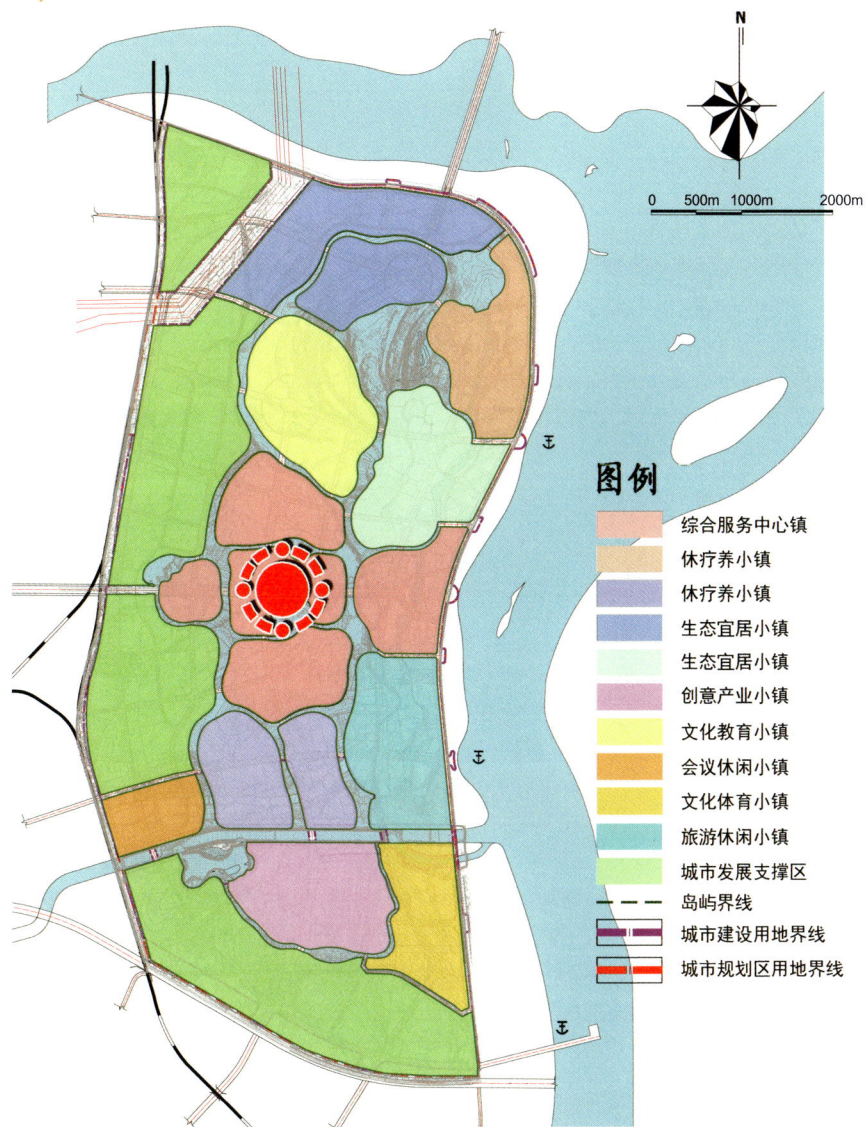

功能结构分析图

图例

综合服务中心镇
休疗养小镇
休疗养小镇
生态宜居小镇
生态宜居小镇
创意产业小镇
文化教育小镇
会议休闲小镇
文化体育小镇
旅游休闲小镇
城市发展支撑区
岛屿界线
城市建设用地界线
城市规划区用地界线

毕节市中心城区公共设施及商业服务设施专项规划

编制单位：哈尔滨工业大学城市规划设计研究院
编制人员：张昊哲、宋继蓉、张璐、田蕊、张冰、江雪梅、徐涵、夏鑫、赵志庆、马和、
　　　　　夏子康、郑松瑶、王作为、康晓菲、崔鑫悦
编制时间：2014年
获奖等级：二等奖

一、规划背景

在国家建设"开发扶贫、生态建设"毕节实验区示范窗口的带动下，毕节城市规模及城市结构发生重大调整，其主要表现为城市新区的出现以及城市中心的转移。因此，如何优化落实总体规划的相关策略，如何保障未来城市中心的公共服务能力，如何利用公共服务设施引导城市带形发展，如何让商业自发形成又能有序发展等以上问题的解决在这一大的社会发展背景下就变得十分必要。在此背景下，毕节市城乡规划局委托我院开展《毕节市中心城区公共服务设施及商业服务设施专项规划（2013-2030）》的研究与规划。

规划秉承以人为本及定性与定量相结合两项原则，从国家规范标准及相关政策、毕节市总体规划解析、毕节市现状和毕节市各项社会事业发展规划四大方面入手，研究各项设施的配建指标和分级分类配置标准，预测其发展规模，进而形成层次分明、满足需求的公共服务设施和商业服务设施用地布局体系。最后，结合城市建设的重点与方向，对各项设施的近期建设提出详细安排，达到近远期相结合、分批分期建设的规划要求。最终，两项专项规划将达到标准配置、管理规范、建设引导、空间预留的规划目标。

二、规划构思

整个规划采用自上而下的模式，首先确定整个布局体系，明确各级中心的布局、规模、内容等。其次根据整体结构体系，结合当地实际情况设置规划相应的配置标准。再次，结合建设情况，细化总体规划中的各项要求，将不同分项设施的指标具体化，对于近期难以实施的项目，也予以空间预留。最后，将所有布局和指标详细落实到图则上，真正对建设加以引导。

（一）体系指导

本次规划通过毕节市总体规划中对人口规模发展趋势判断及中心城内各组团的功能定位，从而匹配与其相适应的公共服务资源，进一步打造中心城区公共活动中心、分中心及节点的分级布置，最终形成满足各层级居民需求的公共服务和商业服务设施体系，同时避免各中心建设滞后于城市发展或过于超前而造成的资源浪费。因此，本次专项规划的设计和实施是十分必要的。

（二）标准配置

规划首先合理确定各项规划建设控制指标，其中包括文化、教育科研、体育、医疗卫生、社会福利等公共管理与公共服务设施和商业服务设施的用地控制指标、规划建筑面积控制指标、容积率、绿地率、机动车停车泊位等，并结合了实际情况，对于同类设施在新旧城区中的配置标准也根据不同的环境条件提出了与之对应的明确要求。

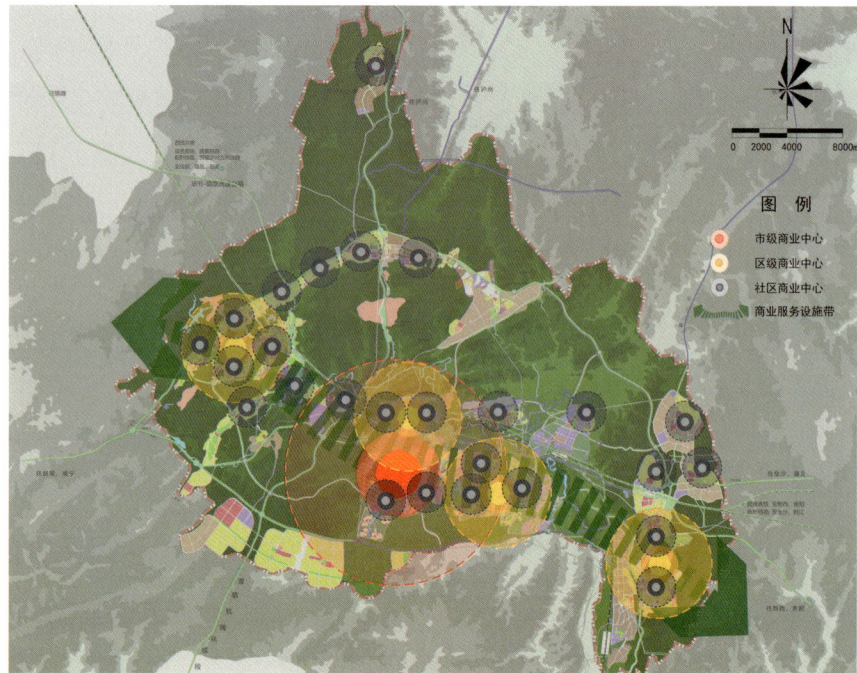

商业网点空间布局规划图

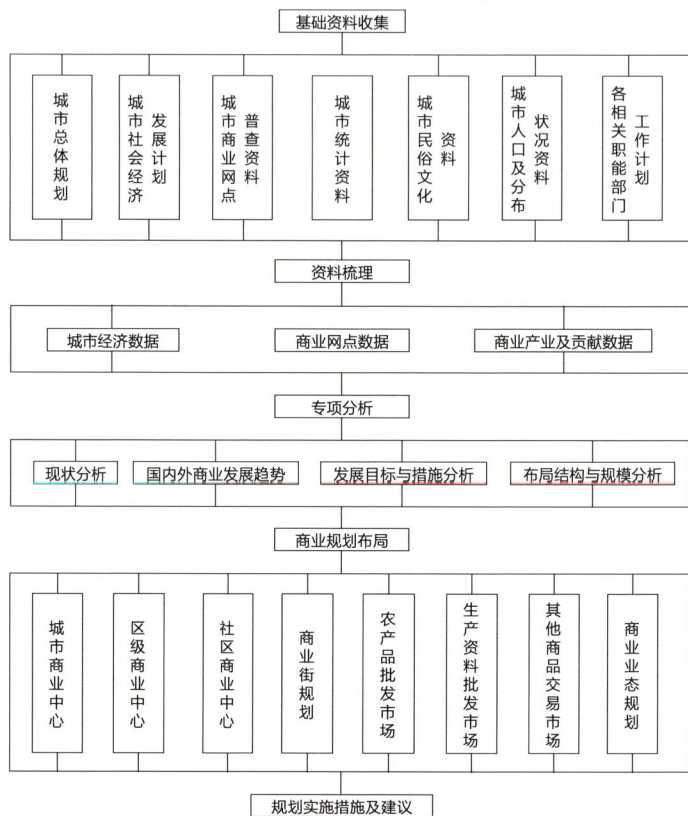

商业网点规划编制技术流程图

（三）建设布局

规划首先结合现状及已批待建的各类设施情况，细化并调整了总体城市规划中各项设施的用地布局与规模，然后根据行业服务的要求和特点，在综合平衡考量各项设施总体建设规模的基础上，最终确定了各类各级设施的位置、服务范围、服务人口等详细指标内容，实现了全面、系统的公共服务设施与商业服务设施的用地布局和规模分配要求。

（四）空间预留

本次规划着重规划与毕节市各项社会事业发展规划相协调，按照近期城市建设主要方向与重点，对各类社会服务设施的建设目标与具体项目作了详细安排，做到分期实施、近远期相结合，达到公益性服务设施的空间预留。

（五）图则引导

本次规划成果包括设计规划图则，力求设计深度可以指导后续城市建设工作的进行。规划图则进一步对专项规划内容进行了深化和补充，包括了规划设施的具体位置和用地面积、设施等级、规模、内容等内容，避免了专项规划内容与实际建设工作的脱节。

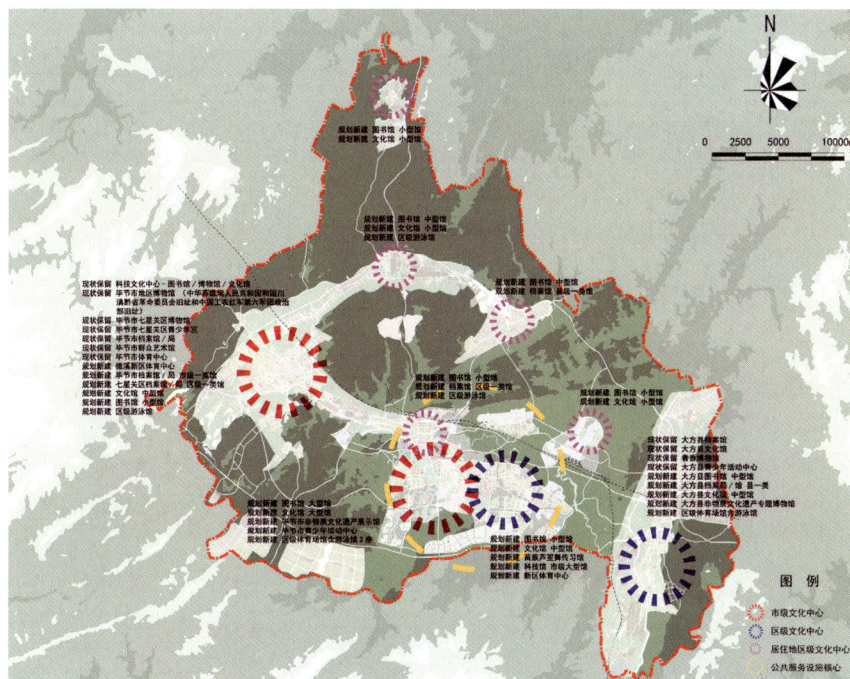

公共活动中心空间分布规划图

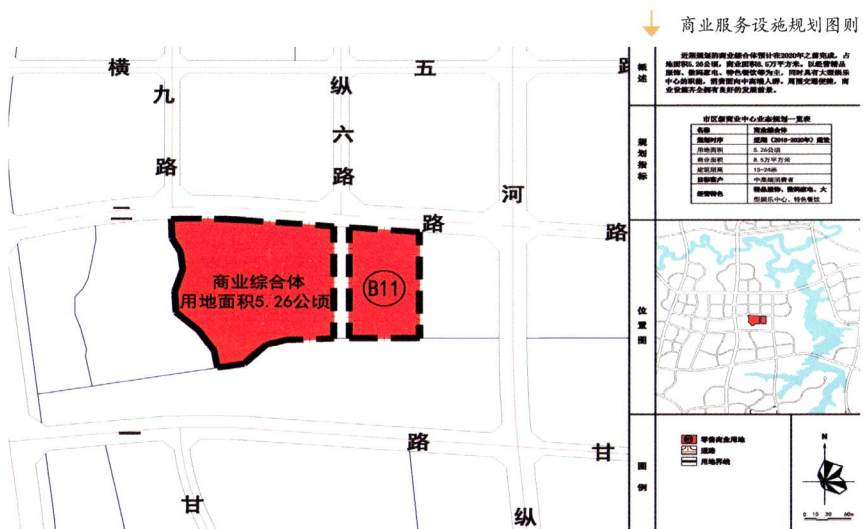

商业服务设施规划图则

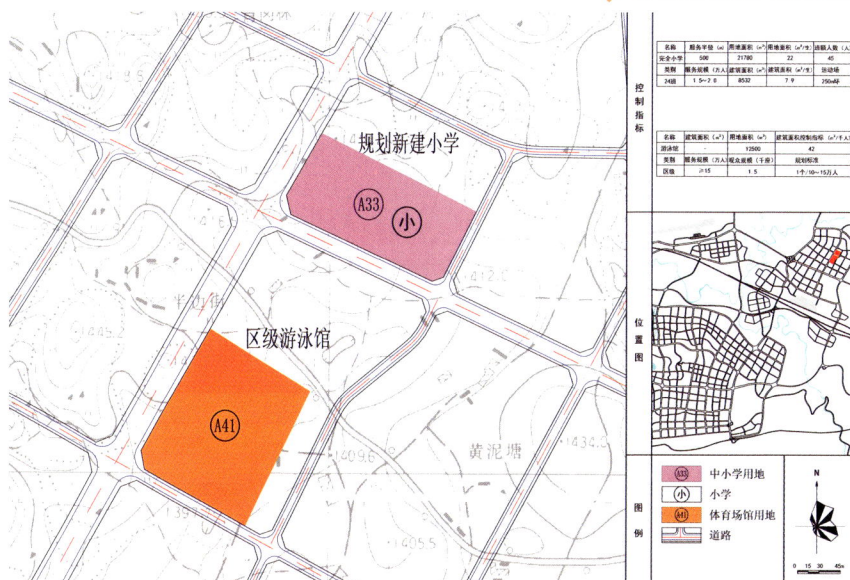

公共服务设施专项规划图则

毕节市中心城区公共设施及商业服务设施专项规划

三、创新技术

（一）衔接总规落实，指导控规实施

从专业视角对总体规划所确定的内容做进一步精细的统筹安排。包括各项服务设施的总体建设规模、分级分类的空间布局、建设控制指标及主要建设项目的安排等；并落实到控制性详细规划层面，以规划图则形式对下一步详细规划中公共服务和商业服务设施的具体落位、指标配置等进行导引，最终指导实施建设。各层次规划环环相扣，设计深度逐层递进，实现了规划系统的纵向完整性。

（二）设施分项精细化，指标控制深入化

设计按照公共服务设施和商业设施的细化分类；分类依据包括各项服务设施的不同特性，从宏观到微观的各项服务设施的各类控制指标，包括设施服务半径、服务人口规模、用地面积、建筑面积、容积率等。依据不同的分类标准和指标，使规划设计的控制指标更为体系化，科学化。

（三）分级分类配置，控制指标修正

依照毕节市及各组团人口规模情况，将各项设施分为市级、区级、居住地区级和居住区级四级进行配置；依据国家标准和相关法律法规等文件，结合毕节市社会经济情况及发展建设要求等，修正各类控制指标，更适合毕节市的发展情况和要求。并为适应毕节市中心城区的城市发展阶段和规模，在充分论证研究的基础上，在部分条件较好的地区提高了部分规划标准，避免了一刀切的僵化规划模式。

（四）倡导设施充分利用，促进城乡一体化

在对现状充分了解的基础上，规划对现有资源充分利用，避免设施的重复建设和浪费。同时考虑周边乡镇的设施建设，体现城乡统筹，逐步改变城乡二元经济结构，逐步缩小城乡在公共服务设施和商业服务设施方面的发展差距。

（1）现状保留公共服务设施

设施分类		名称
文化设施	图书馆	科技文化中心图书馆
	文化馆	毕节市文化馆、大方县文化馆
	青少年宫、活动中心	七星关区青少年宫、大方县青少年活动中心
	博物馆	科技文化中心博物馆、毕节地区博物馆、毕节市七星关区博物馆、奢香博物馆
	科技馆	科技文化中心科技馆
	档案馆	毕节市档案局/馆、大方县档案局/馆
体育设施	体育馆	—
	体育场	奥林匹克体育场（毕节市体育中心）
	游泳馆	—
医疗卫生设施	综合医院（100床以上）	毕节市第一人民医院、毕节市第二人民医院、七星关区人民医院、毕节市第三人民医院、毕节市友谊医院、毕节市明康医院、毕节仁济医院、毕节市欧亚医院、大方县人民医院、大方同仁医院、大方南方医院、大方民安医院、大方现代医院
	中（西）医（结合）医院	毕节市中医院、大方县中医院
	专科医院	毕节燕氏骨伤科医院、毕节颈腰椎康复医院、毕节阳明康复医院、大方康复医院、毕节平安妇产科专科医院、毕节虹邑妇产专科医院、大方阳光血产医院、毕节市壬愈糖尿病专科医院、毕节国济口腔医院、毕节市山城精神病院、七星关区精神病康复医院、大方安康精神医院
	妇幼保健医院	毕节市妇幼保健医院、七星关区妇幼保健、大方县妇幼保健医院
	疾病防控中心	大方县疾病预防控制中心
	急救中心	毕节市七星关区急救中心、毕节市人民医院紧急救援中心、大方县120急救中心
社会福利设施	社会福利院	贵州康愈长寿院、大家庭老年公寓、毕节市社会福利院、大方县社会福利院、毕节市儿童福利院
	救助管理站	毕节市流浪未成年人救助保护中心（毕节市救助管理站）、七星关区救助管理站、大方县救助管理站

注：1、保留现状毕节市文化馆及现状大方县文化馆的原场馆，规划作为小型文化馆使用。
2、保留现状毕节市七星关区急救中心、大方县120急救中心的原场馆，但是级别降为急救站。

（2）规划撤销公共服务设施

设施分类		名称
文化设施	图书馆	毕节市图书馆、七星关区图书馆、大方县图书馆
	文化馆	七星关区群众艺术馆
	青少年宫、活动中心	—
	博物馆	—
	科技馆	—
	档案馆	七星关区档案局/馆
体育设施	体育馆	—
	体育场	—
	游泳馆	—
医疗卫生设施	综合医院	100床以下综合医院
	中（西）医（结合）医院	大方亿和中西医医院
	专科医院	毕节市七星关区精神病康复一分院
	妇幼保健医院	—
	疾病防控中心	原毕节市疾病预防控制中心、原七星关区疾病预防控制中心
	急救中心	—
社会福利设施	社会福利院	—
	救助管理站	—

注：1、公共服务设施撤销后，规划选址建立同级别新馆。
2、毕节市图书馆、七星关区图书馆、大方县图书馆规划撤销，不作为独立场馆，但办公场所可纳入其他设施继续使用。

← 现状保留及规划撤销公共服务设施详录图

四、实施情况

2013年底，该项目已向毕节城乡规划局进行了成果汇报，得到了规划局的充分认可。未来毕节规划与建设部门将以此专项规划作为指导，来促进毕节城市各项公共服务设施与商业服务设施的良性建设。

目前，双山新区职教城（包含毕节市工业学校、毕节市财贸学校、毕节市体育学校等五所中等专业学校）、毕节一中（双山新校区）、毕节市奥体中心（包含8000座的体育馆和60000座的体育场、3000座的跳台跳水馆）、新毕节市妇幼保健院等多项建设已经竣工，均与规划的近期建设内容基本吻合，达到了预期的规划指导效果。

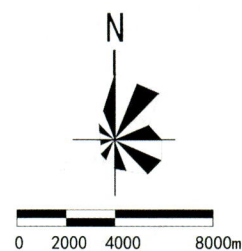

← 七星关区城乡镇级商贸中心规划图

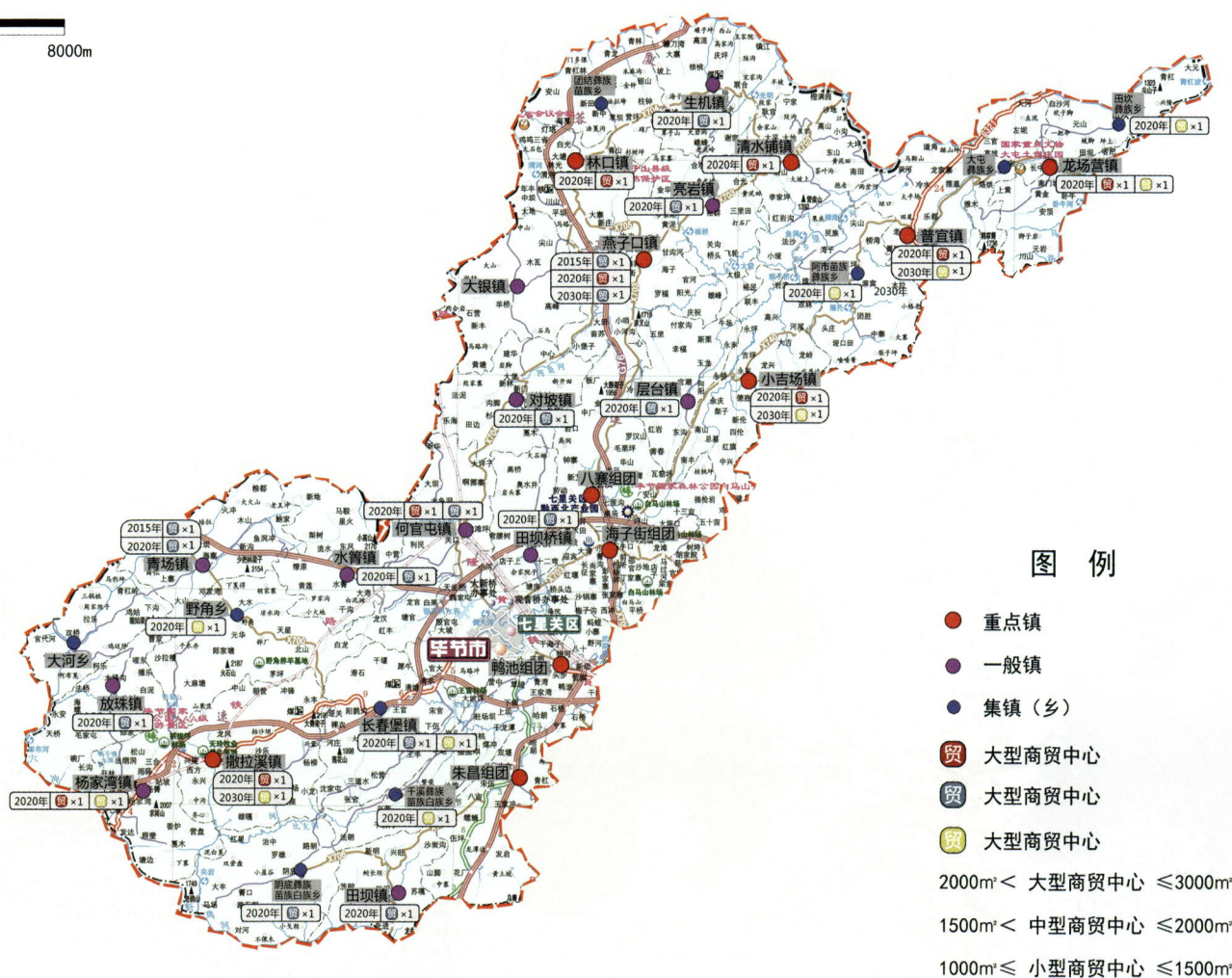

图　例

● 重点镇
● 一般镇
● 集镇（乡）

[贸] 大型商贸中心
[贸] 大型商贸中心
[贸] 大型商贸中心

2000m² < 大型商贸中心 ≤3000m²

1500m² < 中型商贸中心 ≤2000m²

1000m² ≤ 小型商贸中心 ≤1500m²

集团棚改绿地广场项目规划及景观设计

编制单位：哈尔滨市城乡规划设计研究院
编制人员：高岩、丁真光、张建喜、陆秋野、刘伟、赵志强、唐松滨、张轩、刘欢、
池浩、李晓生、郭鹏、陶玉、刘奕彤、吴连芳
编制时间：2014年
获奖等级：二等奖

■ 一、规划背景

本次规划项目是哈尔滨市棚改项目近期建设的重要组成部分，一共四个地块，其中道外区两个、香坊区两个。规划四个地块位于哈尔滨市二环线周边，是城市线性系统的有机组成部分。项目的设计实施对于改善人居环境、提升城市形象、完备城市机能具有重要作用。

■ 二、规划构思

四个项目用地虽然是分散在哈尔滨市域多个区域，但被城市二环串联为一个整体。同时因为二环线是哈尔滨重要的交通干线和城市形象展示空间，所以，我们本次规划的四个绿地空间也就成为哈尔滨市展现城市文化和城市品位的重要节点。

我们本次规划首先在市域角度对地块在城市中的作用和需要体现的要素进行总体控制——市域角度；其次四个地块每个都处于周边环境之中，每个地块都应该充分考虑周边地区的功能、景观等方面的需求，进而在市域角度的基础上，进一步确定自身的建设方向——地区角度；最后针对地块自身的规模、现状等要素，对规划地块的结构、功能、景观等要素进行具体安排和协调——地块角度。

■ 三、规划主要内容

（一）用地规模

四块用地共计为城市提供绿地22664.3平方米，广场用地9396.4平方米，综合绿地率为70.69%。

（二）规划目标

1.文化属性

大庆副路项目及红滨广场项目位于传统风貌特征区，以延续和展示传统功能及风貌，并加强新老风貌过渡协调为重点。北十六道街与北十七道街项目位于道外历史风貌核心区，以保护和展示历史风貌特色为重点。

大庆副路：以展示工业文化为主题；
红滨广场：以展示现代文化（冰城夏都）为主题；
北十六道街与北七道街：以传统民俗文化为主题。

2.标志塑造

大庆副路：工业文化、城市级标志；
红滨广场：现代文化（冰城夏都）、城市级标志；
道外北十六、北七：民俗文化、城市或区域级标志。

3.绿化模式

四个绿化地块位置都是临近二环路这条交通干线上，而且多个地块都需要一定的拆迁工作，能拆出这四个地块建设绿化广场实属不易，所以在规划中以"城市增绿、沿街看绿；疏密有致、肥瘦相间；四季有景，层次分明"为原则，把沿主要街道界面作为主要的绿化景观空间，将其他辅助功能设置在地块内侧或是辅道一侧，满足二环沿线道路景观绿化的要求，同时也能满足其他城市功能的需求。

▼ 项目用地区位图

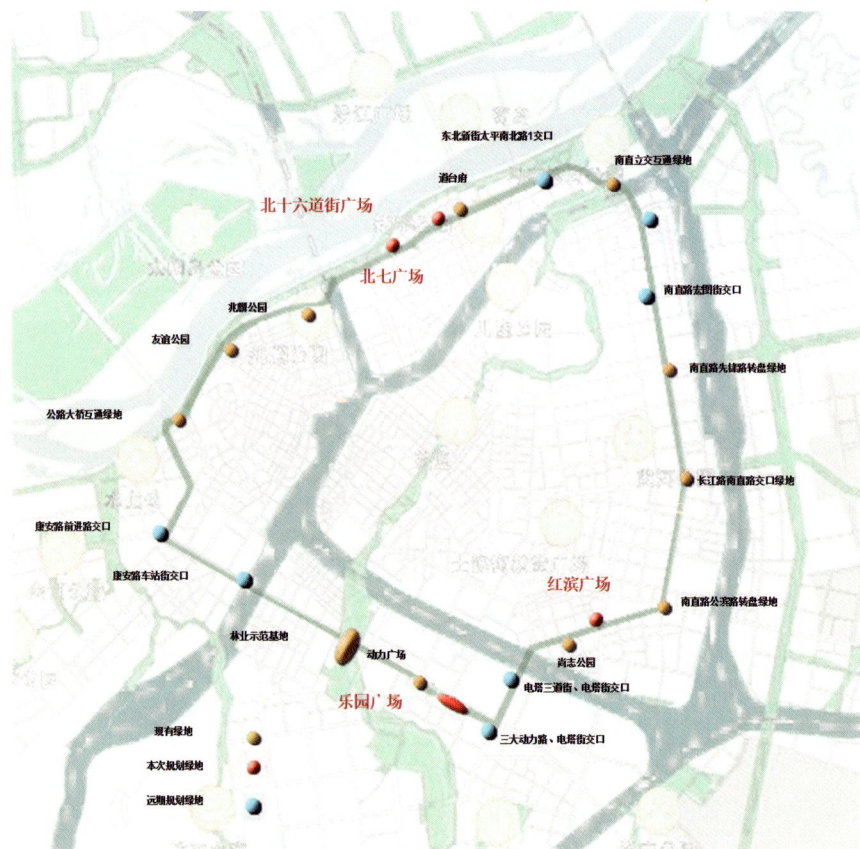

项目用地区位图

↓ 大庆副路广场入口透视图

↓ 红滨广场效果图

集团棚改绿地广场项目规划及景观设计

北七道街效果图

北十六道街效果图

四、规划特点

1.以文化传承为切入点，凸显地块自身特色

为了把各个地块联系成一体，同时也是为了凸显每个地块的自身特色，在规划中我们对包括四个地块在内的二环沿线用地的文化内涵进行了研究和分析，确定了四个地块在规划建设中的文化属性，通过地块文化属性对地块内的标志、小品、绿化等要素进行控制和落实。

2.绿化、广场、标志及地下空间的相互融合

为了更好地协调各方面关系以及更好地展示地块标志物和提高地下空间的使用效率，在规划中主要针对两个较大的地块，把标志物和地下空间入口结合在一起进行设计，在此基础上对每个地块的绿化、广场等要素进行统筹部署，使我们的规划方案更合理、更有可操作性。

五、实施情况

该项目已实施，建成部分已完成目标，效果良好，在建项目，正在进行中。

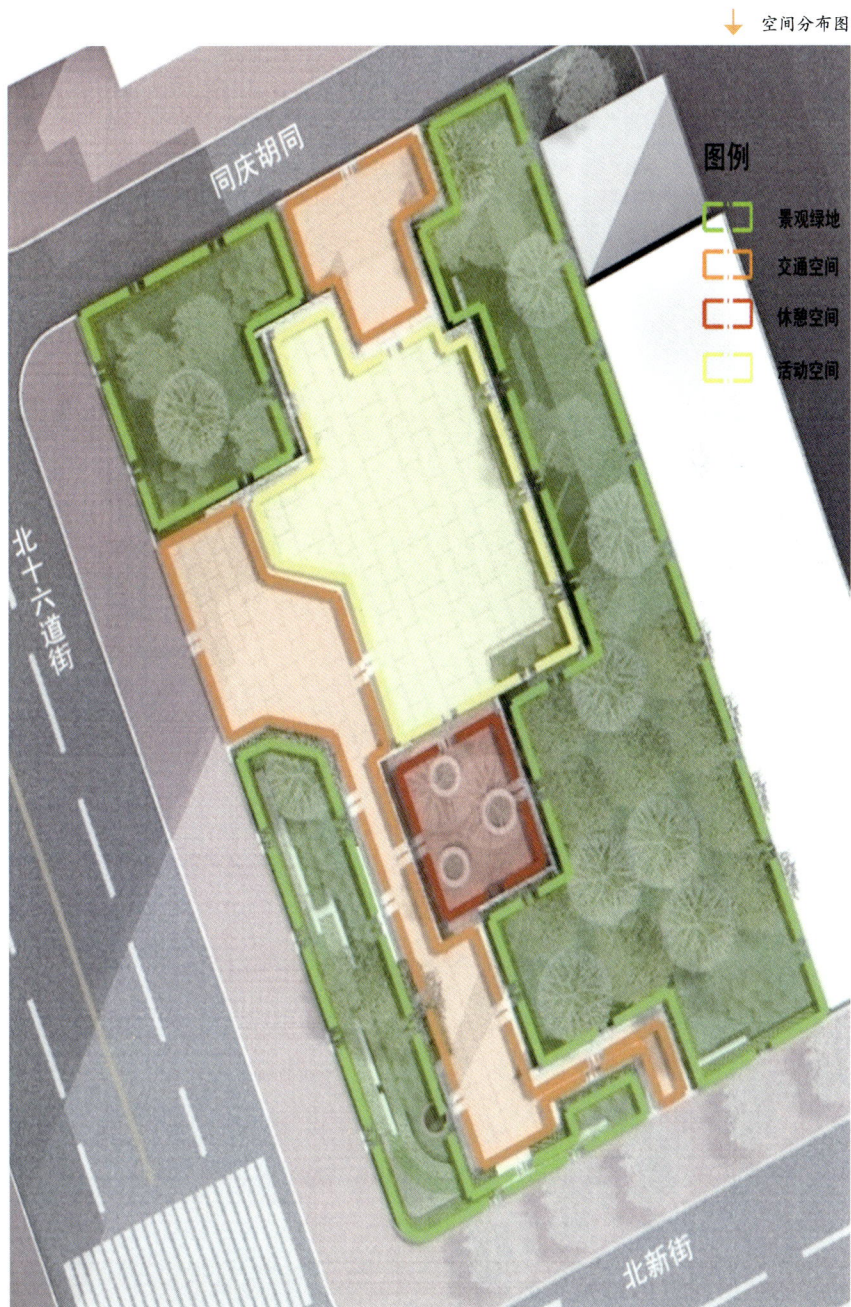

↓ 空间分布图

图例

景观绿地
交通空间
休憩空间
活动空间

哈尔滨生态市建设规划（2013-2030）

编制单位：哈尔滨市城乡规划设计研究院
编制人员：高岩、张建喜、侯晓、赵志强、于洁、刘欢、庞连峰、赵宁、杨维菊、
　　　　　唐松滨、刘堃婷、韦二雄、裴莹
编制时间：2014年
获奖等级：二等奖

一、规划背景

受哈尔滨市城乡规划局委托，哈尔滨市城乡规划设计研究院编制完成《哈尔滨市生态市建设规划》（以下简称《规划》）。在编制过程中，党的第十八次全国代表大会召开，明确提出"五位一体"的发展战略——"把生态文明建设放在突出地位，融入经济建设、政治建设、文化建设、社会建设各方面和全过程，努力建设美丽中国，实现中华民族永续发展"。党中央提出的新时期发展号召，为本规划编制指明了行动方向。

对于生态市规划的编制，目前国家还没有明确的相关规定，我们在规划的编制过程中，参阅了国内外诸多相关资料，并针对哈尔滨的具体情况，摸索出一套编制方法；本规划为开放性规划，将根据时间的推移和建设项目的不断推进，由市政府适时对本规划实施调整、补充和完善。

二、规划构思

通过对生态城市特征及其规划理论基础的剖析，从城市生态系统状况评价出发，重点把握区域内主要生态关系，明确合理的生态格局；全面分析生态支持系统的潜力和限制因素，为实现城市空间结构的生态化和功能的生态化指明道路。

基于这个总体思路，本规划建立了包括城市生态系统的评价、生态支持系统分析、生态城市建设指标体系的建立、城市空间结构的生态化、城市功能的生态化，以及生态城市建设规划实施的项目支撑和保障体系等基本内容的生态城市建设规划技术思路。

三、规划主要内容

（一）规划定位

本规划是指导哈尔滨生态市建设的纲领性文件，是哈尔滨市经济社会发展、资源利用、生态环境保护、城市可持续发展的重要依据。本规划为开放性规划，随着生态市建设的推进，应定期评估实施情况，根据实际情况适时对《规划》进行调整、补充和完善。

（二）规划范围

本规划的规划范围分为三个层次，分别为：

规划研究范围——哈尔滨市域，用地面积5.31万平方公里；
规划重点范围——包括哈尔滨市区和双城市区，总用地面积10198平方公里，该范围的确定根据《中华人民共和国环境影响评价法》中一级评价标准，将哈尔滨市区上风向30公里的影响范围划入规划重点范围。
城市规划区——以城乡生态控制框架为基础，控制区总面积5000平方公里。以生态控制线、城市空间发展方向、用地功能布局、区域交通组织、基础设施布局、生态绿化系统、产业园区布局、农业基地和旅游文化为规划重点。

（三）规划研究主要内容

针对哈尔滨市的主要生态环境问题共设计出19项规划研究内容，并使用系统分析、分块（要素）研究、综合集成的方法对这些内容进行详细研究和规划。

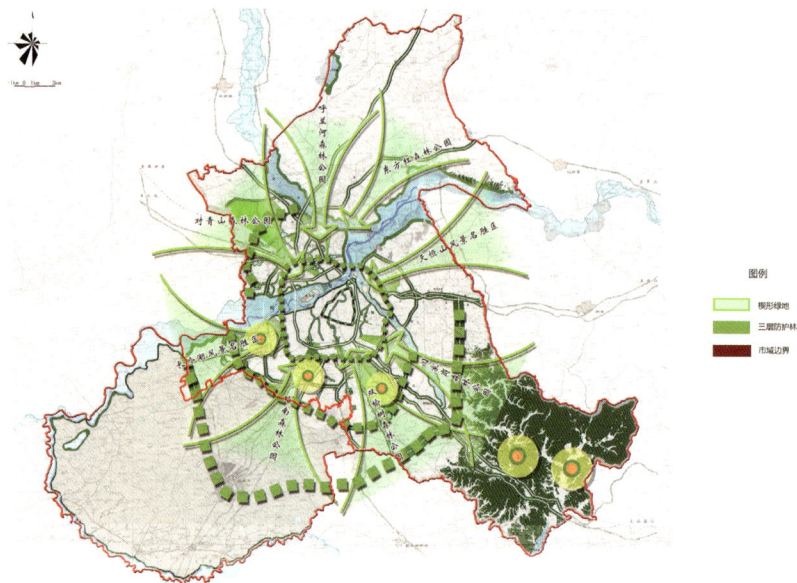

规划重点范围绿化结构图

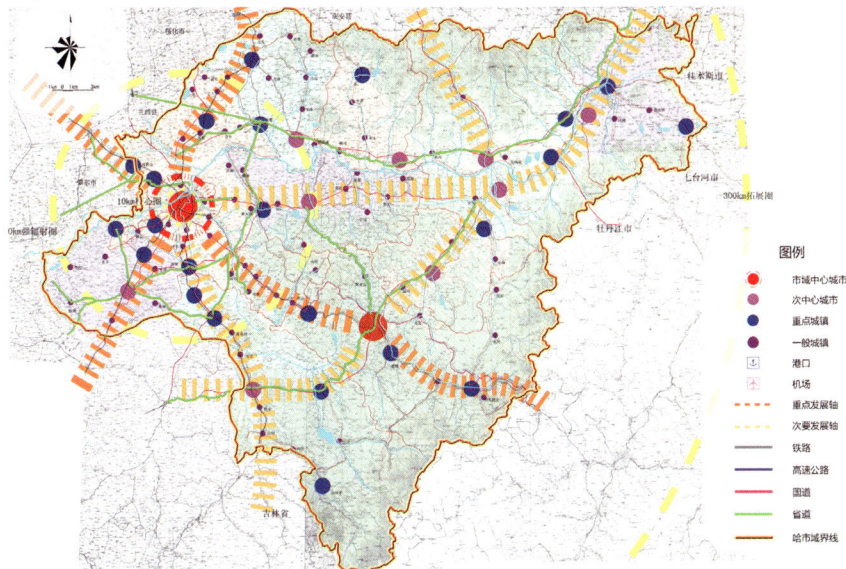
市域城镇发展结构图

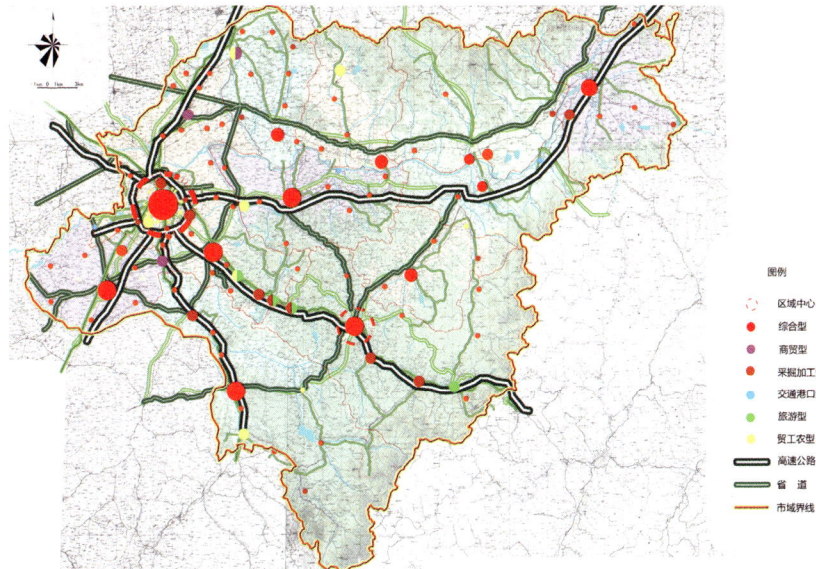
市域大环境绿化结构图

四、规划创新

（一）规划编制的特殊性

1.行动规划

该规划必须是实施性的规划，能够指导建设行为，并能够把国家、市、区等不同层面的战略诉求，转化为具体的目标和愿景，通过规划的统筹协调，落实到一系列行动中。

2.协调规划

规划内容涉及规划、农业、水利、国土、林业、发改、旅游等多个部门以及各级基层政府和公众利益的协调。规划需协调统筹多专业、多部门、多主体的利益，协调作用至关重要。

3.整合规划

全市层面已编制总体规划、生态廊道保护、水资源利用、交通规划、城乡统筹等专项规划，以及国土土地利用总体规划等。已编制规划数量众多、重叠程度高，部分规划甚至存在一定矛盾冲突。本次规划全面梳理、协调、整合已有的所有规划成果，形成一套规划管理成果，并构建一张图管理，简化规划管理文件。

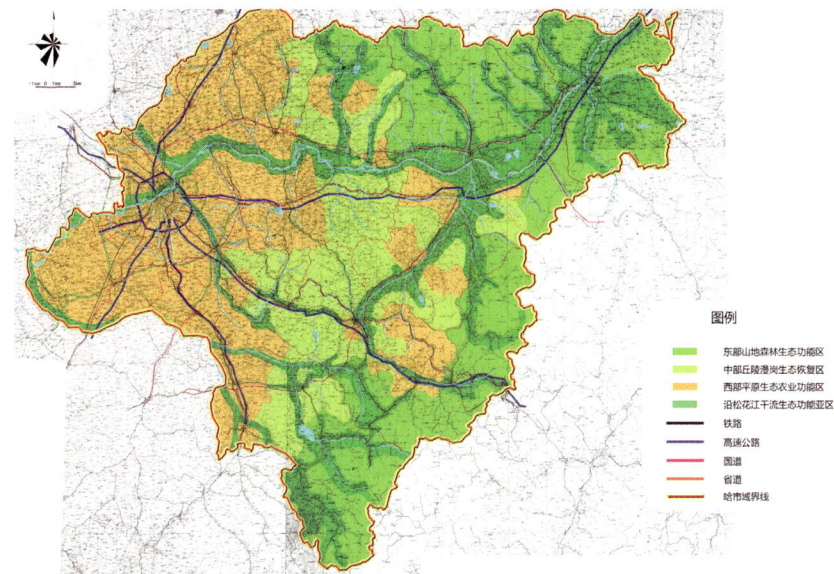
市域生态功能区域划分图

4.创新规划

本次规划作为非传统规划类型，涉及的专业面很广，而且无常规的技术路线可参考，编制深度要求也比较模糊。因此，本次规划是一个难度极大的规划，必须找准哈尔滨打造生态市所面临的特殊问题，形成清晰的规划思路、制定合理的技术路线，才能形成科学合理的规划成果。

（二）规划编制的多维视角

1.理论体系

生态市规划将生态学的理论应用在城市规划领域，深入到城市规划的方方面面，从城市所在的区域生态安全、城市空间结构、城市环境、交通系统、产业，一直到住区发展、社区规划、绿色建筑、基础设施等等；相应的，关于生态城市规划的概念模型、理论框架、评价体系、指标系统，直到应对于不同生态规划方面的技术手段等，已经构建起生态规划相关的庞大的理论体系。

2.实践层面

不同国家地区和背景下的城市，根据自身的规模、发展阶段、经济社会特征等等，所制定的"生态市"的规划，均有不同的内涵，从发展目标、实现手段、技术方法与步骤等等方面，都呈现了较大的差异性。因此"生态市"这一概念应该作为一种方法和理念，对于城市本身的特色要素和发展阶段，构建不同的生态规划方法。

3.操作层面

在操作层面，构建"生态城市规划理论—城市发展与特色分析—生态规划框架与重点"的技术路线，不局限于以"生态体系"或"生态指标"的达标为目标。提高区域生态系统的健康水平，构建富有活力的高效生态产业体系和多层次社会文化体系，建立区域联动互补的运行和管理体系，确保生态市规划编制的整体性、层次性、特色性和区域联动性。

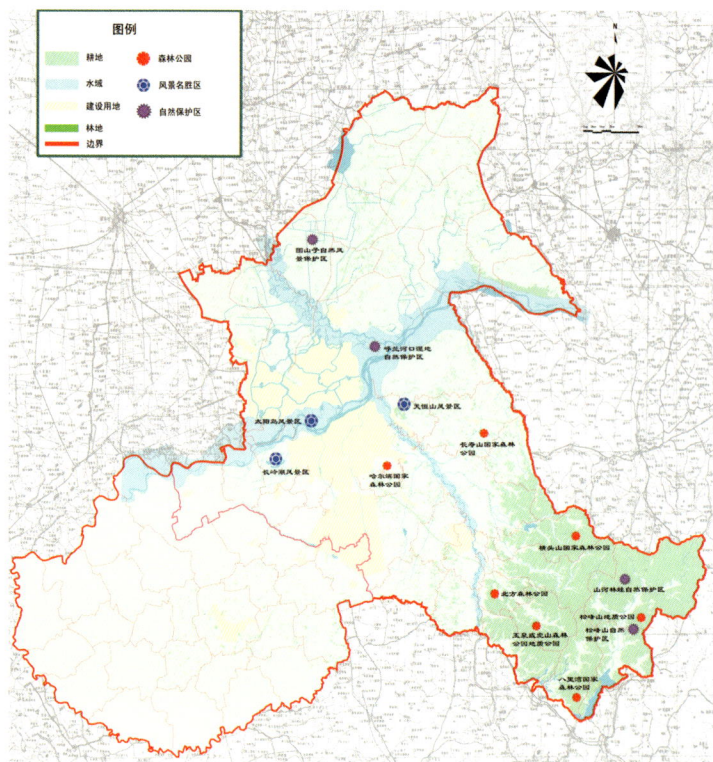

生态红线单线图

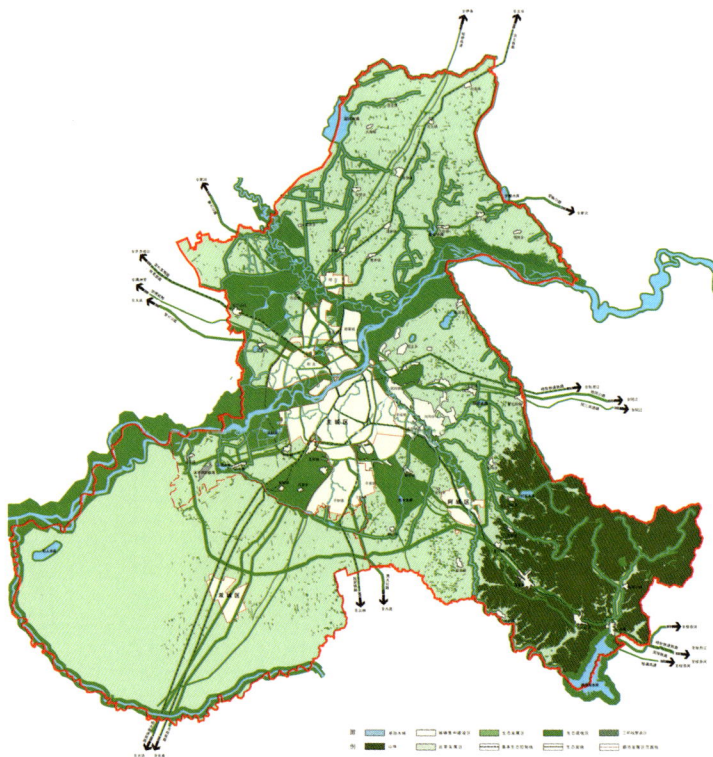

生态敏感点分布图

五、实施情况

在以上工作基础上，最终编制完成《哈尔滨市生态市建设规划说明书》、《生态市建设规划图册》、《生态市建设规划说明书》、《哈尔滨市城市雾霾治理专题研究报告》，形成以基础GIS技术为支撑的"哈尔滨市生态红线规划"，明确哈尔滨市生态市建设九大领域的建设项目库。

编制和实施的出发点和着力点在于立足哈尔滨市情及变化特点，着眼于解决发展中的主要矛盾和问题，兼顾经济社会发展和资源环境保护两方面的需求，体现国家生态市建设指标要求和生态省建设纲要的基本内容，反映广大人民群众的迫切要求和意愿，保证区域经济效益、社会效益和生态效益的高度统一。

本规划为开放性规划，将根据时间的推移和建设项目的不断推进，由市政府适时对本规划实施调整、补充和完善。

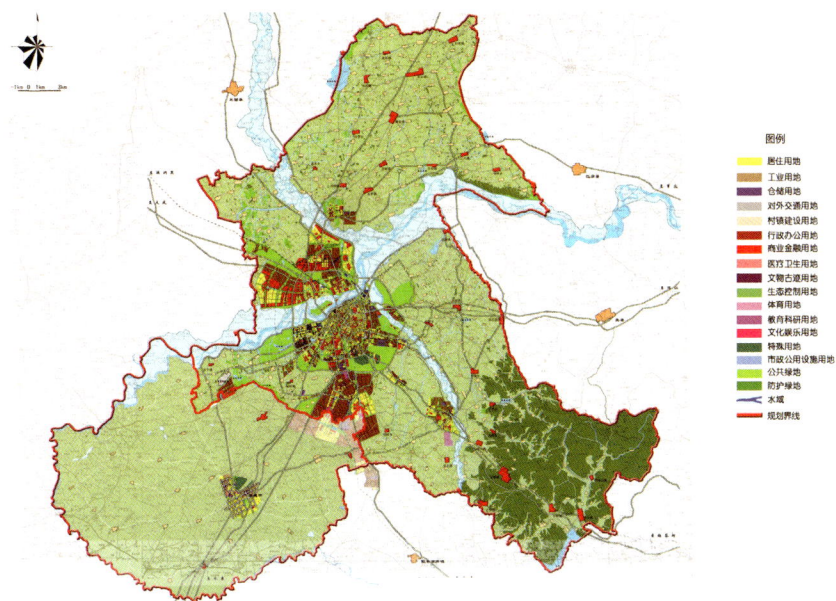

土地用地性质规划图

水资源结构图

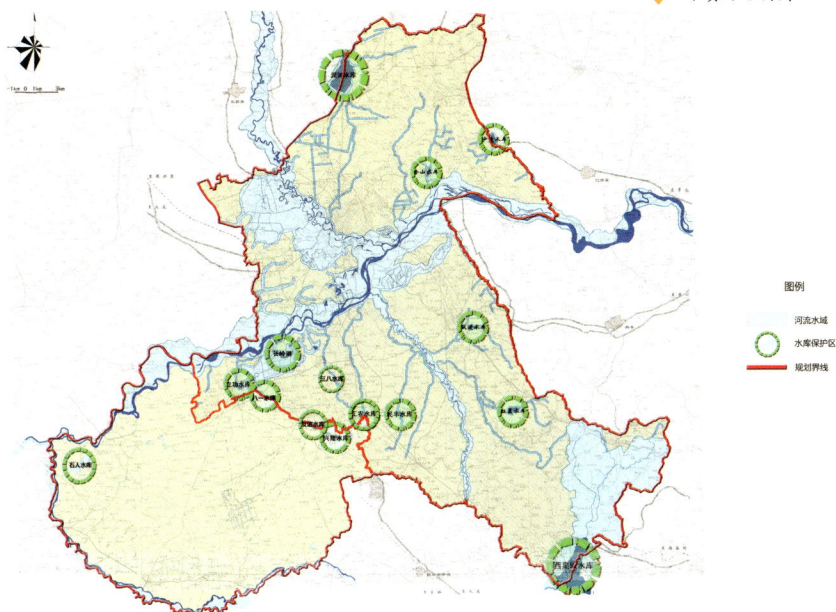

哈尔滨市远郊乡镇集聚规模适应性研究

编制单位：哈尔滨市城乡规划编制研究中心
编制人员：马双全、林佳、张瑜、池浩、郑文裕、徐健、王时光、郑斐然
编制时间：2014年
获奖等级：二等奖

一、研究背景

（一）中国城市化历程

中国城市的发展源远流长，早在公元前21至17世纪就已出现了我国古代城市的雏形。但由于3000多年的封建社会制度和近代史上近百年的半封建、半殖民地社会制度的统治，我国长期停留在以农业经济为主的发展阶段，城市化进程极其缓慢。建国初期，城市化水平仅为10.6%，比1900年世界平均城市化水平13.6%还要低3个百分点。

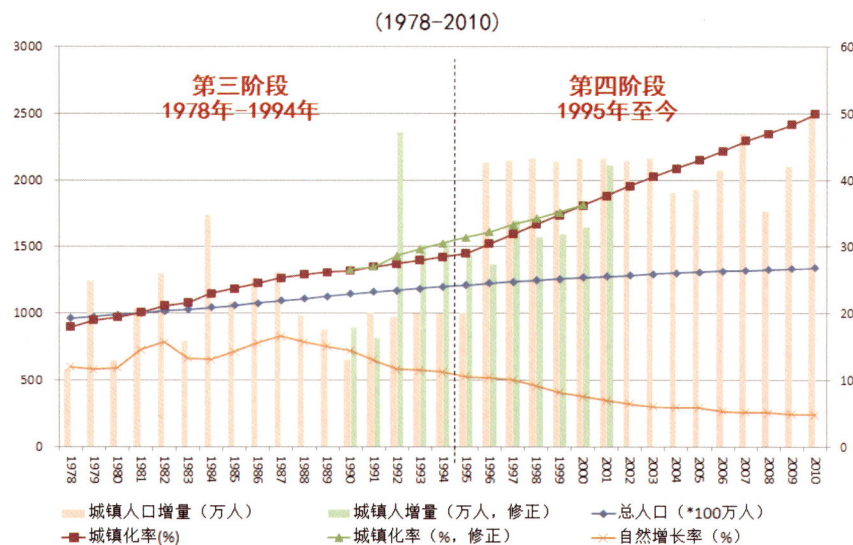

↓ 我国城镇化发展与城镇人口增长统计图

（1978-2010）

第三阶段 1978年-1994年 | 第四阶段 1995年至今

城镇人口增量（万人） 城镇人增量（万人，修正） 总人口（*100万人）
城镇化率(%) 城镇化率（%，修正） 自然增长率（%）

（二）不同层面上的城镇化发展要求

1.国家提出新型城镇化宏观战略要求：

十六大提出了"走中国特色的城镇化道路"，十七大的进一步补充是，"按照统筹城乡、布局合理、节约土地、功能完善、以大带小的原则，促进大中小城市和小城镇协调发展"。

十八大报告中指出了"要坚持走中国特色新型工业化、信息化、城镇化、农业现代化道路"，还强调加大城乡统筹发展力度，推动城乡发展一体化，构建科学合理的城市化格局的新型城镇化发展道路。

2.黑龙江省亟待提高城镇化水平：

黑龙江省将积极稳妥扎实推进新型城镇化。坚持"以人为本，优化布局，生态文明，传承文化"的基本原则，注重在城镇化建设中把握经济社会发展自然演进过程和政府在合理时点、正确方向上采取必要措施的结合，把握人口空间集聚、产业布局和社会改革的有机结合。

（三）哈尔滨市推进城乡统筹发展的现实要求

在全省区域系统中，哈尔滨市城乡相互作用程度最强，中心城市功能扩散趋势明显，外围乡村经济增长与城镇化增速显著，中心城市已经从点状空间转变为城市区域，进入到大都市区城乡功能地域发展阶段。

二、研究构思

哈尔滨市远郊乡镇适宜度集聚规模的研究具体按照理论分析和实证研究两个层次展开。理论研究分析本研究可以借鉴的基本理论，并且归纳总结国内外关于乡镇合理规模研究的进展；通过对乡镇合理规模内涵的分析以及从古典的中心地理论、为序规模理论、空间集聚理论、非均衡增长理论、田园城市理论以及新都市主义理论、可持续发展理论等理论分析，为哈尔滨远郊乡镇的规模适宜性研究提供宝贵的理论借鉴。

实证研究以哈尔滨市远郊乡镇为例，在分析远郊乡镇规模的基础上，综合预测远郊乡镇的集聚规模，并且深入探讨影响乡镇达到合理规模的影响因素，并从影响机制出发提出促进乡镇合理集聚的对策措施。

另外，在研究乡镇的人口规模方面，我们分别从乡镇域范围的人口规模与乡镇驻地的建成区人口规模两方面进行分析。

首先分析乡镇域范围内总人口规模的发展水平与空间分布特征，以期分析未来人口规模分布的空间集聚范围特征；其次，从新型城镇化的人口规模化、工业园区化、现代服务业规模化等未来发展趋势入手，分析乡镇驻地的人口规模等级结构与空间分布特征。以期在未来农村地区的城镇化发展过程中对乡镇集聚核心的人口规模承载能力、社会服务设施的服务效率以及非农产业的空间集聚与分异特征等方面进行探索和研究。

探索了哈尔滨远郊乡镇的迁并规划模式和城镇体系的等级结构特征；基于现有哈尔滨城镇体系规划对远郊乡镇未来城镇化发展的趋势分析，对哈尔滨远郊乡镇未来乡镇驻地的人口发展趋势特征进行预测和分析；从不同角度，提出了研究区合理集聚的调控策略。

■ 三、创新技术

本文以哈尔滨市的远郊乡镇为研究区，从经济特征、规模分布特征和职能特征等多方面分析了研究区的现状特征和存在问题，分析了研究区人口规模合理集聚的影响机制；基于国内外相关理论与实证研究的基础上，分别从经济联系强度引力模型、城镇体系空间分形模型、农业耕种半径的影响等方面入手，定量分析了哈尔滨远郊乡镇的空间集聚特征和乡镇驻地人口规模的合理性；从城乡基本公共服务设施的均等化的视角，通过对案例城市的城乡公共服务设施的服务规模、服务半径与服务等级等指标的比较分析，提出了哈尔滨远郊乡镇的公共服务设施的合理服务规模；通过与国内发展水平相近的城市进行横向对比分析，借鉴类比城市的城镇化发展模式，探索了哈尔滨远郊乡镇的迁并规划模式和城镇体系的等级结构特征；基于现有哈尔滨城镇体系规划对远郊乡镇未来城镇化发展的趋势分析，对哈尔滨远郊乡镇未来乡镇驻地的人口发展趋势特征进行预测和分析；从不同角度，提出了研究区合理集聚的调控策略。

（1）通过对经济联系强度以及隶属度的分析，表明哈尔滨中心城市与呼兰区、阿城区的经济联系较强，而与远郊乡镇之间的经济联系总体较弱，且经济隶属度呈现出较强的由哈尔滨市区向外围乡镇空间逐层快速衰减特征。

（2）基于分形理论分析，研究区的规模分布具有明显的分形特征，总体上远郊乡镇驻地的空间分布较为分散，位序-规模总体呈现按人口规模的分段特征。

（3）基于农业耕种半径的分析，研究区30-50公里的圈层地区，从乡镇驻地的现状人口规模较多与耕种半径较小等综合考虑，远期可以将2-3个乡镇进行合并，使其乡镇驻地的人口规模以5-10万人为目标，这样既能够增强乡镇人口的空间集聚能力和规模集聚效应，又能够满足农业耕种半径的田间生产需求。

（4）从城乡基本公共服务均等化的分析来看，借鉴全国其他城市的发展经验，哈尔滨远郊乡镇应加强尚志、五常、通河-方正等远期驻地人口规模为20万人的中等城市建设，以完善城镇体系的等级结构；推动其他县市的县城驻地人口规模为10万人的远期目标建设；而一般乡镇的驻地合理服务规模为3-6万人，在远郊地区，可以设立新型农村社区级服务站，合理服务规模0.5-1.5万人。

（5）本文提出哈尔滨市远郊乡镇合理集聚的调控策略，从多方面保障乡镇合理规模的形成。

■ 四、实施情况

本文提出要以哈尔滨市域城镇体系规划和哈尔滨远郊乡镇总体规划为指导，优化"多中心、组团式、网络型"城镇群发展格局，在规划引导方面保障远郊乡镇的空间集聚发展；完善产业集聚区功能，通过产城融合、职住一体的城镇化与工业化发展模式，将产业集聚区建设与迁村进城、新型社区建设有机结合，整合乡镇资源产业优势与区域产业职能协调发展的产业空间格局，在非农产业带动方面促进乡镇城镇化集聚发展。

坚持市场主导、政府引导、规划引领的投融资与建设开发模式，实现融资途径多元化、投资主体多元化的远郊乡镇城镇化建设的资金保障机制；进一步推进中小城镇的户籍制度改革，建立完善有利于新型城镇化发展的农村土地流转制度，在制度与政策保障方面推动乡镇城镇化发展进程；以生态文明理念引导远郊乡镇的新型城镇化建设，强化生态安全格局和水系综合利用与治理相结合，塑造宜居环境，坚持集约发展，促进资源节约利用，从人地关系的协调发展与生态安全格局保障方面打造远郊乡镇生态宜居、可持续型的新型城镇化发展模式。

对远郊乡镇的集聚适宜规模的重点应集中在100-150公里圈层的远郊区；在未来哈尔滨城镇体系定位中，应重点培育五常镇、尚志镇、双城镇，以及通河镇-方正镇等区域型中心城市建设，使其形成20万人口规模的中等城市，构建协调完善的哈尔滨市域城镇体系空间等级结构；其他县城驻地则建设以10-20万人口规模为发展目标的小城市，打造新型城镇化与工业化的产业集聚中心；在30-50公里圈层，要重点对数量较多的3万人以下的乡镇进行空间调整，积极推动乡镇整体规模的提高，逐渐形成乡镇驻地人口规模为5-10万人的合理规模；在100-150公里圈层，推动人口规模集聚的合理规模为乡镇驻地2-5万人，在新型农村社区层面，鼓励村屯合并，逐步形成0.5-2万人的适宜规模。

齐齐哈尔市联通大道两侧城市设计

编制单位：齐齐哈尔市城市规划设计研究院
编制人员：王毅辉、李晓梅、纪峰、魏伟利、于海凤、李雪梅、李艳菊、郑宽、徐伟、
　　　　　刘曦光、崔巍、韩鹏
编制时间：2014年
获奖等级：二等奖

一、规划背景

　　嫩江之滨的齐齐哈尔市是北纬47°以北中国唯一的百万以上人口的城市，是黑龙江省西部地区经济、科技、文化中心和交通枢纽，是黑龙江省第二大城市，全国13个较大城市之一，也是距离中俄边境最近的大城市，是中国北部边陲的重要门户，对实施沿边开放战略，构建"北开"新格局，具有巨大的区位优势。在落实国家振兴东北老工业基地政策及哈大齐工业走廊发展建设的过程中，齐齐哈尔面临着主要产业结构趋向多样化、系统化、综合化的发展前景，这必然带来城市空间拓展方面的新需求。

　　近年来，由老城区向新城区发展速度较快，南苑开发区、北苑开发区、造纸厂片区等建设如火如荼，铁东新城也呼之欲出，而铁东新城"联通大道"是齐齐哈尔联系东北亚，省内大庆哈尔滨等城市的必经之地，也是齐齐哈尔市一条产业聚集的发展带，因此有必要对联通大道两侧进行整体城市设计，使之成为齐齐哈尔市一条亮丽的城市迎宾门户风景线。

总平面图

鸟瞰图

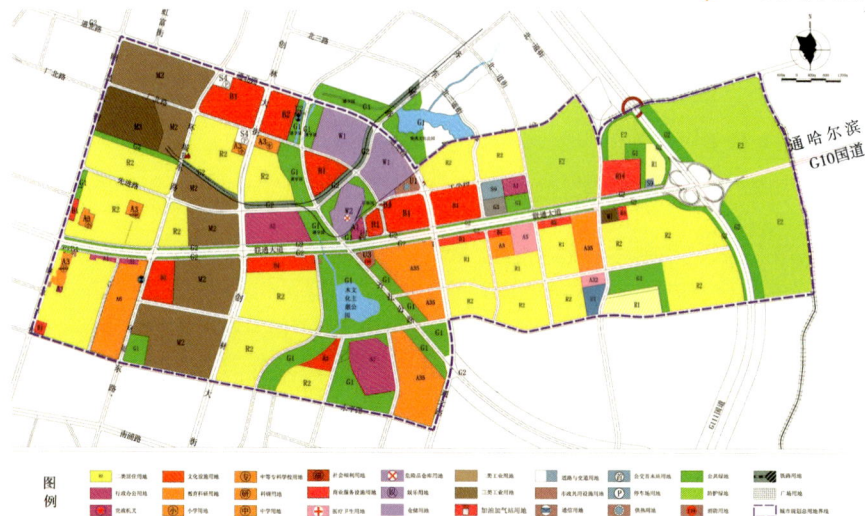
土地利用规划图

二、规划构思

　　以联通大道为主轴、以现有产业为基础，导入创新规划设计理念，融入齐齐哈尔特色文化，以生态旅游度假为引入点，联动生态宜居、商贸投资、文化科技，分区域导入特色项目，通过联通大道主轴的串联，塑造鲜明的城市个性和独特的空间形象，打造联通大道两侧永不落幕的活力之城！

三、规划主要内容

　　用地规模：西至曙光大街，东至互通高速公路西1000米，南至永平路，北至通北路；现状主要为居住、工业、物流等，总用地面积16.52平方公里。

　　城市定位：滨水园林城市、装备工业基地、绿色食品之都、生态旅游胜地、历史文化名城。

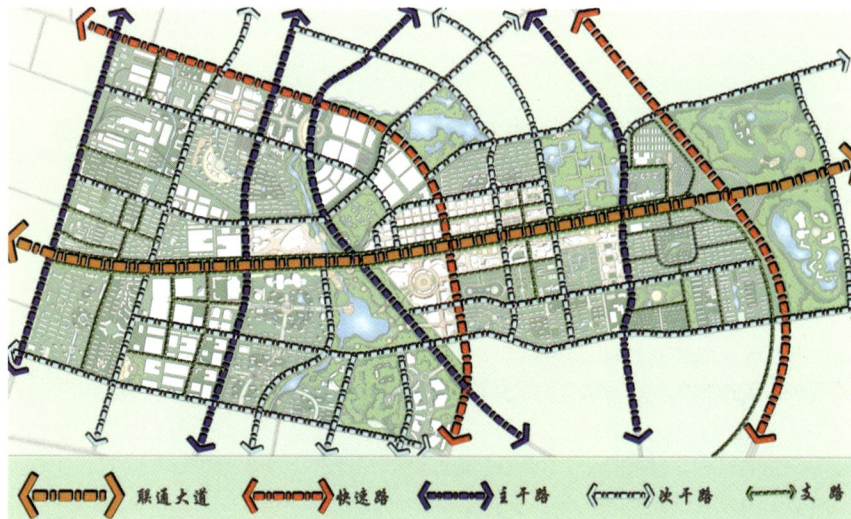

规划用地位置

规划结构："一轴、两带、五节点、六片区、七组团"。

一轴：以联通大道为载体的城市交通主轴。

两带：文化景观带，沿水师排干相连的景观绿带，北起物流文化公园，南至木文化主题公园，形成千米生态文化景观带，文脉相连，水绿交织，构成城市的公共空间。旅游观光带，沿互通高速公路两侧形成生态旅游观光绿带。

五节点：木文化公园、物流文化公园、旅游观光园、科研中心、商业文化娱乐中心。

六个产业园区：（1）旅游观光度假区；（2）汽贸产业园区；（3）国奥生态硅谷；（4）物流信息交易区；（5）木门产业园区；（6）齐车工业园区。

七个居住组团：承担不同功能的七片住宅功能区，其中有回迁，青年农庄，老年社区，企业家属区，种畜场场民安置、低层高密度高档及商品房开发住区。

齐齐哈尔市联通大道两侧城市设计

■ 四、创新技术

空间模式的研究：

突破传统布局形式中交叉口满布、地块内商业功能集中等模式，构筑临街商服界面；打破道路交叉口的空间围合感；居住区内部公共绿地与城市公共空间之间形成沟通与对话；高层建筑适度退后红线，形成商业街空间；依据上述种种手段，营造富于活力的区域界面与城市开放空间体系。

生态技术的利用：

雨水花园被用于汇聚并吸收来自屋顶或地面的雨水，通过植物、沙土的综合作用使雨水得到净化，并使之逐渐渗入土壤，涵养地下水，或使之补给景观用水、厕所用水等城市用水。是一种生态可持续的雨洪控制与雨水利用设施。

■ 五、实施情况

项目实行分期实施，以市场为导向，可根据招商引资项目的变化及物流总量需求的增减进行灵活多变的调整。初期将引入物流企业的入住，确保回笼资金，促进项目的正常运作和可持续性。后期开发可以根据市场的需求和变化进行适度的调整。

第一阶段：

为促使项目启动，这一阶段包括了大量招商引资，如同地方政府相协调发展的政府机构和管理中心。行政中心的开发促进了中心区的建立，吸引了前来工作的人流。第一阶段还包括大面积的动迁和商业、工业、住宅开发。

第二阶段：

加大招商引资力度，引进具有较强实力的现代物流企业集团，做大做强园区，

分期实施计划图

完善配套服务设施的建设，如居住、教育、医疗等。

第三阶段：
    主要是引入生态农业硅谷，是以高科技农业企业研发为基础，融入科学技术，生产展示，交易物流为一体的农业主题产业园。

第四阶段：
    在联通大道东入城口处布置生态型农业观光组团，生态农业观光园采用生态模式进行观光园内农业的布局和生产，将农事活动、自然风光、科技示范、休闲娱乐、环境保护等融为一体，使人们向往宁静温馨田园风生活的精神需求得以满足。

第五阶段：
    在联通大道互通高速公路东西侧布置了温泉度假，度假旅游是以休闲、健身、疗养及短期居住度假为目的的旅游活动。

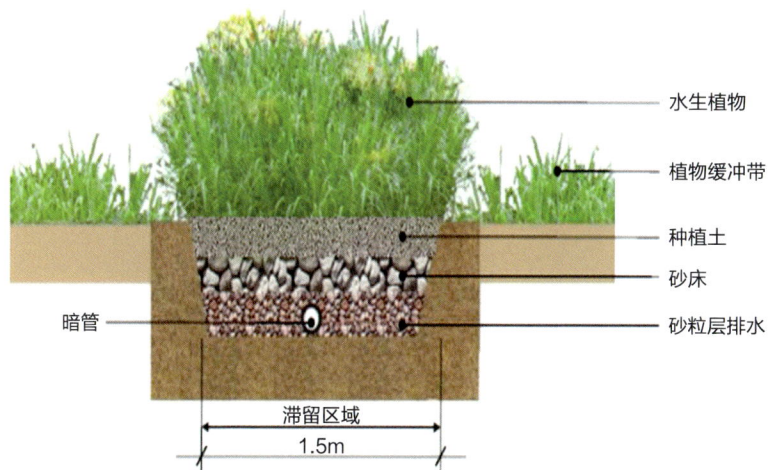

雨水处理利用图

水生植物
植物缓冲带
种植土
砂床
暗管
砂粒层排水
滞留区域
1.5m

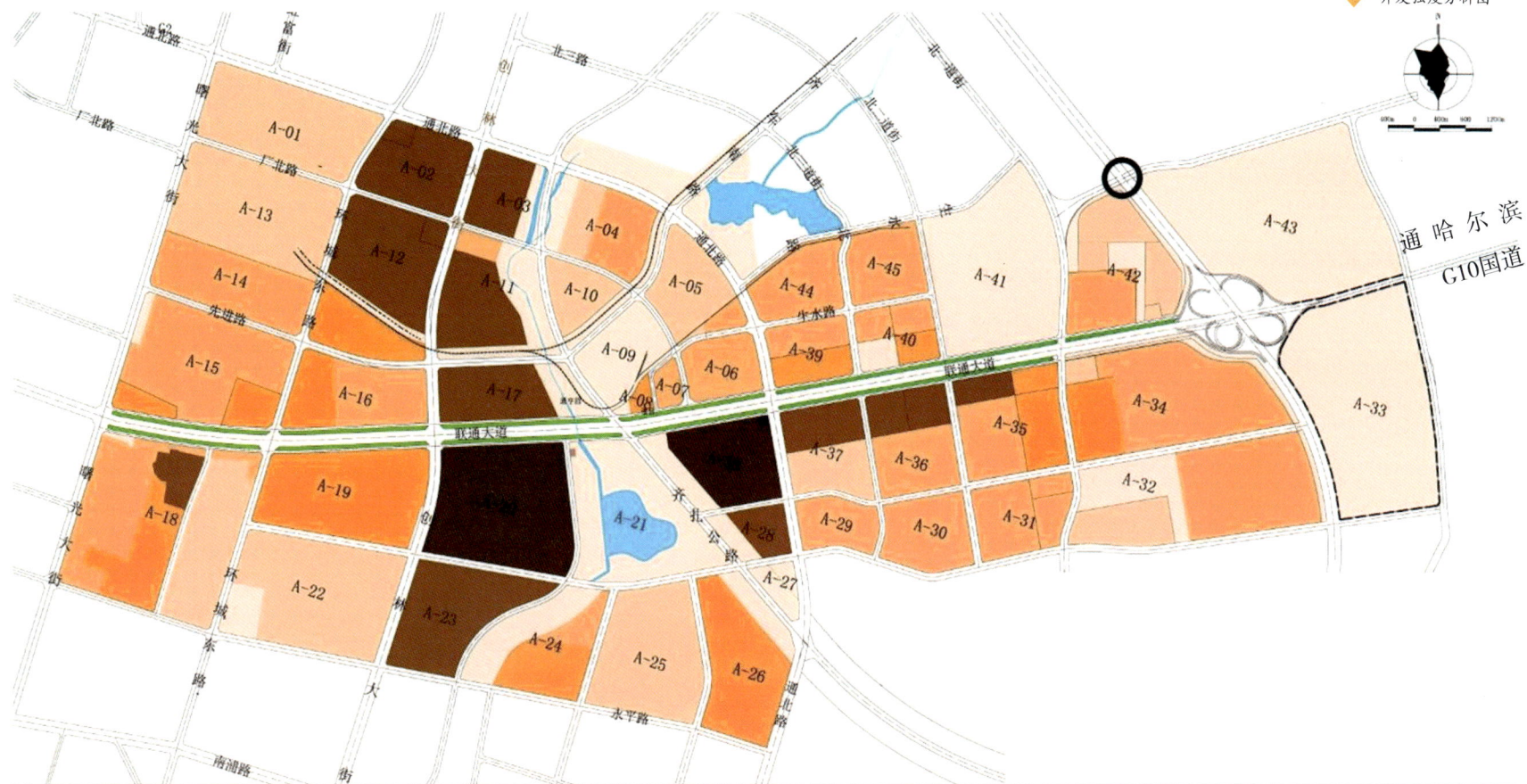

开发强度分析图

通哈尔滨
G10国道

图例

| | 0<FAR<0.5 | | 1.0<FAR<1.5 | | 2.0<FAR<3.0 |
| | 0.5<FAR<1.0 | | 1.5<FAR<2.0 | | 3.0<FAR |

大庆铁路客运东站站前地块城市设计

编制单位：大庆市规划建筑设计研究院
编制人员：戴世智、盛江、杨海军、李罕哲、葛明、许娜、王薇、李文龙、张晓晨、
　　　　　乔欢、朱广娟、崔征、史春华、刘佳、薛婷
编制时间：2014年
获奖等级：二等奖 2015年度全国优秀城乡规划设计奖（城市规划类）表扬奖

一、规划背景

大庆由于受到油田生产的制约，形成了独特的东西双子城结构，东城区凭借成熟的城市空间基础，在新的历史发展时期，正致力于探寻增强市活力、提升城市品质的发展之路。

随着大庆铁路客运东站的落成，站前地区的开发建设显得尤为重要，对东城区的发展更是起到至关重要的作用。

为科学指导东站站前地区的开发建设，2012年《青龙山地区控制性详细规划》编制完成，并为该地区的开发建设提供了科学的依据。然而二维的控制导则在空间设计、项目策划、绿化景观系统等方面存在诸多的不足，迫切需要城市设计从各个角度对站前地区的建设提供科学的指导。

为此，大庆市政府、大庆市城乡规划局组织编制了《大庆铁路客运东站站前地块城市设计》。

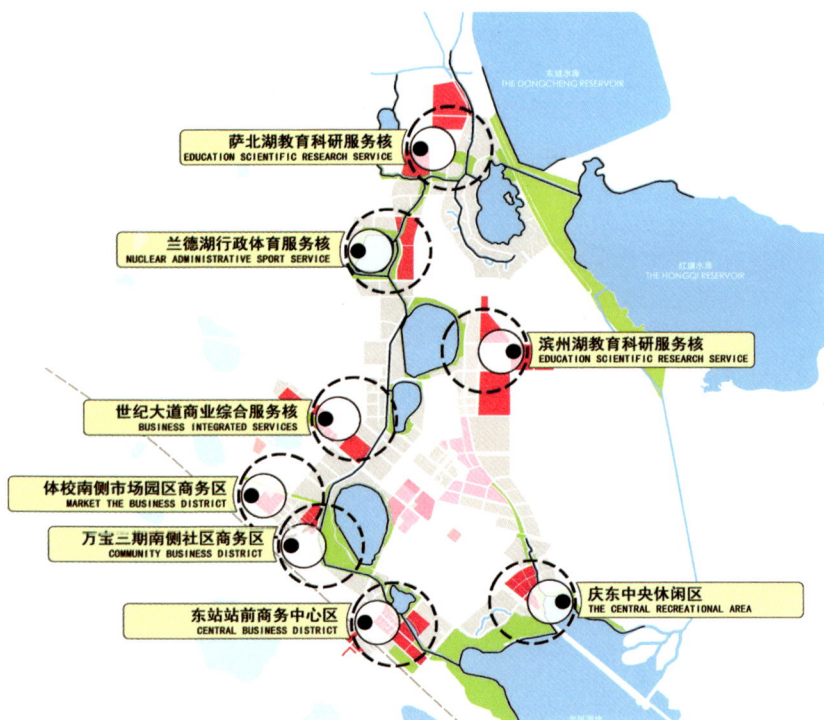

规划构思概念示意图

二、规划构思

通过整理大庆市城市历史发展脉络，整合城市空间资源，为第二产业的多元化发展提供最完善的服务支持，为新兴第三产业的发展创造更好的空间条件，规划提出东城区的黎明河珍珠项链计划，即以黎明河为主线，将沿线公共设施资源进行整合，进一步完善其功能，建立现代服务集合链条，将黎明河打造成一条生态走廊、智慧走廊、信息走廊和活力走廊，一条带动产业发展的希望走廊。

三、规划主要内容

（一）用地规模

该地区位于大庆客运东站以北，由龙腾路、龙凤大街、外环东路围合而成，规划总用地面积114公顷。

（二）规划理念

提出CBDMini的概念，即：功能有所侧重，开发强度适中，兼顾生态保护的微型CBD。

（三）功能定位

规划将该地区定位为商务中心区，为传统产业升级和新兴产业发展提供最现代化的服务，为企业特别是小微企业的发展提供资金、信息、智力、生活、服务等多方面的支持，打造现代化的产业服务平台。

（四）空间结构

以"E字形"绿廊连接、小尺度道路网格覆盖的四区结构，即：

核心商务区：主要有商务办公、高端零售、酒店、娱乐业、休闲广场和公园；

SOHO办公区：主要有SOHO办公楼、大型主题商场、甲级写字楼、五星级酒店等；

公寓社区：主要有商务公寓、小户型住宅和零售等；

复合居住社区：集休闲娱乐、办公、观光、购物于一体的多元化功能组合。

総平面図 →

图 例
1 体育场馆 THE GYM
2 艺术传媒场馆 ART MEDIA VENUES
3 旅馆 THE HOTEL
4 写字楼 OFFICE BUILDINGS
5 高端零售 HIGH-END RETAIL
6 餐饮 FOOD AND BEVERAGE
7 LOFT公寓 LOFT APARTMENT
8 社区服务中心 COMMUNITY SERVIC CENTER
9 酒店公寓 HOTEL APARTMENT
10 办公研发 RESEARCH AND DEVEL OPMENT OF OFFICE
11 小户型住宅 SMALL FAMILY HOUSE
12 商务公寓 BUSINESS APARTMENT
13 商业街 THE MALL

14 公寓住宅 APARTMENTS
15 站前区T台 STATION AREA T STAGE
16 SOHO区T台 SOHO AREA T STAGE
17 公寓社区T台 APARTMENT COMMUNITY T STAGE
18 滨水景观带 WATERFRONT LAND SCAPE ZONE
19 覆土建筑 TURING THE SOIL BUILDING
20 休闲广场 LESURE SQUARE
21 观景大台阶 THE VIEW BIG STEPS
22 景观绿岛 LANDSCAPE GREEN ELAND
23 景观构筑物 LANDSCAPE STRUCTURE
24 条形绿化 GREEN BAR
25 绿化屋顶 GREEN ROOF
26 站前广场 STATION SQUARE

空间结构示意图 →

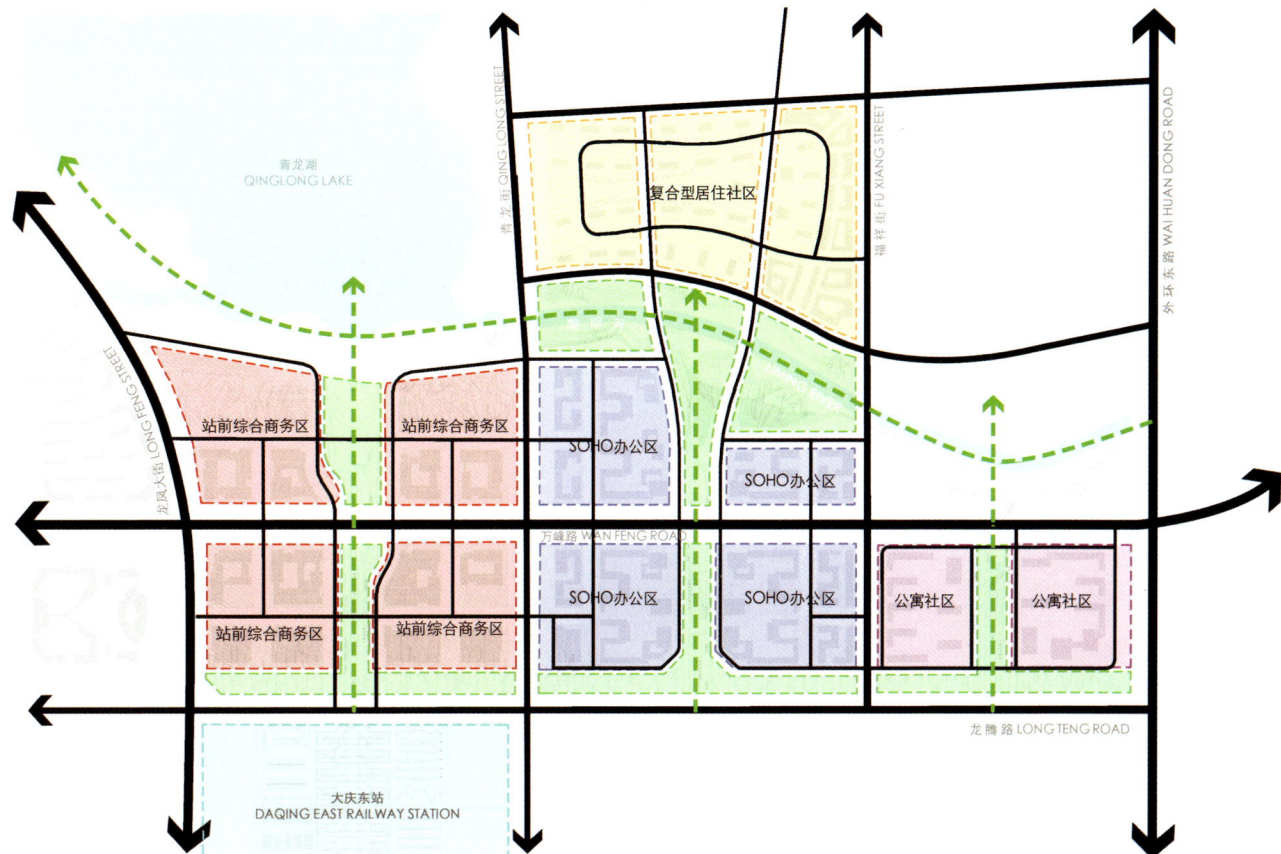

大庆铁路客运东站站前地块城市设计

■ 四、规划特色

1.开放的高可达性社区。城市公共交通顺畅便捷，干道网络四通八达，区内道路分工明确。

2.亲水的活力社区。青龙湖环湖绿道系统连接湖滨各公共节点，打造活力圆环；"E形"绿地系统打通滨水空间与区域腹地的生态廊道，将社区公共生活置于更广大的舞台之上，实现了城市T台计划。

3.是一个空间舒朗、通透的景观社区，建筑群体布局疏密有致，街区紧凑，绿地开阔，形成鲜明对比。

4.建筑体量设计。精心调试高层建筑的体量、朝向和高度，既满足日照和视觉的卫生条件，又保证高层群体朝向水滨、朝向绿廊，都有通透的空间界面和灵活的天际线表情。

5.建筑街区的平面布局形态保持对环境的高敏感度，朝向滨水和公园开放。

6.是一个可识别度高的标志性社区，区域天际线的控制，既融于城市整体天际线之中，又能够有效突出本区的标识性；通过地标性建筑的确立和建筑高度的总体控制，沿世纪大道方向、铁路方向、青龙湖方向和东三环方向，均形成丰富而生动的天际线轮廓。

7.建筑采用简洁明快的现代风格，通过当代建筑材料和生态技术手段的采用，形成时尚、轻快、绿色、精致的建筑风格特征。青龙湖畔的体育中心和会议中心建筑，采用地景建筑的风格，与滨水的台地景观融为一体，薄壳式曲面屋顶就像漂浮在湖面上的小舟。区域核心建筑以尊重自然的低调姿态出现，充分体现了生态主义的价值取向。

↓ 建筑形态示意图

↓ 道路交通规划图

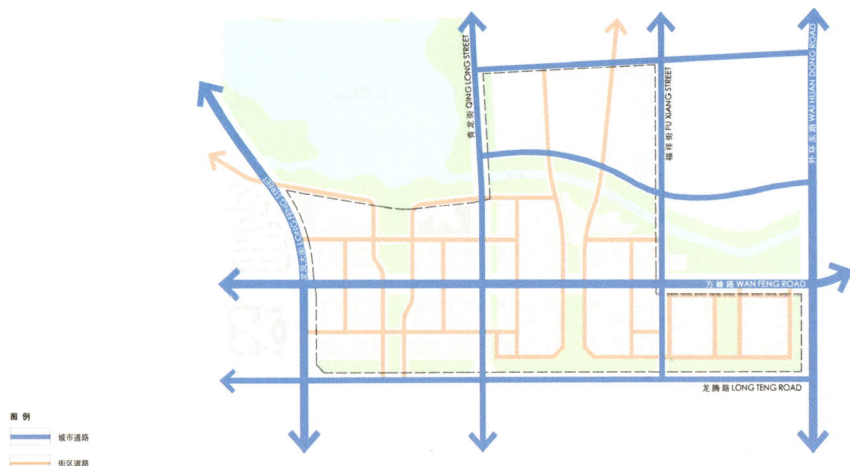

↓ 社区景观结构图

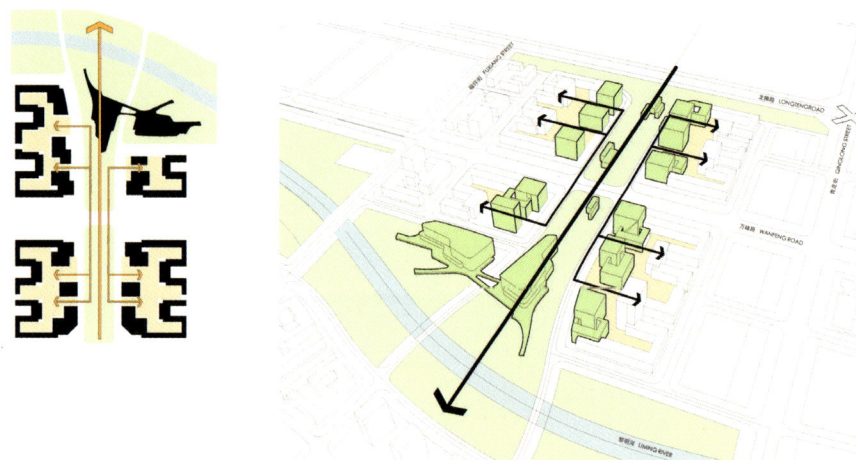

五、实施情况

经过三年的实施建设，本次城市设计为该地区发展指明了方向，符合市委、市政府建设美丽大庆的总体要求，符合青龙山地区、东城区的未来发展趋势。目前《青龙山地区控制性详细规划》的修编，在本次城市设计的指导下已完成并得到批复实施。

同时，东站地区的大庆东站、站前广场、主要道路设施、市政基础设施、环境绿化等已完成建设，并投入使用。另外绿地集团、大商集团等国内知名企业已有意向入驻该地区，为东站地区的快速发展推波助力。

↓ 整体鸟瞰图

大庆市肇源县村镇体系规划

编制单位：大庆市规划建筑设计研究院
编制人员：戴世智、盛江、刘洪亮、杨海军、张雪雁、盖宇、郭宏杰、刘宝军、周景丽、
　　　　　孙海明、刘玲、徐乐、杨光伟、张武鹏、于大江
编制时间：2014年
获奖等级：二等奖

一、规划背景

目前，国家正处于区域政策调整时期，"振兴东北老工业基地"作为一项长远的战略目标被提出并付诸实施，为黑龙江省中、西部地区以及肇源县经济的发展提供了新的机遇。

此外，区域经济的集团化和世界经济全球化已成为世界经济发展的显著特征。国家、省域对外开放格局的构筑，打破了传统的经济地域分工，弱化了区域经济地理的劣势条件，为肇源县域经济的发展提供了更为广阔的市场，也为肇源县与周边区域间各种经济要素的互动扫清了障碍和屏壁。区域经济一体化，统筹城乡社会发展，促进县域经济的发展已成为肇源县发展战略重点之一。

肇源县位于黑龙江、吉林两省交界处，是哈长城市群的关键节点和黑龙江西部大通道上的经贸重镇。肇源县资源与物产丰富，境内铁路、公路、水路三路畅达；大庆肇源新港已经建成通航，由大庆肇源新港经佳木斯、同江，一直到俄罗斯的庙街，驶入达旦海峡，直到日本海，"江海联运"成为现实。良好的区位、交通、资源与物产优势，为肇源参与更广泛的经济大循环奠定了坚实的基础。

二、规划构思

产业布局：覆盖十六乡镇，打造"两带四区"，产业布局集群化；壮大经济发展东翼，构建"哈大绥综合产业园区"。

村镇体系：沿承市域村镇体系规划，深化落实"三江新区"；适应发展趋势，合并乡镇，撤并农林牧渔场；明确县域村庄近远期整合、整治标准；控制乡镇政府驻地用地、人口规模，指导相关总体规划的编制。

综合交通：建设"安林"高速，升级哈安、安民公路为省道，谋划松肇铁路。

基础设施：区域统筹，基础设施共建共享。

社会公共服务：细化社会保障设施内容，布局重要商贸设施。

旅游发展：整合开发旅游资源，打造区域"旅游强市"。

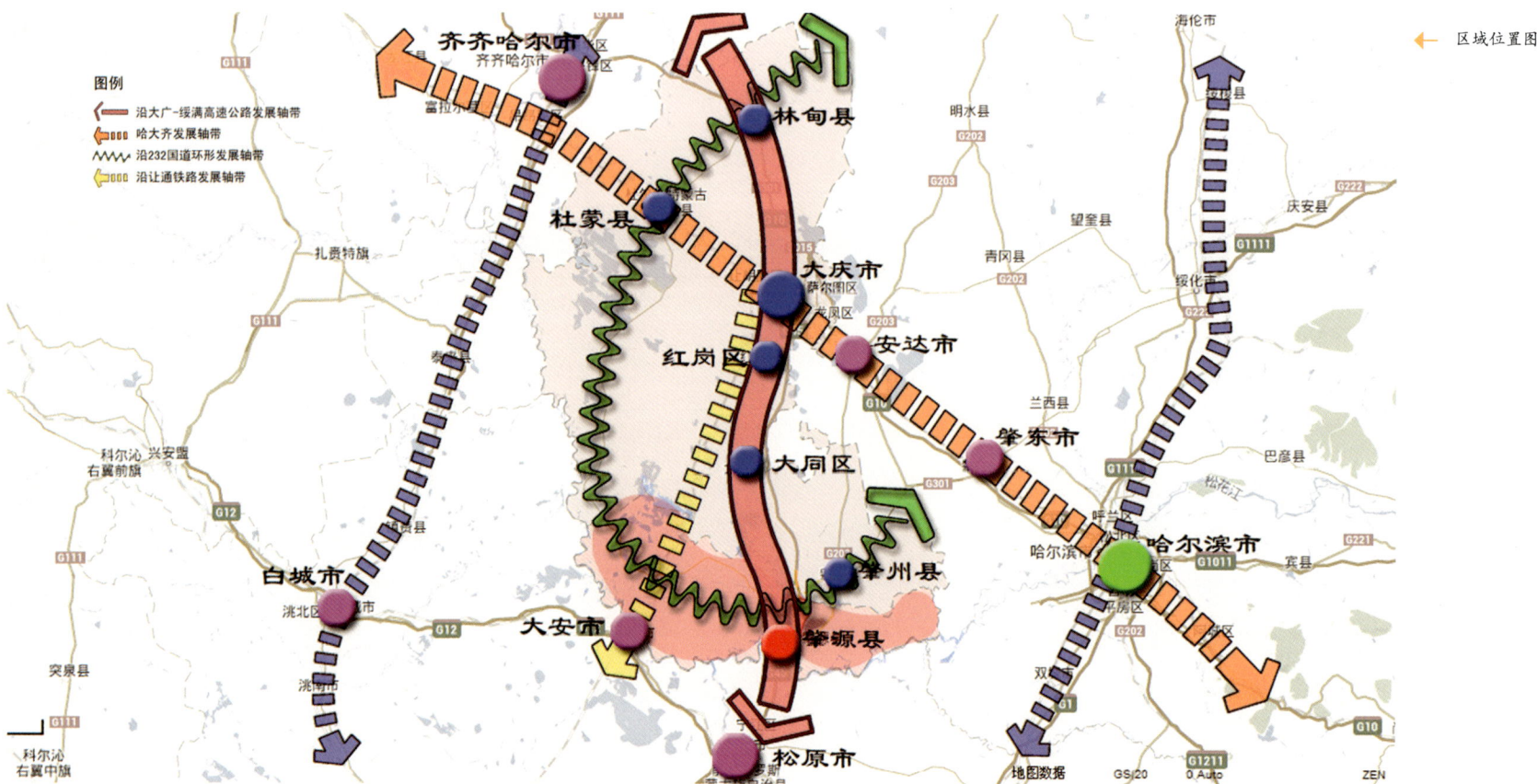

区域位置图

图例
沿大广-绥满高速公路发展轴带
哈大齐发展轴带
沿232国道环形发展轴带
沿让通铁路发展轴带

三、创新技术

（一）科学发展

以建设和谐社会，促进经济发展，节约和集约利用资源，保护生态环境，促进城乡可持续发展，激发村镇活力，提升村镇品质，完善"三农"服务体系为基本出发点，科学合理地确定村镇体系发展目标与战略。

（二）"四化"协调

结合实际，深化细化新型工业化、新型城镇化，农村信息化与新农村建设的"四化"内容、标准与要求，力求村镇体系建设与"四化"的协调发展。

（三）城乡统筹

着力城乡发展一体化，把发展重点放在基础条件好，发展潜力大的村镇，完善功能、集聚人口，使其在地域性经济发展和文化建设的中心作用得到充分的发挥。

（四）产业主导

以有利产业发展为主导，把村镇体系建设与繁荣小城镇经济，发展规模化现代农业，引导乡镇非农产业科学集聚和完善村镇市场体系结合起来，构建村镇产业布局和市场体系，推动村镇经济的繁荣发展。

（五）适度超前

按初步现代化的标准，规划村镇的未来，使规划具有一定的超前性和可操作性。

（六）突出特色

结合肇源县村镇发展，突出塞外鱼米之乡、民族风情和三江新城特色，打造具有肇源特色的现代化县域村镇体系。

县域产业空间布局规划图

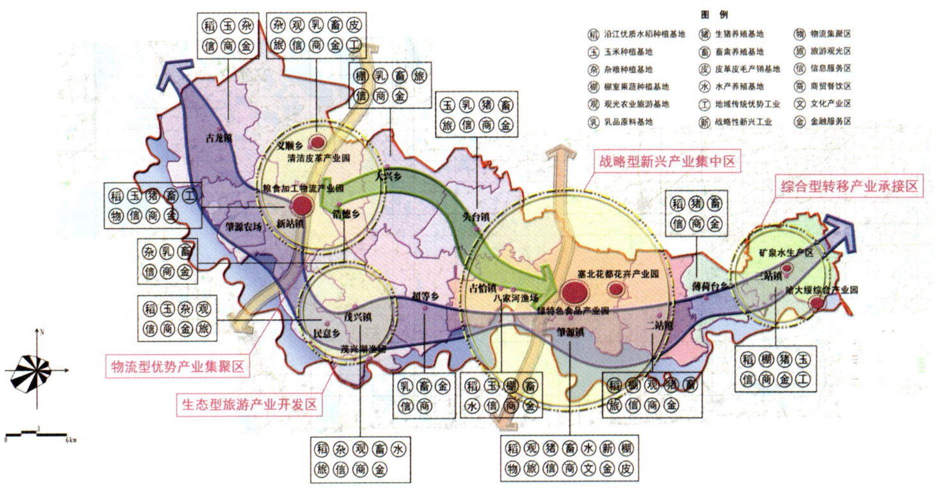

县域乡镇调整规划图

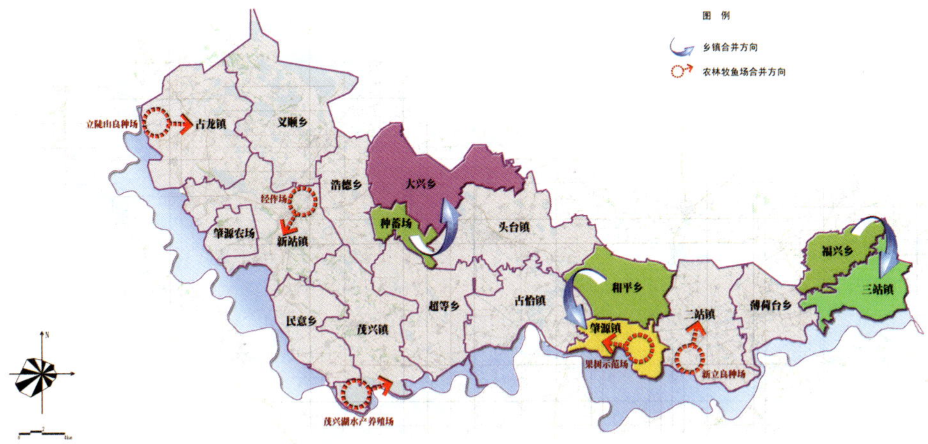

大庆市肇源县村镇体系规划

四、实施情况

以《大庆市肇源县村镇体系规划（2013-2030）》为指导，县域主要进行了以下建设：

（一）以肇源镇、古恰镇、二站镇与和平乡四个重点区域为核心，着手打造三江新区。

（二）完成了64个村庄的迁村并点工作，积极采用新能源、新技术，以道路交通、市政基础和社会公共设施的建设为重点，全面推进县域村庄的整合、整治工作。

（三）交通设施建设

1.公路道路建设
完善了县域内乡镇之间、乡镇与中心村之间、中心村与基层村之间的公路建设，进一步实现了县域内公路路面黑色化和白色化，提高了路面等级，真正实现县乡、乡村及村村之间的通车。

2.公交设施建设
在县城西郊新建长途客运站一处，用地规模为5公顷，建筑面积5000平方米；建设乡镇客运分站共16处，中心村客运站点共135处。

3.水路交通设施规划
推进了肇源港的标准化、规范化建设。

（四）市政设施建设

1.给水工程近期建设
推进了中心村与基层村小型集中式供水工程的建设，完善饮用水净化与消毒设备，切实保障饮用水安全。

县域空间结构规划图

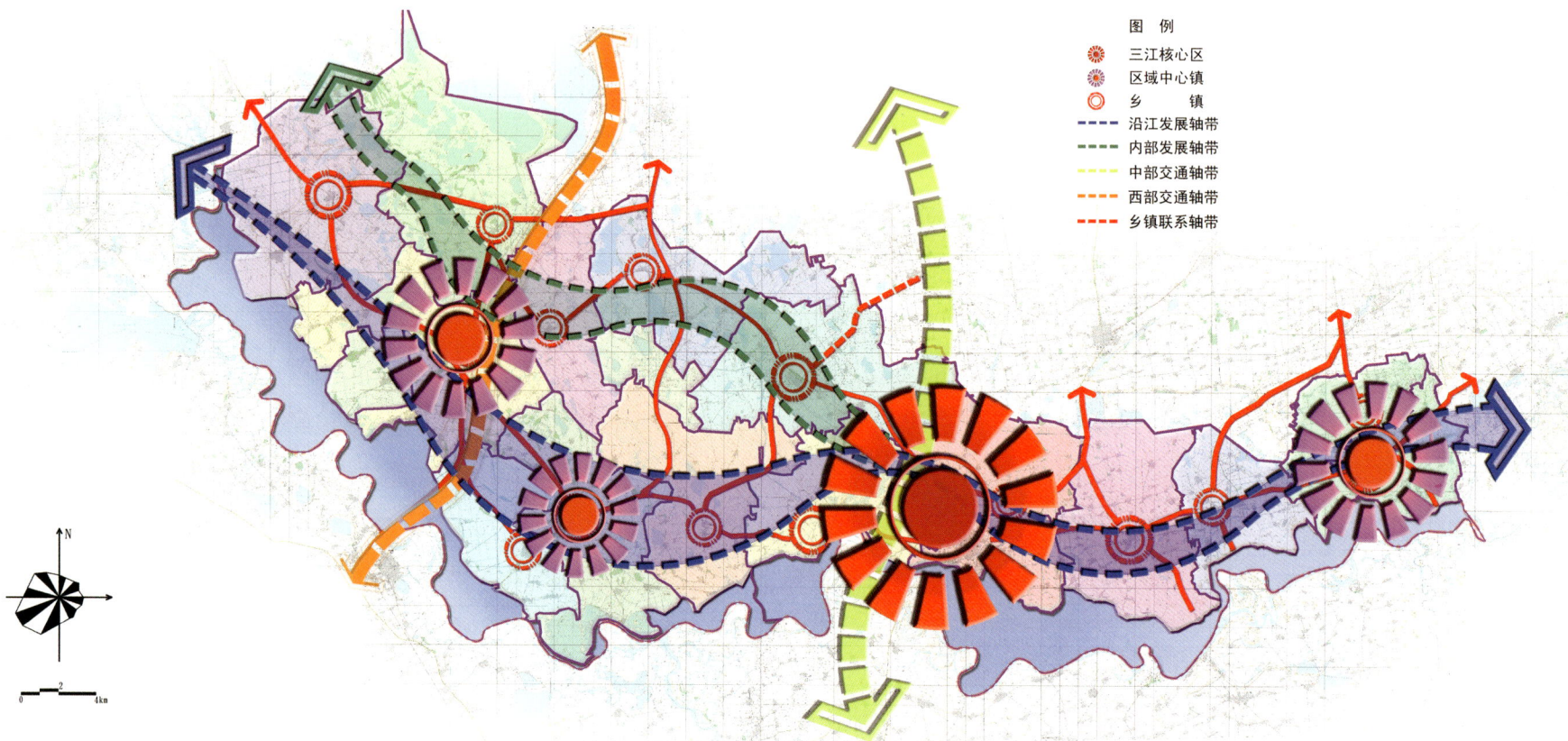

图　例
三江核心区
区域中心镇
乡　镇
沿江发展轴带
内部发展轴带
中部交通轴带
西部交通轴带
乡镇联系轴带

N

2.排水工程建设

完善了县域城镇的污水排放地下管道管网和村庄的污水处理系统，保护环境，节约水资源。

3.供电工程建设

投产大兴220kV变电站；扩建肇源县城城郊和新站110kV变电站；根据各乡镇的电力负荷发展的实际情况，增容现有35kV变电站；使县域电力网有足够的电源支撑点和雄厚的供电能力。实现35KV变电站电源环网布局、双电源互备互用，满足县域安全、稳定、经济的供电要求。

4.通讯工程建设

（1）县城建成电信中心局一座，模块局2座；新站、三站和茂兴三个重点镇电信中汇接局和模块局各一座。

（2）结合农村通信用户接入方式的情况，采取光纤＋电缆到村的方式，建设"村村通"通信线路，县域内实现光纤到路、到楼、到户和到办。

（3）优化整合移动通信基站，实现共建共享，实现移动信号县域全覆盖，确保县域移动通信畅通。

（4）整合县文化馆、图书馆、博物馆、广播电视台、龙江剧艺术中心等文化资源，在县城建设综合性文广活动中心；各乡镇建设有线电视广播站。

（五）消防建设

1.肇源县城、新站镇各建设了二级普通型消防站一座，按设站标准要求配置各消防站装备。危险性大的大中型企业设置专职消防队；各企事业单位和大型商业娱乐业单位设置业务消防队或消防员。

2.采用计算机数字通信先进技术系统，逐步建设现代化的火警报警系统和消防通讯指挥系统。

（六）生态旅游建设

以肇源县城为县域旅游聚集地，建设了民意、二站、茂兴和义顺等一批重点旅游名镇（乡），接待游客人数达到150万人次/年，实现县域旅游经济总收入10亿元。

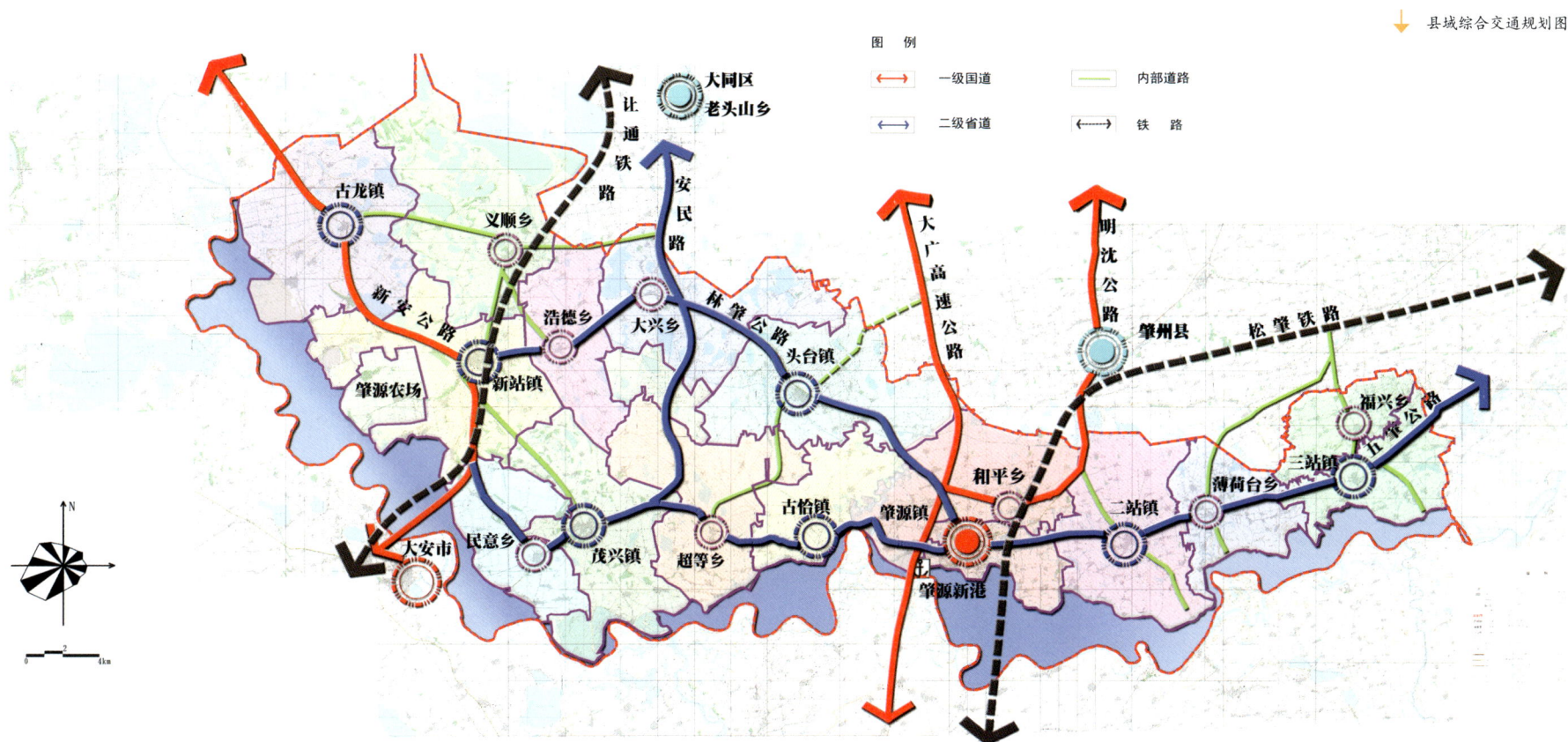

县域综合交通规划图

黑龙江省优秀城乡规划项目作品集

2014年度获奖作品

2015年度获奖作品

2016年度获奖作品

抚远县及黑瞎子岛发展战略规划

编制单位：黑龙江省城市规划勘测设计研究院
编制人员：张宝武、陆彤、宫金辉、张远景、高春义、王春龙、谢尔恩、肖一夫、郎朗、吴玥、秦磊、张尧、曲仓健、赵健、张雷、周宏、张子通
编制时间：2015年
获奖等级：一等奖

■ 一、规划背景

2008年10月14日，黑瞎子岛靠近中国一侧的约171平方公里的陆地及其所属水域划归中国所有。2009年，国务院关于黑瞎子岛保护与开放开发有关问题的批复，明确了黑瞎子岛"生态保护、口岸通道、旅游休闲、商贸流通"的功能定位。

2014年，中俄双方高层对黑瞎子岛开发建设均表现出积极的态度，多次的外交会晤均对黑瞎子岛的开放开发和口岸通道提出要求，黑瞎子岛的保护与开放开发不仅涉及国家战略、政治外交、双边关系等重大问题，而且涉及生态保护、地区合作、经济开发、口岸和通道建设等。不论是从当前需要，还是从长远发展来看，都具有极其深远的重要意义和实实在在的经济利益，有利于全面深化两国在各个领域的互利合作，夯实和巩固中俄睦邻友好关系的基础。

抚远县及黑瞎子岛迎来了新的发展机遇和美好前景，在此背景下重新梳理并确定抚远县及黑瞎子岛的发展战略，成为当务之急。

■ 二、规划构思

（一）实施"1234"战略目标：

即实施"一个核心"、"二张名片"、"三层定位"、"四大功能"的战略目标。

1.一个核心："中俄合作示范区"
国务院批复"把黑瞎子岛建设成对俄合作示范区"，黑瞎子岛及抚远应先行先试，积极构建"示范抚远"。从生态保护、经济合作、开发方式、政策支撑、文化交流等方面先行先试，将抚远及黑瞎子岛打造成我国对俄的示范区。

2.二张名片："两国一岛"、"华夏东极"
抚远县在城市名片选择上，要有代表性、独特性和稳定性，要能反映出抚远县的自然、人文、现实，同时能反映出这个城市的形象、气质和品格。确定抚远县的城市名片为"两国一岛"、"华夏东极"。
"两国一岛"——黑瞎子岛
"华夏东极"——抚远

3.三层定位：国家、省级、地方
国家层面：中俄双边合作的重要示范区、中俄边境重要口岸城市、东部陆海丝绸之路经济带上重要节点、地理文化旅游目的地。
省级层面：黑龙江省对外开放的重要门户、黑龙江省江海联运重要枢纽。
地方层面：生态型国际商贸旅游城。

总体定位：东北亚地区重要的口岸城市，中俄双边合作的示范区，生态型国际商贸旅游城。

4.四大功能：生态保护、口岸通道、旅游休闲、商贸流通
生态保护：在国家主体功能区规划中，抚远县位于限制开发的生态主体功能区内，属于三江平原湿地生态功能区。黑瞎子岛及抚远县生态环境具有稀有性、原始性、脆弱性和涉外性的特点，要全面实施生态保护和环境治理，以三江自然保护区、洪河自然保护区、黑瞎子岛自然保护区三个国家级自然保护区为基础，系统保护行政区域内水体、湿地、森林、野生动植物资源，促进人与自然和谐发展，做到经济、社会、生态效益兼顾。

口岸通道：抚远实施大口岸、大通道、大开放战略，形成了中国黑龙江南绥、北黑、东抚的对外开放大三角格局，随着俄罗斯入世和俄罗斯经济圈的东移，俄罗斯哈巴罗夫斯克与抚远之间的贸易合作成为两国经贸深化合作的重要支点，抚远也将成为对俄开放桥头堡、示范区、东北亚中心区域物流集散地。

旅游休闲：充分挖掘黑瞎子岛及抚远县的两国一岛、原始生态、华夏东极等旅游资源及毗邻俄罗斯地域优势，加快发展独具特色的生态游、界江游、跨境游、购物游、民族风情游等。

商贸流通：大力发展国际贸易，通过建设中俄国际经济贸易示范区、边民互市贸易区、临港产业区，发展商务洽谈、旅游商贸、保税物流、仓储配送和外向型生产加工基地，为扩大我国与俄罗斯乃至东北亚地区合作打造服务平台。

（二）发展战略

1."中俄合作"的示范抚远战略
跨境生态保护示范：抚远县地处黑龙江、乌苏里江交汇的三角地带，是各类生物的重要保护区域，有亚洲最大的湿地"三江平原湿地生态功能区"。与抚远一水相隔的俄罗斯沿江区域拥有和抚远县相同的生态资源，跨境生态保护才能真正保护自然生态环境。沿边境三江自然保护区要与对岸俄罗斯的保护区协同合作，形成湿地保护与利用的国际合作实验区和示范区。同时对界江水资源环境的检测进行技术合作和信息共享，共同保护好水资源。

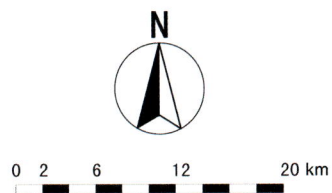

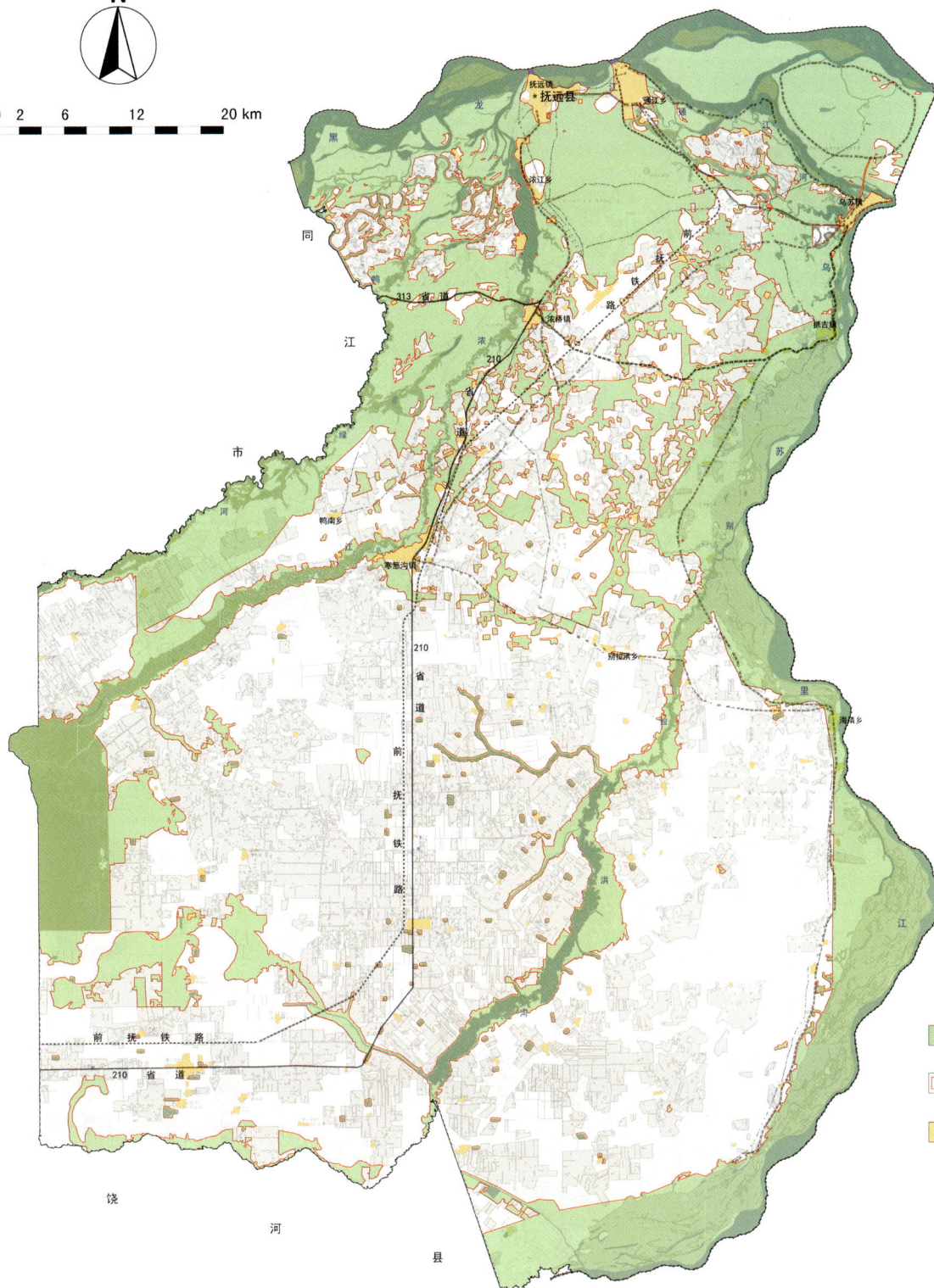

图 例

综合生态区

综合生态区
红线

建成区

抚远县及黑瞎子岛发展战略规划

跨境经济合作示范：中俄跨境经济合作将为中俄两国积极推动"振兴东北"、"开发远东与外贝加尔边疆区"两大战略合作营造良好的对接平台。利用黑瞎子岛有利地理条件建设中俄国际经济贸易示范区是促进中俄经贸合作新模式。两国对整个黑瞎子岛实施特殊管理，赋予整个黑瞎子岛特殊的财政税收、投资贸易以及配套的产业政策，并对区内部分地区进行跨境海关特殊监管，吸引人流、物流、资金流、技术流、信息流等各种生产要素在此聚集，实现该区域加快发展，进而通过辐射效应带动周边地区发展，积极推进"双向开通"，做到真正的"互"市贸易。

开发方式示范：推进跨境贸易电子商务试点城市模式。抚远应成为首批对俄跨境电子商务试点城市，发挥电子商务在优化资源配置、提升产业结构和带动就业等方面的作用。高层智库论坛合作模式。充分利用抚远独特的地缘优势，以此为契机，举办中俄抚远博览会分会场和中俄高层智库黑瞎子岛分论坛，无论中俄博览会在中俄哪国举办，黑瞎子岛举办分论坛都应该成为两国合作一个新平台。逐步形成南有博鳌论坛，北有黑瞎子岛论坛，以此提高抚远的知名度和影响力。

政策支撑示范：借鉴海南岛及国家自主创新示范区经验，在推进自主创新和高技术产业发展方面先行先试、探索经验、做出示范。根据抚远县及黑瞎子岛的特殊情况，同时结合自身发展特点，积极在跨境电子商务、科技金融结合、知识产权运用和保护、人才集聚、信息化与工业化融合等方面先行先试。同时征求有关部门在重大项目安排、政策先行先试、体制机制创新等方面给予支持，建立协同推进机制，共同开创抚远县及黑瞎子岛发展新局面。

文化交流示范：文化交流的层次是两国合作深度的表现，也是两国合作长远的基础，抚远作为中国对俄开放的重要窗口，要成为中俄两国文化交流的示范区。抚远与哈巴罗夫斯克应共同加强文化市场的交流力度，不断扩大文化消费，以种类更多、内涵更丰富、质量更好的文化产品和服务，满足中俄双方群众多样化、多层次、多方面的文化需求。

2．"抚—哈双边共赢"的抚哈一体化战略

口岸将成为抚远发展的核心动力，抚远—哈巴共同打造成为东北亚地区最重要的口岸合作区，通过陆海联运覆盖整个俄远东地区并可到达日韩、北美等地，口岸

抚远的战略也将成为抚远发展战略的重点，具体包括交通一体化、通关一体化、产业一体化。

交通一体化：抚远县应充分与哈巴罗夫斯克市协调，使抚远县成为中国东北对接俄罗斯远东交通枢纽的门户。通过莽吉塔港、抚远港与哈巴罗夫斯克的港口对接，形成国际化的港口群，共同组成东北亚地区内河航运枢纽。通过前抚铁路与俄罗斯西伯利亚大铁路对接，共同打造东北亚地区畅通、便捷的铁路运输网络。通过黑瞎子岛的跨境公路连接，使抚远和哈巴两个城市实现城市相接、公交相通，真正实现跨境城市的一体化。通过哈巴的区域航空枢纽使抚远也能享受到便捷的航空服务，努力使抚远东极机场的航线可覆盖到俄远东地区的主要城市。

通关一体化：通关的便捷程度是反映两国合作深度与广度的重要标志。完善现代化陆路口岸、水运口岸、航空口岸和集输运体系建设，构筑黑瞎子岛陆路口岸、东极机场以及抚远火车站、抚远东站为主框架的综合交通枢纽系统，高度集中并高效运转人流、物流、资金流、信息流。采用现代化的发展理念，加快物联网等智能技术在口岸的全方位应用，让两国边检等信息相连相通，提高通关效率，着力完成口岸作业自动化、通关过程信息化、查验手段现代化的建设，实现抚远与哈巴口岸的一体化目标。

产业一体化：哈巴罗夫斯克与抚远县具有很大互补空间和合作潜力。抚远县要紧紧抓住市场、原材料、交通条件等几个方面，依托口岸在集聚高端资源要素、促成高效产业运作及沟通国际商务活动等方面的独特优势，紧密联系三江地区以及黑龙江腹地，加快培育和发展高端产业集群，打造以口岸物流业、航运服务业和临港制造业为重点领域，形成梯度延伸、分工合理的产业体系。

3．"区域协调发展"的大抚远战略

以抚远、同江、饶河、富锦以及建三江农垦分局等形成的"三江组团"区域协调发展为示范，以抚远、同江、建三江农垦分局为核心，以口岸、交通基础设施、生态环境保护、产业一体化为切入点，积极稳妥地协调各城镇的职能分工、构建城市规划统筹协调、基础设施共建共享、产业发展合作共赢、城乡社会管理协作的一体化发展格局，提升区域整体竞争力。

抚远构建"山、水、田、城"框架，最大限度降低开发与资源保护的冲突，减低对自然生态体系的冲击，重点打造"青山、碧水、良田、边城"的风貌特色。严格控制建设用地增长边界，划定生态红线，制定生态资源保护机制，以各生态要素为架构，形成生态环境安全保障体系。

4."两国一岛、华夏东极"的特色抚远战略

以"两国一岛、华夏东极"为旅游发展核心，深入挖掘东极文化、渔文化、赫哲族文化特色内涵，打造东极小镇旅游服务基地，提升抚远县旅游接待的中心地位，把黑瞎子岛及抚远县建设成为世界级生态休闲度假目的地，东部陆海丝绸之路上的重要文旅产业节点。

支撑体系：为保证抚远县及黑瞎子岛战略定位及发展目标的实现，将城乡空间体系、生态建设体系、口岸及配套园区、产业体系、文化体系、旅游体系等方面作为支撑体系，提出相应要求。

（三）发展引擎

发展引擎为未来抚远县及黑瞎子岛发展的动力及核心，确定了"黑瞎子岛片区——'两国一岛'的自由之岛"、"东极小镇片区——华夏东极旅游服务基地"、"莽吉塔港片区——中俄沿边开放示范区"、"抚远片区——生态型国际商贸旅游城"四大引擎，分别在总体定位、发展目标、发展思路以及功能布局等方面提出要求，为后续发展建设指明方向。

三、创新技术

抚远县及黑瞎子岛发展战略规划在创新方面主要体现在以下几点：

1.强化区域协调理念，增强区域合作意识。

抚远与黑瞎子岛的战略地位重要，主要体现在区域合作方面，本规划是从国家战略角度出发，充分考虑抚远与哈巴罗夫斯克的区域关系，以及以抚远、同江、饶河、富锦以及建三江农垦分局等形成的"三江组团"区域，通过口岸、交通基础设施、生态环境保护、产业一体化为切入点，积极稳妥地协调国际和国内各城镇的职能分工、构建城市规划统筹协调、基础设施共建共享、产业发展合作共赢、城乡社会管理协作的一体化发展格局，提升区域整体竞争力。

2.注重生态、文化与空间，突出特色。

抚远及黑瞎子岛的开放开发首先明确生态优先的原则，通过ArcGIS技术的运用，对抚远县域及黑瞎子岛进行生态敏感性分析，根据分析结果优化空间布局，并提出跨境生态保护示范的要求。同时深入挖掘东极文化、渔文化、赫哲族文化特色内涵，打造"两国一岛、华夏东极"的城市特色。

四、实施情况

战略规划提出的城乡空间体系、口岸及配套园区、交通体系、文化、旅游等方面都在抚远总体规划和城市建设中给予落实和实施。

中东铁路公园规划设计

编制单位：哈尔滨市城乡规划设计研究院
编制人员：高岩、张建喜、赵志强、崔海、韦二雄、赵宁、刘欢、刘堃婷、裴莹、
唐松滨、杨维菊、于洁、吴妍
编制时间：2015年
获奖等级：一等奖 2015年度全国优秀城乡规划设计奖（城市规划类）一等奖

一、规划背景

松花江是哈尔滨的母亲河，欢腾奔放的千里江涛，歌咏了一部波澜壮阔的城市诗篇；呼啸疾驰的铁路列车，开启了一段凝重炫美的历史画卷。118年前，当烟波浩渺的松花江水像往常一样奔流到哈尔滨时，一连串巨大的桥墩让这条源远流长的大江盘旋激荡，它仿佛凝望着横亘在自己上空的这段钢筋铁骨，这就是中东铁路第一桥——滨洲铁路桥。她的身影，流连在百年来无数个旭日与夕阳之间，勾勒出这座城市的发展轮廓，见证着这座国家历史文化名城发展的沧桑巨变。

哈尔滨这座中东铁路线上的中心城市处处烙印着铁路的印记。1901年10月，松花江上第一座铁路桥——中东铁路哈尔滨松花江大桥（俗称"老江桥"）建成通车。大桥全长1027.2米，它是中国铁路最早建成的超千米特大桥梁，堪称近代中国桥梁史上的杰作。

2013年，以"老江桥"为核心的中东铁路建筑群被国务院确定为国家重点文物保护单位。2014年，随着哈齐客运专线松花江大桥的竣工，"老江桥"完成了她的百年使命，成为城市珍贵的近代工业文化遗产。巍峨的铁桥、厚重的桥墩、笔直的钢轨、坚固的桥头堡，"老江桥"处处镌刻着哈尔滨百年发展的岁月轨迹，见证着国家级历史文化名城的沧桑风雨，承载着哈尔滨人民的厚重记忆。

二、规划构思

长长的铁轨书写哈尔滨的百年历程，一列列火车满载着绚烂的东西方文化，滨州桥就如一座丰碑铭刻着不朽的历史印迹。历史的车轮不断前行，新时代赋予她新的使命。我们希望对场地进行整理而不是抹除，让历史记忆得以传承延续；同时赋予她城市绿色休闲的新功能，成为展现哈尔滨地域文化、艺术品质的新空间，成为寻找文化认同感的精神家园。

本规划以"轨·迹"为设计概念，以滨洲铁路桥及中东铁路建筑群的保护利用为重点，通过对废弃铁路空间的转型、拓展与重构，形成连接江南经济中心、江北文化中心和江中太阳岛生态休闲中心的绿色空间系统，打造城市景观文化廊、绿色慢行健身线和中东铁路文化展示带。

规划设计以中东铁路与城市发展的关系为设计主线，以中东铁路文化为主要表现内容，以与铁路有关的零部件及实物为设计素材，以各种景观节点的艺术造型为表现形式，凸显中东铁路公园的文化特色。围绕铁路文化及公园特色主题展示的同时体现公共休闲和娱乐功能，尽量保留铁路原有的历史、生态面貌，尽可能保持老铁路自然的绿化形态，使其成为一条穿梭于现代都市中的天然绿色走廊。

1916年松花江大桥

哈尔滨站站台

哈尔滨老火车站

路径——通过一条由南向北的直线轨道和折线休闲路交织的路径，引导景观空间导向，并与周边交通衔接，形成连贯的公园道路系统，使公园成为一个有机整体，打破传统道路曲线或平行线式的布局模式，形成覆盖整个公园的流动性步行网络。

场地——公园的主要活动区和中东铁路文化户外展示区，是游人体验铁路文化、休闲娱乐的重要场所。

绿地——绿化景观是对铺地的延续，绿地由地被植物和乔灌木交错组织，形成立体式、多层次复层混交的绿化景观格局，依铁路而栽植的景观隔离带，为场地营造出相对宁静的景观场所。

景观小品——散布在公园各个空间中以铁路相关物件为素材经艺术加工的构筑物、景观雕塑、廊架、文字图片等设施。

↓ 老江桥利用后效果图

↓ 老江桥停运后实景图

中东铁路公园规划设计

三、创新技术

规划设计集中体现五方面特色：

1.文物保护利用与公园绿地建设并重

保护利用滨洲铁路桥及其附属建筑群是规划设计的重要内容，设计中严格执行《中东铁路建筑群——松花江铁路大桥展示利用方案》的相关要求，按照保持原貌、最小影响、合理有限利用的原则利用文物，同时调整滨洲桥南北两侧铁路用地为公园绿地，延伸文物保护利用范围，将文物展示内容融入公园绿地空间中，游人在游园的过程中体验中东铁路的历史痕迹，构建中东铁路文物展示公园。

2.城市更新与文脉传承并重

滨洲铁路旧线分隔城区阻隔道路，区域环境卫生较差，是城市的灰色空间。设计按照城市有机更新的理念，通过对区域空间与场所、交通与停车、建筑与景观、生活与文化的系统整理，构建开敞、绿色、活力的新空间，提升土地价值。城市更新中传承文脉，留住城市记忆。升华铁路元素，赋予它时代的脉搏，留住城市特有的地域环境、文化特色、建筑风格等"基因"，重构公共空间，让人悠然驻足于历史醇厚的回味中，体验城市发展和时代变迁，实现空间与功能的再生。

3.创新设计与地域特色并重

设计运用跳跃、灵动的线条划分空间、组织游赏，让狭长的带状空间更加活跃、丰富。历史文化线与绿色慢行线穿梭延续；展示、休闲、健身空间遥相呼应；雕塑、小品、建筑相得益彰。同时融入哈尔滨特有的造园手法，突出新时期地域园林景观设计的创新与特色。

4.传统工艺与新材料、新技术应用并重

设计在运用传统造园工艺的基础上，引入生态建筑、海绵城市、再生材料、节能设施、低维护景观等新技术、新方法，力求体现低碳、节能、环保的设计原则，诠释城市发展理念。

5.规划设计引领与公众参与并重

在总体规划思路确定后的各设计阶段，邀请周边单位、建设方、管理方、市民共同参与，通过专家论证、微信关注、网上公示、市民献策等方式，广泛征求社会各界建议与意见，不断修改完善设计方案。

四、实施情况

公园于2016年10月竣工。建成后的中东铁路公园受到全市人民的广泛好评，公园每天都有数以万计的游客慕名而来，已经成为追寻城市记忆，引领绿色健康生活的哈尔滨旅游新地标，中东铁路公园拉近了人与自然、时间与空间、生活与休闲的距离，她以深厚的文化内涵和壮美的身姿呈现在美丽的松花江畔，为哈尔滨市民及各地游客讲述铁路与城市、历史与现代、绿色与文化的故事。

公园轴线分析图

铁路与自然段　　滨洲铁路桥慢行段　　铁路与文化段　　铁路与生活段

公园主题分区图

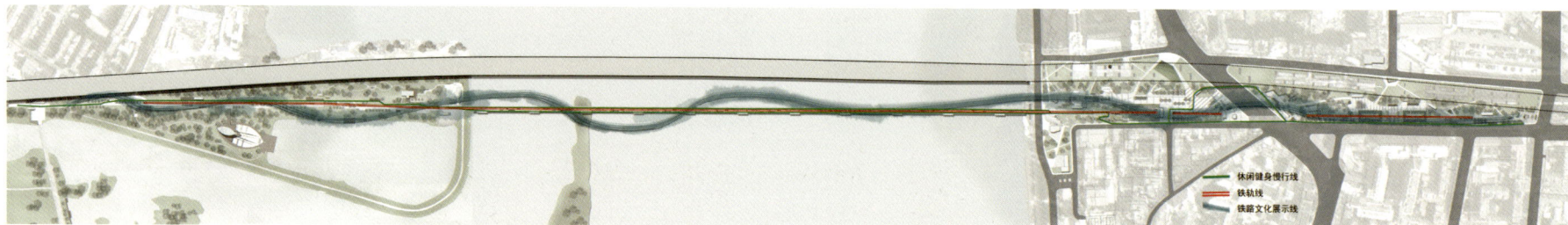

休闲健身慢行线
铁轨线
铁韵文化展示线

铁路文化景墙及博物馆实景照片

中东铁路博物馆效果图

亚布力滑雪旅游度假区重点旅游建设项目开发专项规划

编制单位：黑龙江省城市规划勘测设计研究院
编制人员：周小新、陆彤、魏文波、吴玥、张尧、郎朗、丁冠华、翟日红、韩杨、林晶、
杨岚、李智博、张远景、马力、高春义
编制时间：2015年
获奖等级：二等奖

一、规划背景

为进一步推动黑龙江省建设，发展黑龙江旅游经济，贯彻落实《黑龙江省人民政府关于印发黑龙江省促进经济稳增长若干措施的通知》（黑政府[2014]15号）的具体要求，由黑龙江省发展改革委员会牵头，省环保厅、住建厅、林业厅、广电局、体育局、旅游局、森工总局、相关市政府及景区管委会配合，共同组织编制亚布力、五大连池和镜泊湖等重点旅游景区项目开发专项规划。

《亚布力滑雪旅游度假区重点旅游建设项目开发专项规划》是在资源保护的前提下以整合优化、培育特色旅游产品为切入点，以亚布力国际滑雪度假村、亚布力冰雪欢乐谷、综合文化产业园、汽车文化产业园、低空旅游基地、森林动物园、水上大世界、体育公园八大重点建设项目为核心，解决冰雪资源的深度利用、森林资源的保护与开发、文化资源的挖掘与重塑问题，盘活度假区夏秋季闲置的大量酒店、餐饮服务设施，突破亚布力季节性经营瓶颈，促进亚布力滑雪旅游度假区由单季经营向四季经营转变。

二、规划构思

通过对景区现有的总体规划和详细规划的衔接与落实，依托景区冰雪资源、森林资源、文化资源的优势，改变现有劣势，融入市场化开发和运营的新模式，推动旅游转型、促进产业发展，让黑龙江冰雪生态文化旅游产业立体升级。将亚布力滑雪旅游度假区打造成为以滑雪度假为主导，运动竞技、旅游度假、避暑休闲、健康养生、文化娱乐、商贸会议、生态宜居为一体的四季均衡发展的国际精品旅游区。

三、规划内容

为进一步增加亚布力度假区的知名度、美誉度和市场影响力，完善旅游区审美游憩、科教启智、形象树立的职能，新策划开发建设八个旅游重点招商项目，丰富亚布力旅游产品，为旅游者鼎力打造一处集观赏性、体验性、娱乐性、科学性于一体的四季休闲旅游胜地。

1.综合文化产业园

依托多种文化产业资源，发展文化主题产业项目和文化休闲度假型旅游，强化亚布力四季旅游风情、时尚消费、美食购物的吸引力，大力发展时尚文化旅游。不断发掘本地人文历史、冰雪文化和生态文化等多种文化的潜在价值，开发提升文化产业园区和博物馆、展览馆等文化场馆的旅游功能，形成文化旅游业的新亮点。

通过对红色抗联文化、土改运动文化以及关东民俗文化等相关情景的再现展示，打造独具特色的文化影视基地，推动文化旅游产业的快速发展。以大型展会、重要文化活动、文化影视基地等为平台，培育新的文化旅游消费热点。

2.汽车文化产业园

建设汽车越野赛道、试驾体验中心、卡丁车赛场等项目。配设汽车营地、自驾车营地、汽车主题酒店、汽车影院等设施，打造中国东北地区第一个综合性汽车公园。

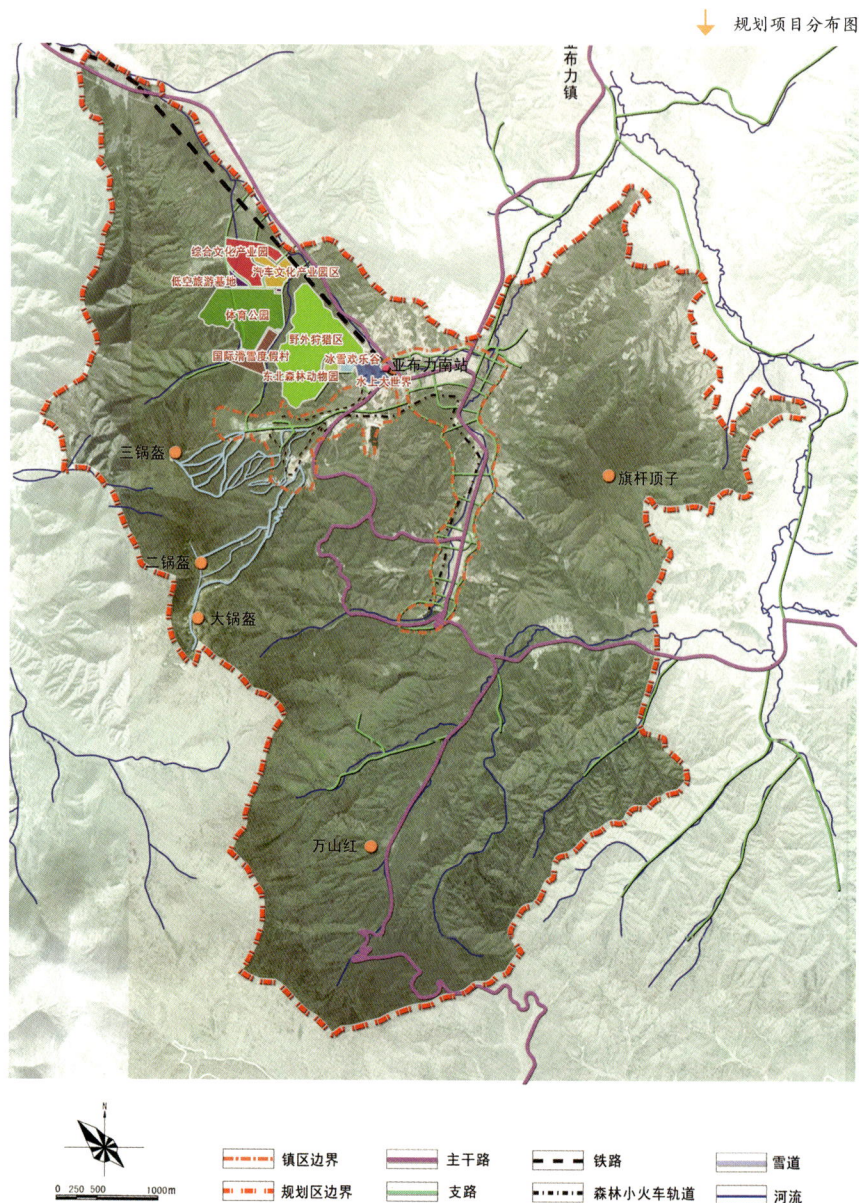

规划项目分布图

3. 亚布力国际滑雪度假村

规划做大冰雪文化，以增加滑雪旅游趣味性、娱乐性为目标，升级改造滑雪区域，实施三山联网、雪道雪场贯通，重点开发建设以四锅盔为中心的滑雪度假村，合理布局雪道、缆车和商业酒店，以新区发展带动老区完善，实现四季旅游开发。

4.亚布力冰雪欢乐谷

冰雪欢乐谷是以冰雪为主导的大型主题游乐园。结合特色建筑、高科技的娱乐设施为热爱冰雪的游人创造梦想和欢乐，打造以娱乐为先导的体验性、探索性的主题乐园，并将体育竞技、文化艺术表演、游乐设备、主题观光、主题游乐和餐饮购物等融为一体，将亚布力冰雪旅游推向极致。

5.低空旅游基地

利用我国低空开放政策实施的机会，积极开发直升机，热气球，动力、非动力滑翔伞，动力、非动力滑翔翼等新兴的航空旅游项目，满足游客的新奇感受，推动亚布力成为中国北方率先拥有立体化旅游产业体系的旅游度假区，将亚布力建设成为中国北方低空旅游产业实验地，低空运动爱好者的乐园，低空运动项目培训训练基地。

6.水上大世界

依据"用冬季带领夏季，用绿色反哺白色"的亚布力发展战略思想，凭借良好的生态环境，依托水资源，建设集水上竞技、戏水娱乐于一体的夏季清凉欢乐水世界，打造国内独一无二的森林水乐园。

7.森林动物园

依托东北地域自然条件，建设独具东北特色的森林动物园，并引进大熊猫建设熊猫馆。规划将秉承高质量、高标准、高品质的设计原则，打造集动物观赏、餐饮娱乐、森林旅游探险于一体的综合性国际化的森林动物园。

汽车产业园鸟瞰图

国际滑雪度假中心效果图

冰雪欢乐谷雪景鸟瞰图

低空旅游基地鸟瞰图

8.体育公园

开辟山地自行车体验项目，发展高端健身旅游活动项目，建设一个以山地自行车为主的休闲运动体育公园，实现四季旅游均衡发展。

四、规划创新

（1）以资源保护为开发前提，重视生态脆弱性，合理选择游憩项目，谋划服务深度化、精细化和多样化的旅游产品。

（2）依托现有三大资源、四大服务导向、八大旅游类别，五十亿招商项目重塑亚布力国际滑雪度假区整体形象。

（3）通过数据分析与调研，系统地审视评定景区发展优劣势，强调项目与自然的适应性，解决景区主题定位、市场占位、游憩模式、季节运营、开发潜力等关键问题。

（4）融入市场化开发和运营方法，重视项目创新，解决营销模式、运作模式、收入模式及投资分期等深层次问题。

五、实施情况

近期经过招商引资与开发建设，亚布力滑雪旅游度假区部分项目已启动，新项目的建设改变了亚布力滑雪旅游景区20多年"以雪养雪"、"靠天吃饭"的历史；扭转了"产品单一"、"一季淡三季闲"的经营格局；构筑了冬季冰雪、春夏秋三季生态的"乐活四季游"旅游产业体系。

（1）三山联网、雪道相连、索道相通，实现了滑雪爱好者20年的梦想，提升了亚布力雪场的核心竞争力，重塑了亚布力滑雪胜地的形象。

（2）亚洲最大的水世界隆重开幕，开创了水上娱乐竞技闯关项目先河；完善丰富了亚布力旅游景区的四季活动项目。

（3）省内首家大型专业山地自行车主题公园落户亚布力，以专业带动非专业，以赛事带动大众，全方位力推山地自行车运动，尽展山地自行车王国风采。

（4）国宝大熊猫馆安家亚布力，度假区龙江"一枝独秀"。

水上大世界鸟瞰图

熊猫馆效果图

总体鸟瞰图

龙江县新城区城市设计

编制单位：黑龙江省城市规划勘测设计研究院
编制人员：张远景、王春龙、吴玥、肖一夫、张尧、王泽华、贺军、赵健、徐雷、林繁茂、李城润、秦可娜、张乃欣、齐海燕、杜秀丽
编制时间：2015年
获奖等级：二等奖

一、规划背景

本项目位于龙江县城北部，规划范围为纵横大道、北顺街、正阳北路、北苑路、建设北路、通达街、延顺北路、长横街和汇丰路等道路围合区域是龙江县重要的城市功能拓展区域，规划总用地面积为4.36平方公里。龙江县近年城市发展迅速，老城区发展已不能满足城市快速发展需求，并且城市发展驱动力不足，城市建设中生态建设滞后，因此加快建设城北新区尤为重要。

二、规划理念

（一）生态网络

规划着力营造生态、低碳、绿色、自然的城市空间，采用生态网络的绿地景观规划理念，通过绿核、节点、绿廊将基地内绿化景观组织作为网络化的有机空间。以景观生态学原理为指导，立足地域特色，弘扬文化内涵，保护生物多样性，通过水体、水系及绿地，建立起多类型、多层次、多功能的绿色空间网络。

（二）核心驱动

规划若干区域发展核心，以核心驱动周边组团发展，区域发展核心主要为公建服务、医疗教育、文化体育、商贸中心等，驱动核心以重点项目为支撑，起到强有力的触媒作用，驱动新区建设发展。

（三）内生外增

规划将基地用地分为内向型经济组团和外向型经济组团，通过不同的功能、业态规划，为各自组团提供科学的发展支撑。内向型经济组团通过自身的资源优势，组团内部不断扩张、生长；而外向型经济组团，主要为商贸物流及旅游服务业，通过对外服务职能的集聚，吸收外部资源、资金来扩张自身组团的发展。

整体鸟瞰图

医院鸟瞰图　　　　　　　　　　商贸中心鸟瞰图

三、规划特点

1.理念先进、标准超前。依据生态低碳理念，尊重原有生态体系，在空间上强调与老城区及北部水库生态区的联系。

2.规划综合、实施性强。在规划过程中充分体现了相关各个专业的综合与协调，从前期项目策划到中期项目落地，再到后期的项目开工建设等均体现出本规划具有较强的可操作性和实施性。

正阳路沿街效果图

综合商业街鸟瞰图

四、实施情况

目前，《龙江县新城区城市设计》已由龙江县人民政府批准实施，龙江县正处于快速发展时期，城市设计实施以来，经过多年的努力，龙江县新城区建设已取得初步成果。

1.已修建两条主干路、多条支路，新建道路共4500米。

2.龙江县瀚沃建材城一期已经建设完成，建筑面积4.2万平方米，已有商家入驻，二期已经完成修建性详细规划，并进入施工阶段。

3.燃气站建设完成并投入使用，占地面积3.3公顷。

4.供热站建设完成并投入使用，占地面积3.9公顷。

站前步行街效果图

黑龙江甘南县市民广场景观设计

编制单位：黑龙江省城市规划勘测设计研究院
编制人员：张远景、陈亚明、杜秀丽、王春龙、肖一夫、王泽华、赵健、吴玥、张尧、
　　　　　李城润、秦可娜、张乃欣、柳清、齐海燕、曹海燕
编制时间：2015年
获奖等级：二等奖

一、规划背景

黑龙江甘南县市民广场景观设计项目位于甘南县城明海街和技校路交叉口北侧，为规则矩形。用地规模为9公顷。甘南县市民文化活动日趋增多，但广场较少，因此为增加市民运动、文化活动场地，进行本项目设计。

二、规划构思

市民广场作为大型的向社会公众开放的广场绿地，对优化行政区生态环境起到非常重要的作用。一是改善地区人文环境和生态环境，二是提升周边行政和住宅景观品质。本广场定位于继承传统和融合开放，彰显甘南市民文化与活力，承载甘南市民文娱休闲活动的文化窗口，打造具有迷人魅力的生态"绿心"。

三、规划目标

（1）充满市民气息的城市休闲客厅；
（2）充满文化气息的城市文化中心；
（3）充满热烈气息的城市活力圈；
（4）充满迷人气息的城市生态绿心。

总平面图

鸟瞰效果日景图

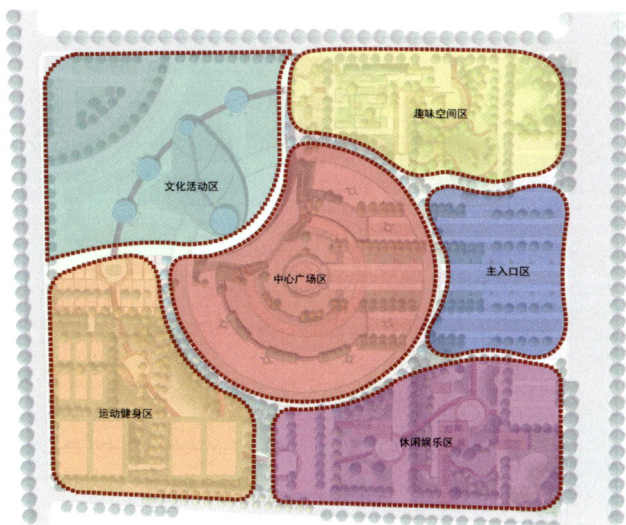
空间功能分区图

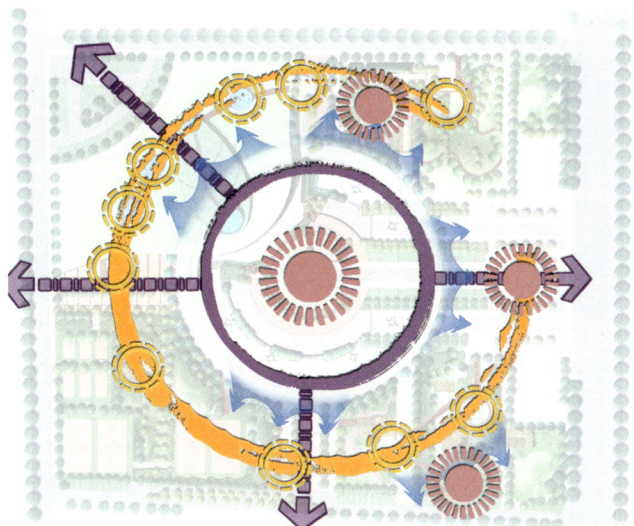
景观轴线及视线分析图

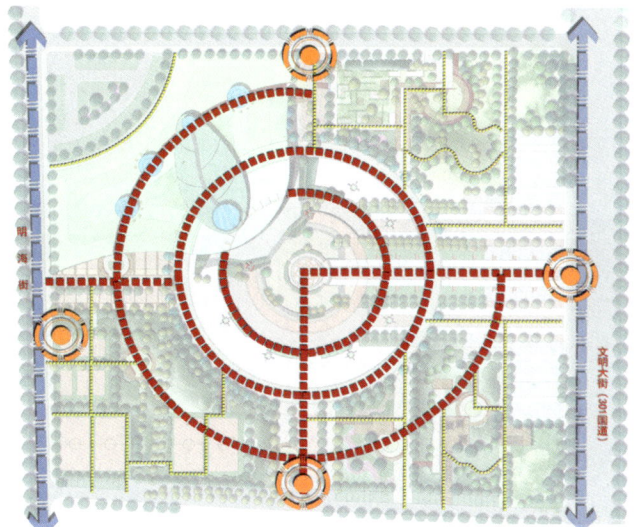
交通流线图

四、规划主要内容

规划结构为"一体、两带、四轴、六区"。

"一体"是指主要景观主体——半地下覆土生态建筑。作为市民文化活动休闲为一体的公共建筑是最佳的公共平台。"两带"是两条环形景观路，联系起整个广场景观，紧紧环绕中心景观，象征当地众多少数民族紧密团结。"四轴"是四条入口轴线，文明大街一侧为主要景观入口，精心设计的灯光地面景观结合整排的灯柱，强调景观的现代感和纵深感，导向性强，加之周边色彩丰富的绿化植物一直延伸至中心广场，向心力强。三个次入口以高矮错落的植物为导向，创造出尺度宜人的入口休闲空间。"六区"分别为文化活动区、中心景观区、主入口区，趣味空间区、休闲娱乐区、运动健身区。

主入口效果图

节点空间效果图一

节点空间效果图二

鸟瞰效果夜景图

主入口区，以大面积特色硬质铺装为主，结合灯光效果，打造大气的广场入口空间，吸引人们前往。文化活动区，包括老年文化活动场地、青年小型体育活动场地、图书馆等，可向市民提供充足的文化交流学习空间，丰富市民的文化活动；中心景观区，以星光舞台为中心，是广场最开阔的休闲交流空间，地势采用下沉式，给人亲切和安全感，并可方便通往广场各个区域，中心景观区因面积大，是重要的户外庆典和表演的区域，该区是广场的重要景观节点；趣味空间区，以廊架、植物迷宫、小型儿童游乐设施及色彩斑斓的景墙组成，儿童游乐设施可激发孩子的想象，明亮的色彩主基调又吸引孩子们来到这并将它作为自己的游戏天堂；休闲娱乐区，由弯曲的卵石步道，可供休息小坐的廊架、健身器械、木质平台组成，人们可在此下棋、健身、喝茶、小憩，周围植物环绕，空气清新宜人，深受市民喜爱；运动健身区，设置了篮球场和羽毛球场，也是深受年轻人欢迎的区域。

横道河子镇重点区域改造设计

编制单位：哈尔滨工业大学城市规划设计研究院

编制人员：赵志庆、夏子康、张丽燕、邹怀武、杨明、秦耕、李子为、张博、胡金萍、李毓书、张放、齐爽、林杰妮、吴怀雨、谷群

编制时间：2015年

获奖等级：二等奖

一、规划背景

海林市横道河子镇始建于1897年，是伴随着中东铁路的建设而逐渐兴起的"花园城镇"。是中东铁路沿线上历史文化遗产最为丰富、保存现状最为完好的小镇。横道河子镇位于黑龙江省海林市境内，在黑龙江省"哈牡绥东对俄经济带"上，是黑龙江省东西部地区交流的必经之地，也是东北亚大通道的要道。

小镇由于拥有独特而完美的自然环境和丰富而多彩的人文资源，先后获得多项国家授予的殊荣："中国历史文化名镇"；"国家级生态镇"；"全国特色景观旅游名镇"；"黑龙江省级新农村建设示范镇"；"全国绿化百佳乡镇"；全省"百镇建设工程"试点镇。

区位优势：海林市横道河子镇位于绥芬河市通往哈尔滨的交通要道上，并经由滨绥铁路与全国六大铁路干线相连，区位交通战略地位十分重要。

发展机遇：横道河子镇已经被纳入"十三五"历史文化名城名镇名村保护利用设施建设规划项目中，"中东铁路文化"背景为地区发展带来了机遇。

二、规划构思

通过对横道河子镇历史与现状的分析，我们对横道河子镇村庄整治提出了以下策略：尊重历史、挖掘文化潜质、提升功能、整治历史环境、提高旅游质量，改善人居环境。

在新一轮的城镇总体规划中，我们对城镇的性质与总体目标进行了明确的定位，科学地规划了城镇空间的供给与布局。规划形成"一带、一轴、一心、两点"的城镇体系空间格局。通过带状集聚、以线带面地促进横道河子镇经济快速发展。

"一带"为镇域东西向的城镇发展带，以现有滨绥铁路（哈尔滨—绥芬河）为城镇聚合轴带，是横道河子镇镇域建设和产业发展的主体引导空间。"一轴"为镇域南北向，以连接各个村屯的乡道形成的城镇发展轴。"一心"即镇区，位于镇域较中心位置，其空间地位起到直接辐射周边五个村屯的中心作用。"二点"即距离镇区相对较远的二十二村及柳树村，定为重点发展村屯，联合镇区，重点发展农业生产加工，成为镇域局部经济发展的聚集点。

在完成了横道河子镇总体规划及横道河子镇保护规划的基础上，我们与当地政府共同编制了建设实施项目库，落实了分期建设目标，本方案依据分期建设要求，设计实施涵盖旅游概念规划、滨水开放空间绿地系统详细规划、道路升级改造设计、建筑第五立面色彩规划设计、重点区域保护建筑环境整治以及"幸福家园"示范安居工程详细规划设计6方面内容，共计9个项目。

镇域空间结构规划图

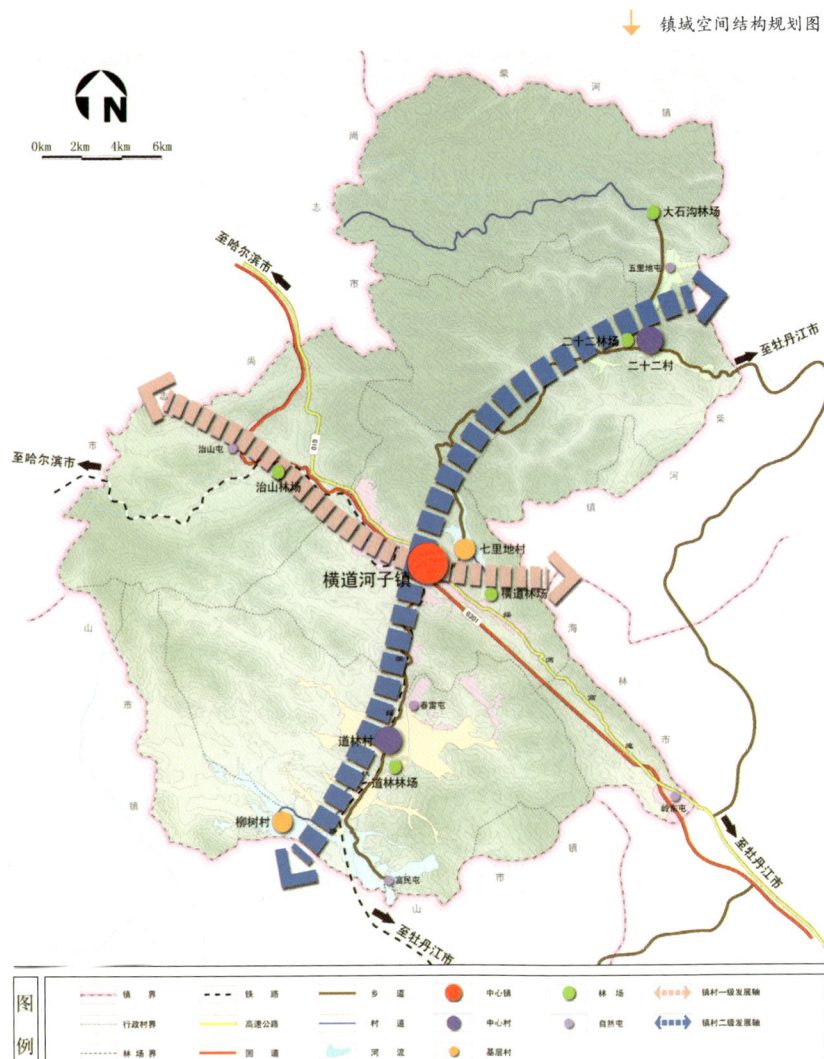

三、规划创新

1.城镇定性

横道河子镇面临由综合性城镇向旅游业为主的重点镇转变，历史文化名镇的确立使其城镇影响力由地方性升级为区域性。因此，城镇性质应突出旅游资源、生态环境及历史文化特色。

2.科学规划城镇空间的供给与布局

统筹景观协调性、生态适宜性和其他相关条件，集约利用城镇发展空间。明确城镇总体保护框架及层级，在保护的基础上，合理确定用地布局。

3.充分重视历史文化的保护与利用

保护好横道河子丰厚、特色鲜明的历史文化，协调好保护与永续利用的关系，更好地为横道河子镇的科学和谐发展服务。

四、实施情况

（一）七里地村旅游规划设计与实施

七里地村位于横道河子镇东北部，自然资源丰富。2005年，以海林市旅游发展规划和海林市横道河子镇社会经济发展远景为依据，依托七里地村自然生态和文化旅游资源优势，以旅游资源开发为依托、以客源市场需求为导向。

旅游资源与民族文化相结合，突出特色，以威虎山旅游区总体规划和海林市横道河子镇社会经济发展远景为依据，依托七里地村自然生态和文化旅游资源优势，以产品创新和优质高效服务为核心，整合该村范围内的旅游资源，打造知名品牌，实现旅游业的大发展。

方案设计采取"两核、一带、四区"的布局模式，引入农家体验娱乐、运动拓展、生态度假三大特色项目。兼顾生态、社会、经济三大效益协同发展，发展旅游的同时一起解决当地的民生问题，打造一个集度假、休闲、旅游、拓展多位一体的生态村落。

其中已实施的部分有：干路、支路、巷路的整治改造；村居宅院改造；重点地段绿化改造；水系整治以及围栏改造设计。

（二）油画村旅游规划设计与实施

项目基地位于原301国道旁，保护建筑及后建的房屋破损严重；由于地块高差大，雨季山洪水量多，需要重新规划与治理。

↓ 七里地旅游规划鸟瞰图

方案以"共融、共享、共赢"为理念，实现"文化、生态、环境、经营"之间的高效平衡，利用得天独厚的区域自然优势，独特的山形地貌对环境进行重塑，通过现状地势起伏，创造灵活多变的空间布局。将休闲度假、油画艺术创作、展示、培训与商业服务等功能进行空间组合，实现体验与艺术的混搭，力求打造将油画艺术与商业完美融合的国际油画村落。

国际油画村整体分为五个功能区域，将休闲度假、油画艺术创作、展示、培训与商业服务等功能进行空间组合，体验与艺术的混搭，每一处咖啡厅、餐厅、酒店、会所都与艺术、与油画有关，形成各种业态的艺术混搭。

提供餐饮、住宿、购物等一系列完整配套设施，为居住于此的艺术家与游客提供高效率、高质量的现代化服务。各功能间相互依存、相互助益的能动关系，形成了一个多功能高效率的综合体，为横道河子镇的发展注入新的生机。由于地块高程较大，出于安全考虑，村落不设置车行系统，将停车场设置于较平缓的出入口。如遇紧急情况，步行系统可作为应急车道。整个村落以步行系统为主，保留小街道尺度，以此营造恬静安逸的乡村生活，在原有山地基础上，最大限度保留原有的山城风貌。

建筑风格采用欧式风格坡屋顶，具体建筑样式均由居住于此的画家根据梦想创意自行设计，每处建筑形式都独特别致。预留出的半公共空间与私人开放空间，都由画家自行独立设计，为艺术家提供了创作、展示平台，形成风格迥异的院落布局。由此，每处院落、每栋建筑都具有唯一性，整个村落自然洋溢着浓郁艺术氛围，饱含艺术创意的欧式风情梦想艺术村落自然形成。

横道河子镇重点区域改造设计

（三）滨河路（北起河堤路南至兴林路）详细规划设计

项目基地紧邻河岸，原有河道生态景观被新建的防洪堤坝所破坏，雨季道路积水严重。

设计以时间流逝为理念，以道路为时间轴，以节点绿地为具有纪念意义的时间点，将整个地块串联起来，讲述一个属于中东铁路自己的故事。整条道路可以依桥分为三个路段，从南至北分别为伊始、发展、绽放。沿路有三块公共绿地，道路的终点定位在新建成的政府广场。三个节点绿地各自为独立的主题广场，连续在一起讲述横道河子的百年历史，追求时间与自然序列上的延续。

方案整体走怀旧路线，易引起本地居民的共鸣。通过打造小镇滨水慢行系统，凸显小镇悠闲惬意。道路设计选用透水材料，加速雨水渗透；木栈道下方设置了汇水区及雨水口，满足大雨量时雨水排放，解决道路雨季积水问题。

（四）老街及俄罗斯风情小镇详细规划设计

俄罗斯老街作为横道镇的历史文化轴线，俄罗斯景观风貌的重要组成区域，规划设计中注重现有保护街区内建筑布局及空间格局，充分利用地块原有形成的两条街区，使其形成富有居住生活气息的步行观赏街区。

（五）矿山街、振兴路详细规划设计规划

横道河子镇北侧矿山街长320米，振兴路长340米，设计面积2960平方米。

以改善人居环境为目的，尊重自然为依据，重现横道两条街的原始风貌为原则。排水沟材料采用天然毛石砌筑，栅栏结合当地特色采用木质结构栅栏，搭配攀爬植物进行装饰，既保留村民生活所必需的排水功能，又与横道的自然景观完美融合。

（六）横道镇利民桥改造设计

利民桥作为连接城镇南北两侧的交通干道，原桥全长57米，宽4米，两侧桥栏较矮，承重较低，原有的桥面宽度已无法满足行车需求。

方案设计以提升功能性与美观性为目的，将桥单侧加宽至8米，其中两侧人行道各1米，车行路6米。桥栏杆、桥栏杆装饰柱及景观灯均采用欧式元素设计，增强与横道镇整体景观环境的融合。

（七）镇区建筑第五立面色彩规划设计

小镇由于地处北方，冬季寒冷且可生长植物品种较少，环境色彩趋于暗淡。

原有历史建筑屋顶颜色多为青灰、棕红、深褐色，新建建筑屋顶颜色多为红色、蓝色彩钢屋顶，色彩跳跃感略强、缺乏过度，现代建筑色彩杂乱无序列感。

利民桥实施完成图片

机车库改造前现状图+机车库方案效果图+机车库实施完成图

通过对横道河子镇城市色彩的初步调查与分析以及历史文化与上位总体规划的研究，总结提出横道河子的城镇色彩：

基调色决定建筑主体印象，一般占建筑外立面的80%左右；

强调色渲染建筑外观，丰富建筑表情的色彩；

点缀色主要在某些片区或建筑局部少量应用，以彰显建筑独特个性。

（八）重点区域保护建筑环境整治详细规划设计——机车库区域改造规划设计

依据小镇的景观视线通廊控制，景观视廊内的各景观节点机车库、政府广场、文化中心、圣母教堂、7号木屋、铁路卫生所，通过整治历史环境，构筑小镇空间景观风貌。

该区域为全镇旅游发展规划中重要的一站，也是游客集散地。机车库院内广场中间立有旧式火车头，表明了机车库的原有作用。整个广场作为纽带联系着游客来源和步行街，空间上起引导作用，规划机车库采用新老结合的方式，形体上属于俄式建筑，砖做主体，大面积的玻璃窗，可开辟为该镇的展示建筑或中东铁路的展示建筑。

（九）横道幸福家园示范安居工程详细规划设计

规划用地位于幸福路，东侧紧邻横道河，占地面积约2.78公顷，基地具有良好的交通条件及优越的生态环境，具备建立宜居、生态的居住区的条件。

规划理念："一轴、两点、三组团"。

一轴：沿街的商业带，服务于周边居住区，拥有良好的集聚效应。

两点：两处主要景观节点，与沿河景观呼应，营造良好的景观环境。

三组团：三组团联动呼应，形成良好的关系网络。

规划平面布局充分考虑了周边主要建筑及现状民居的影响因素，保护原有城镇肌理及街道尺度。

伴随横道河子镇重点区域改造设计的实施，一个山水相依、底蕴丰厚的文化小镇正在龙江大地上悄然屹立，焕发勃勃生机。

镇赉县城市总体规划（2011-2030）

编制单位：哈尔滨工业大学城市规划设计研究院

编制人员：张国涛、姜鸿涛、宋扬扬、蒋向荣、刘丽君、王晓磊、赵彬、王锐、田鑫、
杨曼荻、陈磊、郑佳鑫、王兴伟、盛晖、史琳

编制时间：2015年

获奖等级：二等奖

一、规划背景

为指导镇赉县城市建设和发展，优化资源配置，协调城乡空间布局，改善城乡人居环境，促进城乡经济社会全面协调可持续发展，积极落实《国家新型城镇化规划（2014-2020年）》的相关政策措施，根据《中华人民共和国城乡规划法》和住房和城乡建设部《城市规划编制办法》等有关法律、法规和文件，结合镇赉县实际情况，制定《镇赉县城市总体规划（2011-2030年）》（以下简称"本规划"）。

二、规划构思

规划以城市总体发展战略研究为基础，秉承"区域视野、城乡协调、生态优先、资源节约"的理念，建立问题、目标与政策三重导向的技术框架。

基于问题导向，对历史发展、区域发展和县域一城区现状等多个层面临的问题进行梳理，挖掘城市发展的内生动力，提出多种解决方案；基于目标导向，全面审视城市发展面临的新契机、新要求，对城市未来发展方向与趋势再判断，构想城市发展的可能性；基于政策导向，把握上层规划要求及政府发展设想，理清思路，寻求突破。

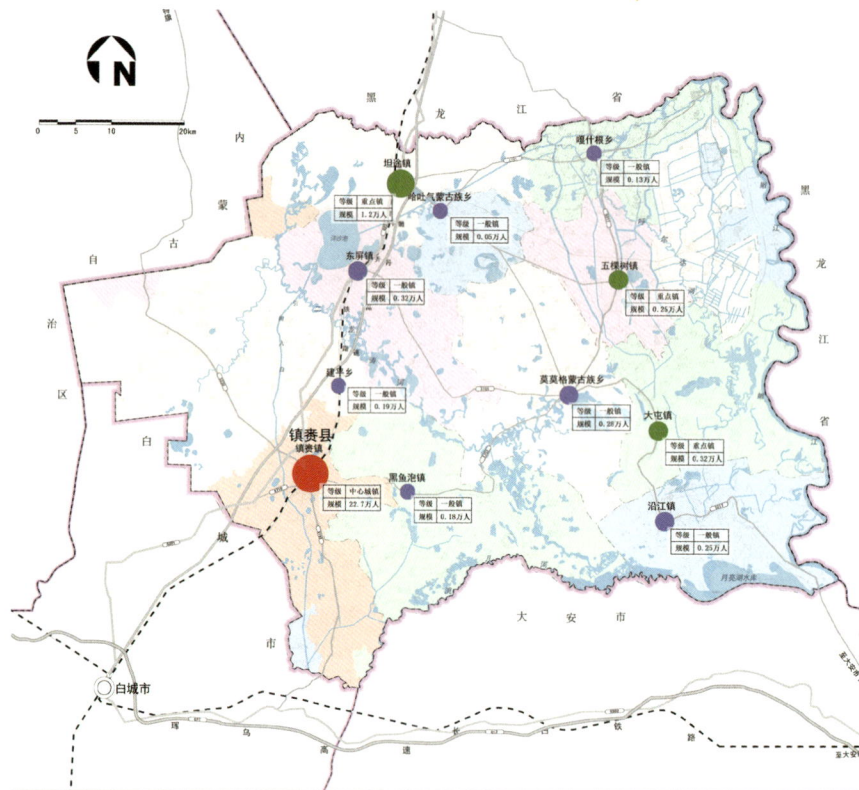

县域城镇等级规模规划图

↓ 总体框架图

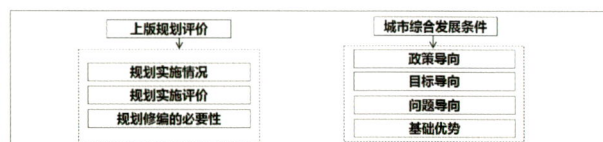
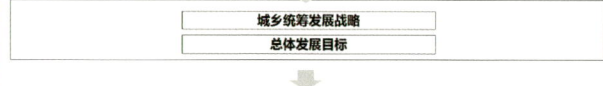
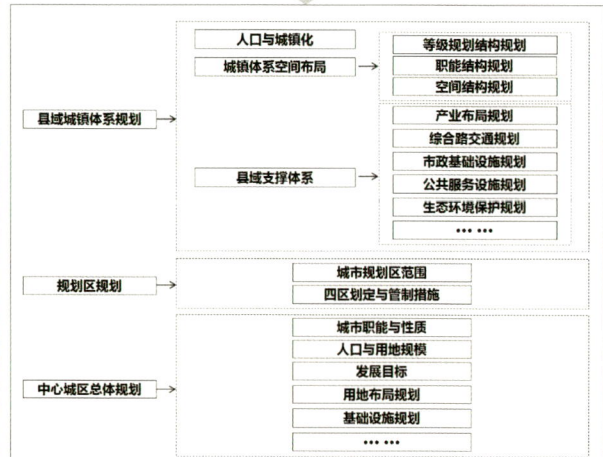
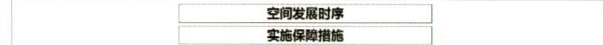

三、规划主要内容

规划制定县域城镇体系规划、城市规划区城乡统筹规划和中心城区总体规划的"三层次"工作框架，构建多层次目标体系，规划结合自身区位、产业基础、生态资源等特色打造三省交界节点城市，以农副产品加工、设备制造业为主，旅游服务业和能源发展为辅，以草原湿地风貌为特色的综合型城市。

1.用地与人口规模

2020年，中心城区建设用地19.94平方公里，中心城区常住人口规模为15.6万人，人均城市建设用地127.8平方米。2030年，中心城区建设用地26.45平方公里，人均城市建设用地115.0平方米。

2.发展目标

（1）经济发展目标

到规划期末，镇赉县地区生产总值达到693亿元，人均地区生产总值达到18.3万元，城镇居民年人均可支配收入达到5万元，农民年人均纯收入达到3万元。

（2）社会发展目标

到规划期末，全县总人口控制在37.8万人以内，城镇化率达到68%。城市社会保险覆盖率达到100%，农村新型合作医疗保险参保率达到100%。初中入学率达到100%，高中阶段教育毛入学率达到95%以上，城镇登记失业率控制在2%。

（3）环境发展目标

到规划期末，全县森林覆盖率达到21.6%；城镇绿化覆盖率大于40%，城镇人均公共绿地大于9平方米。城镇供水普及率达到100%，城镇污水集中处理率和城镇垃圾无害化处理率分别达到80%以上。

3.县域城镇体系规划

在专项研究基础上因地制宜采取"产业增长点—产业带—产业集聚区"的布局模式，构建"一心、三带、三区"的产业布局，带动地区经济增长；形成"一主三副、三轴两区"的城镇空间结构，充分发挥各城镇区位与资源优势；同时，考虑镇赉县地处生态脆弱地区，规划深入生态环境保护研究，划定生态功能区，制定保护策略，确保生态环境不受到破坏。

4.城市规划区城乡统筹规划

规划区内形成"一城、两带、多点"的空间布局体系，并通过产业集聚强化中心城区对整个镇赉县域的服务功能和地位。同时对规划区土地空间管制、基础设施、农村居民点等进行深入研究，为中心城区规划奠定基础。

5.中心城区规划

规划顺应城市空间拓展态势，提出"北储、中优、东进"的城市空间发展战略。以盘活存量，优化增量为思路，优化城市空间布局形态，形成"一心、两轴、三组团"的空间结构，保障城市布局的合理性。

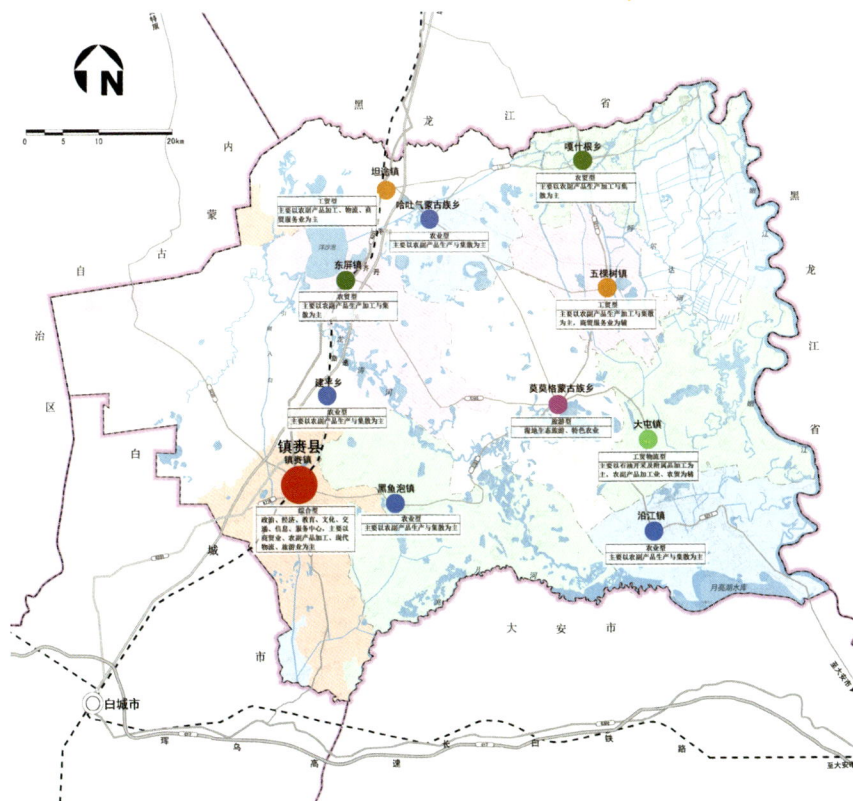

县域城镇职能结构规划图

规划区范围界定图

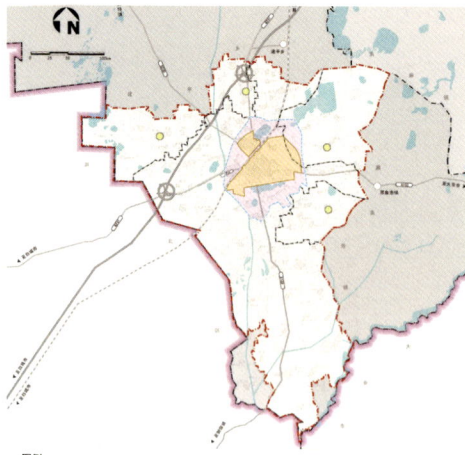

城市规划区土地利用规划图

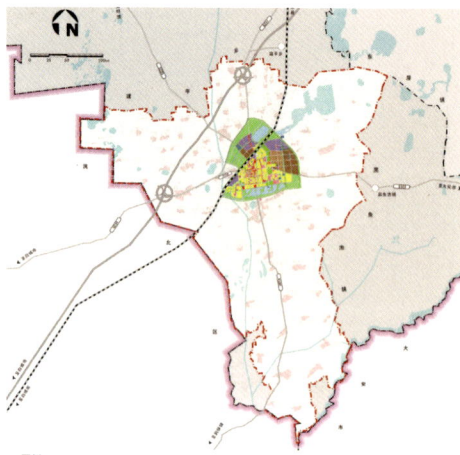

土地利用现状图

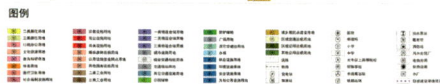

中心城区土地利用规划图

四、规划创新

1.区域统筹、城乡一体

规划从区域发展视角出发，充分考虑区域资源的优化配置，统筹安排镇赉县的产业布局和重大基础设施建设，合理确定城镇体系布局，鼓励和扶持城乡一体化发展。

2.盘活存量、优化增量

规划采取"腾笼换鸟"的策略，实施工业企业的提升搬迁转型，为战略性新兴产业发展和优质项目建设腾出空间和容量，同时优化主城区空间结构、研究旧城更新模式等，提升土地利用价值，强化城市特色。

3.低冲击影响开发研究

远景发展构建"双城、双星、七湖连珠"的空间结构，在湿地保护与城市建设之间寻求一个平衡点，着力解决两者之间的矛盾，构架城市生态安全格局，针对土地开发、湿地保护、雨水调蓄等方面，引入植物浅沟、下凹绿地、初雨调蓄池等多种低冲击技术，实现新城的资源循环、复合有机的生态格局，塑造草原湿地生态城市特色。

4.过程规划、技术保障

总体规划在长达4年的编制过程中，依次完成战略规划、总体规划纲要、专题研究、城市设计等各层次、各类型规划，与总体规划高度衔接。同时规划团队与政府联合办公，及时沟通协作，共同解决如工业区、重要道路选线、市政设施选址等重要问题，为规划提供技术保障，提高了规划的实施性。

5.领导重视、专家领衔

规划采取"政府组织、专家领衔、部门合作、公众参与、科学决策"的工作模式，公众参与全过程，针对城市性质与定位、产业发展、基础设施等6个方面开展民意调查，建立政府和居民的良性互动，保证了规划的科学性和可操作性。

中心城区道路系统规划图

中心城区绿地系统规划图

图例

	对外交通		长途客运站		铁路	
	主干路		铁路货运站		水系	
	次干路		上跨式立交		规划范围	
	支路		下穿式立交			
P	社会停车场		断面图例			

图例

	公园绿地		现状广场
	防护绿地		规划广场
	广场用地		铁路
	现状公园		水系
	规划公园		规划范围

五、规划实施

　　总体规划设计无法提供实施照片，总体规划实施评估报告是另一个独立委托，无法在此项目提供。

金界壕遗址（黑龙江段）文物保护规划

编制单位：哈尔滨工业大学城市规划设计研究院
编制人员：赵志庆、陶刚、胡佳勇、边卓、金鹏、胡建辉、王璠、王高波、刘梦、
　　　　　丁志博、徐璐、李伟光、李天杨、许继生、霍晓东
编制时间：2015年
获奖等级：二等奖

一、规划背景

金界壕，是我国古代规模宏大的军事防御工程，因其壕堑、墙垣连贯分布，故又称为金长城。金界壕始建于金太宗早期，大定五年曾有过小规模调整，至大定十一年（1181年）又进行大规模复修。此间，正是金朝由奴隶制向封建制过渡，国力空前强盛的时期。但金朝廷�穷兵黩武，在对北方诸部族加紧镇压的同时，对中原地区虎视眈眈。为了抵御北方辽朝契丹旧部和蒙古族的叛乱、侵扰，金朝修建了漫长的界壕边堡。13世纪初蒙古人崛起，灭金称汗，金界壕边堡随着废弃，成为历史的遗迹。

2012年全国长城资源调查完成后，存于我国境内的金界壕遗址，其分　布、走势、长度、保存状况及相关遗迹等数据均已基本完备。涉及黑龙江省行政区划内的界壕遗迹总长为200.266公里，其保存现状与保护现状均不容乐观。

为使金界壕遗址（黑龙江段）的本体、载体、环境及其文化生态的真实性和完整性得到有效保护，提高文物保护工作的科技含量，科学、合理、适度地发挥金界壕遗址在地方文化建设、精神文明建设和经济建设中的积极作用，使文物保护与当地村镇建设协调、有序地发展，特编制《金界壕遗址（黑龙江段）文物保护规划》。

二、规划构思

本次规划的线路分为现状、评估、规划以及实施四个部分。通过详细的现状调研，对文物与文物周边环境现状进行梳理，再分类进行系统评估，总结出现状主要问题，根据问题进行规划基本对策的制定，划定合理的保护区划，制定具有针对性的保护措施，然后进行各专项的规划，特别是环境以及展示利用规划，通过与相关部门的协调，使其更具操作性、实施性，最终制定分期实施规划，指导实施。

三、规划主要内容

（一）主要规划内容

本次保护规划的主要内容包括确定合理的保护区划与管理要求，确定文物本体保护、文物环境保护、文物管理、文物展示、文物保护与地方社会经济发展协调共存的各项规划要求与措施。

保护区划规划包括重新核定和调整保护区划，制定管理规定；遗址本体保护包括对文物遗存的考古、清理、回填，准确认定已经消失或即将消失的遗址段，为下一步的加固和维修提供保障性依据；文物环境保护包括对保护区划内自然地貌、河流、山石、植被及空间关系的保护，逐步恢复植被和修复遭到损伤的景观环境；文物展示利用即正确把握文物不可再生的特殊性，尽可能制定展示路线，展示方式选择恰当，积极引导，科学利用，以体现遗存的特征；与地方社会经济发展相协调即正确把握与农业生产和旅游业发展的关系，在保护文物的同时，兼顾地方经济建设的发展，同时提高当地居民的历史文化遗产保护意识，使文物保护与地方社会经济发展双赢；确定合理的分期保护实施项目，提出项目经费初步估算。

（二）重点规划策略

1.保护区划划定

据国家的相关规定，将金界壕遗址（黑龙江段）的保护区划分为保护范围和建设控制地带2个级别：保护范围以保护文物安全为主，建设控制地带以保护文物环境为主，控制周边环境风貌和保护景观视廊，控制人类建设不向文物所在方向发展。

↓　金界壕遗址区位图

2.保护措施制定

根据金界壕遗址（黑龙江段）自身特点以及现状评估和破坏因素分析，遵照"不改变文物原状"和"最小干预"的原则，对保护范围内的文物遗存的现状调查和评估结果，分别制定专项文物保护措施并予以严格实施；对保护范围和建设控制地带的环境进行整治。

3.环境整治措施

环境保护规划是专项规划中比较重要的部分，是分类措施中针对文物环境以及相关环境现状问题进行的详细规划，其目的是保护文物环境不被破坏。整治金界壕遗址（黑龙江段）保护范围与建设控制地带内影响文物安全的因素；整治金界壕遗址（黑龙江段）保护范围与建设控制地带内所有不符合遗产文化价值的不和谐景观

因素，提高整体和谐性；力争文物环境符合文物遗存的历史环境状态，配备环保设施，提前预防垃圾污染。

（三）文物与环境构成

根据金界壕遗址（黑龙江段）的价值与特点，将与金界壕遗址（黑龙江段）有直接关联的界壕、边堡、烽火台、边关隘口、大型古城、已出土的文物及地下埋藏的遗迹、遗物等划分为文物遗存，将与金界壕遗址（黑龙江段）无直接关联的黑龙江段的山体水系、自然植被、周边遗迹、自然景观、非文物建筑、现代坟、道路、耕地、基础设施等自然环境和人文环境构成的村落建成区环境划分为文物环境。

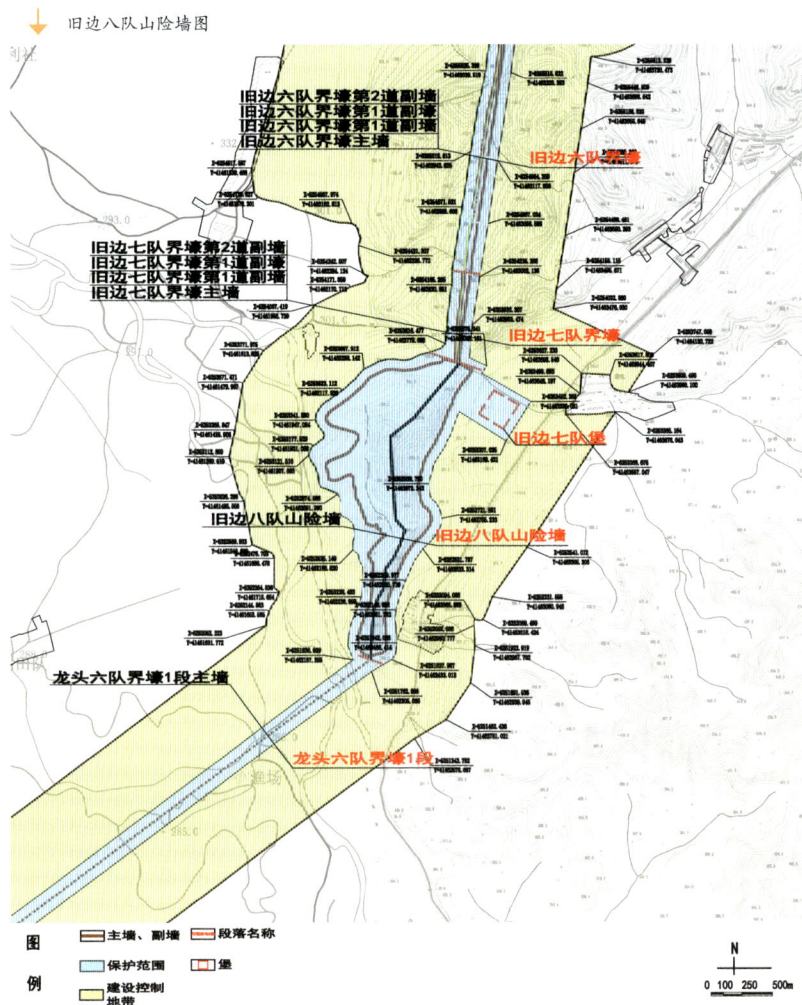

旧边八队山险墙图

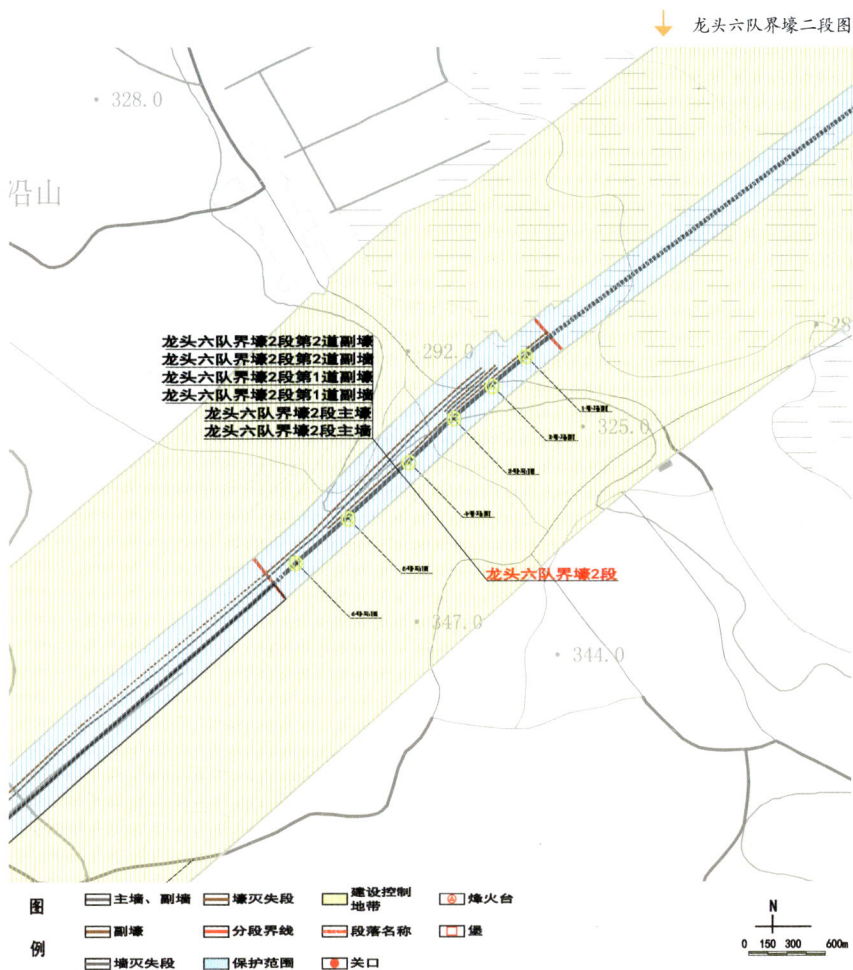

龙头六队界壕二段图

文物构成图

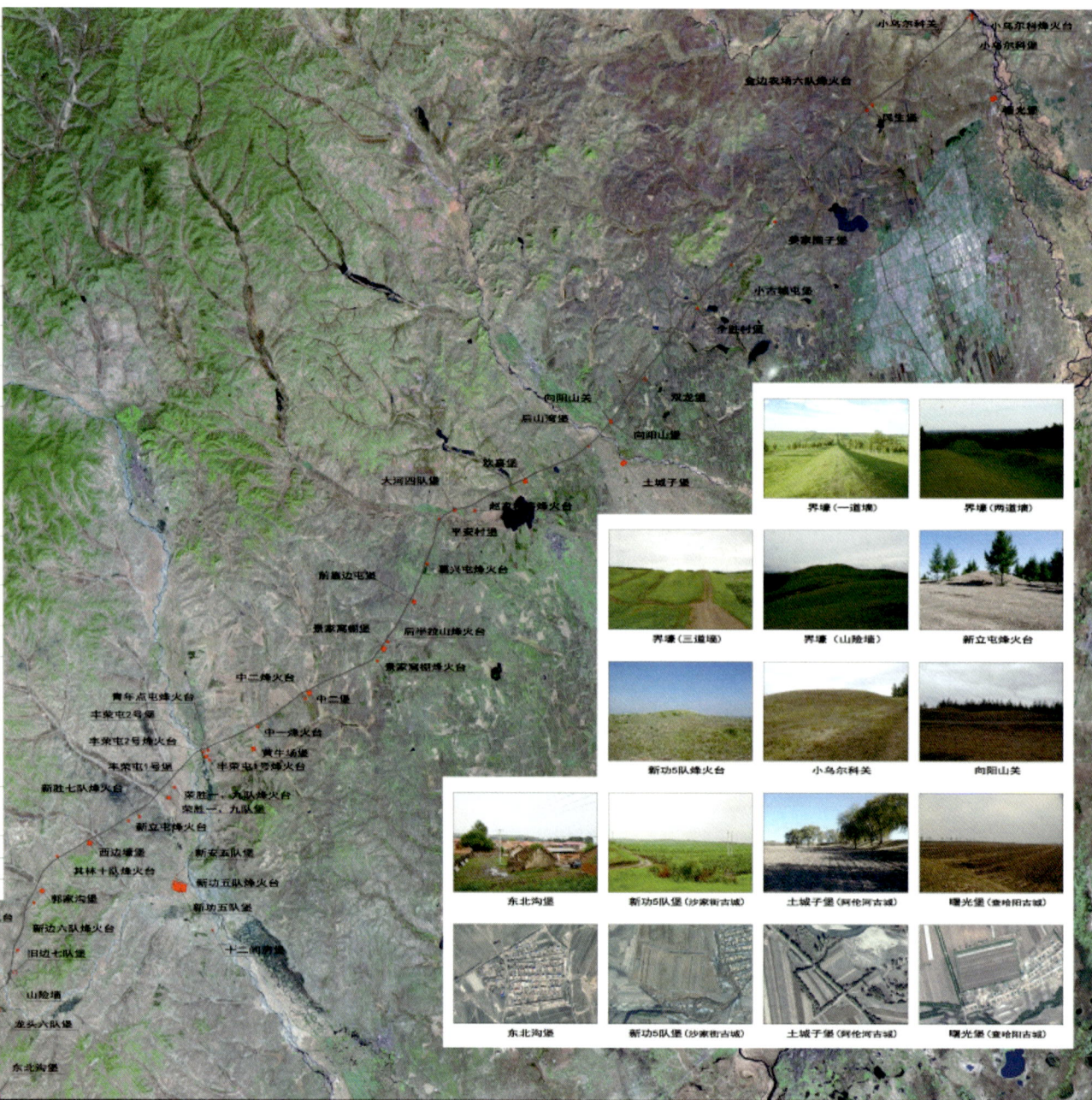

界壕（一道壕）　　界壕（两道壕）

界壕（三道壕）　　界壕（山险墙）　　新立屯烽火台

新功5队烽火台　　小乌尔科关　　向阳山关

东北沟堡　　新功5队堡（沙家街古城）　　土城子堡（阿伦河古城）　　曙光堡（查哈阳古城）

东北沟堡　　新功5队堡（沙家街古城）　　土城子堡（阿伦河古城）　　曙光堡（查哈阳古城）

文物构成图

图例

界壕　　　烽火台

边堡　　　关口

灭失边堡

N

0　5000 10000　　20000

四、规划创新

1.坚持价值导向、整体保护原则

根据金界壕遗址的特征要素（包括防御设施、相关遗存及背景环境所反映的建筑形制、空间布局、使用功能、材料工艺和地形地貌等）以及各类要素存在内在的、系统性价值关联，明确规划范围内各类要素对金界壕本体的支撑角度与特性，建立文化遗产局部与整体的价值关联。

2.坚持最小干预、原状保护原则

金界壕遗址（黑龙江段）长期受到各类自然与人为因素的影响，呈现为以遗址形态为主的各类遗存，蕴含了丰富的历史信息。规划妥善保护金界壕遗址沧桑古朴的历史遗迹，规划措施明确抵制重建或借保护名义新建的做法，并避免过度修缮，真实、完整地保存金界壕遗址承载的各类历史信息。

3.坚持突出重点、分布推进原则

金界壕遗址属于超大型文化遗产，遗存规模巨大，保存环境多样，保护需求差异较大，保护任务极为繁重。规划在整体保护的目标下，针对保护管理压力的轻重缓急，实事求是地制定分期实施计划，以提升规划措施有效性和可操作性。

4.坚持依法管理、加强协调原则

文化遗产的保护管理涉及各级政府中的文物、文化、国土、环保、住建、交通、规划、农业、林业、旅游等若干部门和诸多利益相关方，规划措施依托各类现行法律法规，注重文物保护规划与遗址所在地各类相关规划的协调与衔接，依法加强各相关部门的实施管理能力。

5.坚持社会效益、合理利用原则

以文物保护为前提，坚持社会效益为主，生态环境优先。规划提出应大力开展长城遗产保护的全民教育，促使遗产沿线的经济社会发展与文化遗产保护形成相辅相成的关系，实现合理利用。

五、实施情况

本次规划以《长城保护规划编制导则（试行）》为蓝本，将依法纳入《长城保护总体规划》中，旨在建立全国长城保护总体框架，落实"整体保护"策略，从整体层面认定中国境内历代长城的整体价值，并与国家文化资源发展战略、社会需求等大背景相结合。

本次保护规划设计成果将成为金界壕遗址（黑龙江段）各类专项规划的重要指导文件，并将继续指导金界壕遗址本体修缮设计，加强对遗址本体保护及合理利用的管控与引导，以指导不同层面的保护规划工作开展。

哈尔滨市学府路沿线地区城市设计

编制单位：哈尔滨工业大学城市规划设计研究院
编制人员：郭嵘、苏万庆、邹志翀、李盛、卞贺、崔禹、薛睿、崔彦权、高野、黄梦石、白玉静、赵婧、宋晓雅、谷梦婷、武彤
编制时间：2015年
获奖等级：二等奖

一、规划背景

（一）学府路概况

学府路居于城市建成区南部，北与大直街相连，南与京哈高速公路相接，是哈尔滨市（主城区）中心至南部出城口的城市快速路，由哈尔滨进入京哈高速公路的前奏，在城市担负着重要的交通任务。

学府路是哈尔滨市的主要交通性干道，属于哈尔滨城市传统轴线——南岗十字轴线的重要组成部分，是哈尔滨市空间骨架之一。

（二）现状交通分析

学府路既是重要对外交通性干道，又是重要的生活性干道。根据现场多次的交通调查，凯德广场、服装城、医大二院、哈达批发市场、哈南地铁站终点这五个节点处交通量大，为学府路上的主要交通冲突点。

主要节点处的现状停车位数量不足，导致违章停车，这对交通有较大影响。

（三）现状开放空间分析

学府路沿线有大量的绿地。但以内部附属绿地与城市景观绿地为主，只有一处正在建设的城市休闲绿地。内部附属绿地主要分布在学府路两侧的校园与住区内，质量良好，但是可进入性差，利用率低。城市景观绿地主要分布在铁路两侧和三环桥与出城口沿线，呈带状。

学府路沿线缺乏开放空间，且景观性差，缺少美感。

二、规划构思

（一）规划用地分析

规划三环桥以北以教育科研、商业、居住为主，延续学府路的传统功能，三环桥以南逐步向工业、物流用地过渡，形成现代产业园区。

学府路地区用地主要包括教育科研用地、居住用地、商业设施用地、商务设施用地、行政办公用地、物流仓储用地、交通枢纽用地、绿地、工业用地等。

（二）规划结构分析

通过对学府路历史文化沿革、上位规划定位，及两侧现有建筑功能、形态和风格的研究，将学府路分为两片五区，依据区段进行风格定位设计，形成"一轴两片

五区六心"的规划结构。

"一轴"——城市发展重要轴线，本次设计以学府路为中轴线展开。

"两片"——学府路传统风貌片区和朝阳现代产业风貌片区。

"五区"——现代商业服务区、高等教育服务区、医疗服务区、批发商业服务区、物流产业区。

"六心"——凯德广场节点、服装城节点、医大二院节点、哈达批发市场节点、哈南地铁站节点、京哈出城口节点。

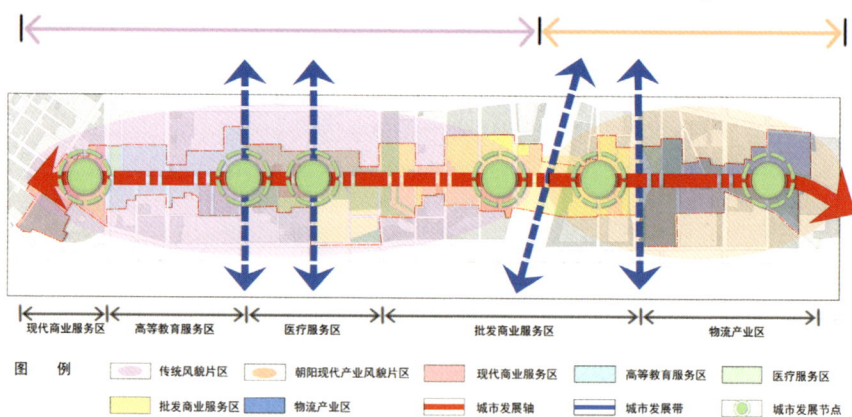

规划结构分析图

（三）活力提升分析

强化街区商住融合，又相对自成体系。以商业、医疗、教育、物流服务为切入点，以服务功能的多样性和完善性为支撑，以点带面、以商业、医疗等服务带动住区的活力，实现街区的活力提升。

规划功能分析图

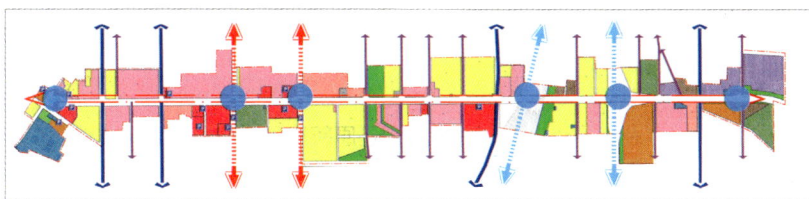

图例　□学府路　■城市主干路　■城市次干路　●交通节点
　　　□新建立交桥　☒规划停车场　□城市重要交通干道

规划交通分析图

（四）规划交通分析

学府路是城市南部的最主要对外交通性道路，根据城市总体规划，未来将打通多条穿越性道路。本次规划打造往返两条公交专用通道，并在"学府四道街"和"保健路"交通集中点，规划两座立交桥，缓解通向火车站和机场的交通流。

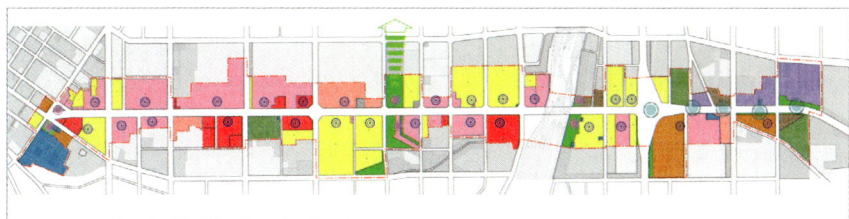

图例　□城市公共绿地（景观）　■城市公共绿地（休闲）　◎内部附属绿地广场

规划开放空间分析图

（五）规划开放空间分析

学府路沿线有大量的地块内部附属绿地，但是缺少城市休闲绿地，且城市景观绿地缺乏美感。本次规划在宁安路与同济路南侧修建两处公园，增加城市的开放空间。并且对沿线的景观绿地进行治理，在三环桥南侧增加雕塑，美化学府路沿线景观。

（六）建筑风格发展分析

学府路沿线建筑，遵循学府路传统风貌和朝阳现代产业风貌两大风貌片区建筑风格的发展方向，分三段进行控制。

老城区：继承中创新，以中式和新折中主义等风格为主，继续传承学府区的文化气息和底蕴，注意对原有格局和城市肌理的保护。

图例　■老城区　■背景区　■特色区　▨特色建筑风貌节点

建筑风格发展分析图

背景区：以现代风格为主体，建筑立面和细部运用学府路地区传统建筑符号修饰，形式宜简洁，突出地域特色和时代气息。

特色区：轮廓突出，高层造型简约，底部丰富。

■ 三、规划主要内容

（一）凯德广场

1.区位分析

凯德广场节点重点改造地块位于自兴街与康宁路交口南侧，原哈尔滨盛龙水表有限责任公司和哈尔滨供排水有限责任公司附属绿地位置。该节点西临哈尔滨供排水有限责任公司，东临凯德广场，南临居住区。该节点是学府路沿线重要商业设施服务中心，同时也是重要的交通节点，是哈尔滨现代商住发展模式示范区。

2.现状分析

凯德广场门前地铁口处人流拥堵、混杂，缺少交通管制；原哈尔滨盛龙水表有限责任公司的功能已阻碍该节点地区的发展，公司内建筑质量较差，多为1-2层红砖建筑，破败景象已严重影响城市形象。

3.规划策略分析

引导静态交通向"背街面"发展，借助商业开发的契机，新增1000余位停车位，并设置地下通道与凯德广场联系；在凯德广场东北新建一栋停车楼，已解决周边的停车问题；将凯德广场南部的棚户区拆除，建成绿地与商混住宅区；凯德广场西部新建一处商业综合体用于商业零售业服务或停车设施服务。

哈尔滨市学府路沿线地区城市设计

4.规划方案分析

规划新建大型商业综合体，打通综合体和凯德广场之间的地下通道，将凯德广场人流导入新建商业综合体中，缓解凯德广场学府路街面的人流压力，完善凯德广场节点商业服务设施；规划将市供排水公司内的附属绿地改建为开放式的公园绿地，满足周边群众休闲娱乐需求；规划在学府路和延兴路交口建设一座环形天桥，解决该节点人车混行问题的同时形成区域景观标志物。

（二）服装城

1.区位分析

服装城节点位于学府路与中兴大道交口，本次设计重点包括3个地块，即服装城地块、档案馆、市图地块和黑大宿舍楼地块。该节点是哈尔滨市的重要批发零售中心，是城市重要的生活性节点。

2.现状分析

服装城作为城市的批发零售中心、城市重要的生活性节点，地下停车场出入口与公共空间周围聚集了许多小型商业活动，商家占用门前人行道卸货现象严重，购物人行交通、货运交通、车行交通等混杂交错，冲突严重，同时停车位严重不足。虽设有人行天桥，但其利用率低，行人穿越机动车道现象严重。

3.规划策略分析

引导货运交通向"背街面"发展，将档案馆和市图拆除，新建商业综合体，并结合地下空间设置地下停车场，分担服装城地区静态交通压力；服装城建筑群内部、服装城建筑群与新建商业综合体建筑之间，利用连廊相连，地面或地下组织运货，形成立体交通网络，使购物人行交通与底层货运交通分离；新建商业综合体，增设餐饮、休息、金融、娱乐等商业设施，并重置个别建筑的建筑功能，使服装城地区业态均衡发展。

4.规划方案分析

服装城地区方案以疏导人流、车流、物流交通为主，规划将档案馆、市图拆除、新建商业综合体，并在市图地块裙房顶部建设58层酒店公寓，形成区域制高点。新建2处地下停车场和2处立交桥下的机动车停车场，将普通机动车流线疏导至区域外围，并将货运交通引入至服装城地区的背街面，实现人车分流；拆除黑大3层宿舍楼，并新建两栋高层宿舍楼，建筑2层裙房辅以小型商业服务设施，地下1层设有200位地下停车场。

服装城地区方案以疏导人流、车流、物流交通为主，地铁站、公交站是服装城人流较为密集的区域，规划将地铁口、公交站人流引导至三层平台，通过三层平台的公共空间，将人流疏导至各个商业建筑内，旨在缓解地面一层交通压力，同时带动人流稀疏地区的经济活力。

（三）医大二院

1.区位分析

医大二院节点重点改造三个地块，分别是原新华印刷厂地块、医科大学学府路与保健路交叉口地块及哈药总厂。该节点北临军队设施用地，西临枫蓝国际居住区、东临医科大学、南临满客隆超市和医大二院。是哈尔滨市的重要医疗服务中心、高等教育服务中心。

2.现状分析

医大二院门前地铁口处人流拥堵、混杂，缺少交通管制；加之医大二院南侧道路为通往机场的保健路，外来交通的干扰使此处路面交通更加拥堵，停车位不足。新华印刷厂严重影响周边居民的生活环境质量；部队医院楼，建筑质量较差；部队医院东侧为商业裙房，建筑质量较差。

3.规划策略分析

将原新华印刷厂改建为商住混合小区，沿学府路和复旦路设置商业服务设施，包括酒店、购物中心、大型超市、健身中心等。将学府路与复旦路交口东北侧街角地块改建为接待服务中心，配有酒店、商业服务等功能，并为未来地铁换乘预留小型的绿地广场，重新组织公交停靠站。将哈药改建为住宅小区，在学府路和复旦路交口设置商业设施集中服务区。粉刷医大二院第十住院部。

4.规划方案分析

规划拆迁新华印刷厂，保留质量较好的工业建筑，根据其体量不同改建为体育会馆等功能，新建小区位于地块西北部，东部、南部为商业服务街区。规划拆除医科大学宿舍和家属楼2处，同时新建宿舍楼4栋，教学楼1栋。

（四）哈南出城口

1.区位分析

哈南出城口节点重点设计南北两个地块，北地块位于学府路与前宏路交口北侧，南地块位于学府路与通江路交口西北角，现状用地性质包括物流仓储用地、防护绿地、一类工业用地、商务设施用地等。该节点东侧的通江路是通往平房区的重要交通干道，南侧紧邻城市南部出城口，是城市重要门户区域。

2.现状分析

哈南出城口节点整体沿街绿地不足，沿街商业建筑风格、标牌风格总体不协调，石材厂建筑质量较差；学府路与同江路交口处有一片小型商业建筑，建筑质量较差。

3.规划策略分析

地段的北部用来开发物流和仓储服务业；地段的中部用地开发住区；沿街重新

设计沿街绿化，使其更加美观，符合哈市的城市主题；并在街角处设置小型绿地，增设城市主题雕塑；重新设计更具哈市特色的南大门（京哈高速、出城口）。

4.规划方案分析

规划拆除先锋石材厂和哈尔滨赛尚美发学校，保留赛尚美发学校内质量较好的办公建筑。利用拆除用地新建一处物流园。该物流园延续学府路沿线绿地景观，规划在学府路东侧形成20米宽带状景观绿地，同时利用地块南部的街角空间形成景观节点，丰富城市南部出城口景观的同时，满足周边居民开放空间的需求。规划物流园内包括仓储、办公楼等设施。

■ 四、规划特点

（一）诊问题、定原则（项目分析）

1.城市活力提升原则

（1）挖掘公共空间：在重要节点、居住区、高压走廊等区域挖掘具有休闲、健身功能的绿地广场，增加公共活力空间。

（2）打造地铁经济：充分利用地铁的便捷性，增建高档居住、商业及公共服务设施，汇集人流及财富，造福于民。

（3）置换低效用地：对经济效益差、高污染的企业进行用地置换，引进新的开发项目，并强调用地功能的复合性。

（4）强化历史文脉：新建项目要对学府路原有的休闲、教育、医疗、零售等公共服务功能区进行支撑，使其更加完善。

2.城市交通疏导原则

（1）"背街"好停车：在大型城市商业节点（如凯德广场、服装城等），将大量静态交通引入辅街，"背街"好停车，缓解学府路交通性干道的压力。

（2）垂直停车：用高容量的停车楼代替传统的地面停车场，提高单位面积的提车率。

（3）重要节点的社会停车服务：大型城市商业节点周边的"新开发"，必须提供一定数量的社会停车位。

（4）跨区域快速交通：疏导跨越学府路的交通系统，在车流密集区增设立体交通。

（5）步行优先原则：在重要交通节点形成完善的步行体系及过街设施。

3.城市形象营造原则

（1）拆：将现状违章、质量较差的建筑进行拆除。

（2）改：对质量较好但立面风格混乱、无章的建筑进行立面改造。

（3）破：协调群体关系，突破平顶建筑群，营造标志性。

（4）增：在立交桥匝道、出城口绿地、重要街旁绿地等地区，设置符合城市特征气质的公共艺术雕塑及环境小品设施，提升城市形象。

（5）睛：改变出城口收费站的形式，使其体现东方莫斯科的独特气质，画龙点睛。

（二）理秩序、找项目（深入调查）

在规划范围内，共有开发地块13个，总计拆除建筑基底面积约33公顷，得到用地面积约73公顷。进行立面改造的建筑有23处，并对服装城地块进行整体改造。共拆除棚户区10处。拆除建筑基底面积约7.4公顷，得到用地面积约11.8公顷。

（三）提条件、创形象（城市设计）

以"六点一线"为切入点，形成解决学府路沿线地区发展问题的城市设计模式。

六点：凯德广场、服装城等六处节点。依托节点所在的宏观区位环境和现状条件，进行整体设计开发。

一线：节点之间的线性空间。通过对街道断面形式的优化，解决线性空间现状问题。

■ 五、规划实施

目前学府路沿线的服装城节点等局部地区（如服装城建筑）完成了建筑立面改造工程，医大二院节点等局部地区（电影机械厂）已完成了拆除工程。

黑龙江师范大学校园规划设计

编制单位：哈尔滨工业大学城市规划设计研究院
编制人员：张昊哲、杨家宝、王清恋、于音、左晖、徐亚彩、赵志庆、马和、夏子康、杨灵、柏荣鑫、姜健、王雪、刘畅、王作为
编制时间：2015年
获奖等级：二等奖

一、规划背景

黑龙江师范大学校园规划设计受牡丹江师范学院委托，现牡丹江师范学院计划更名为黑龙江师范大学，因此本次规划设计项目名称为黑龙江师范大学校园规划设计。牡丹江师范学院始建于1985年，学校坐落在国家级优秀旅游城市——风景秀丽的牡丹江市，南邻文化街，北靠西地明街，西侧为西居路，东侧为东直路。学校发展至今已成为黑龙江省东南部地区规模最大、综合实力最强的省属本科院校，是黑龙江省区域基础教育研究、应用创新人才培养、对俄商贸人才培育、高级技能人才培训的核心基地。其地理位置优越，文化氛围浓厚。

黑龙江师范大学新校区实训基地位于距牡丹江市约150公里的绥芬河市西侧。绥芬河位于黑龙江省东南部。绥芬河是一座风光秀丽的边境山城，东与俄罗斯滨海边疆区接壤，边境线长27公里，辖区面积460平方公里绥芬河是东北铁路主干线滨绥线和国家二级公路301国道、绥满高速的起点，有1条铁路、2条公路与俄罗斯相通，每天有多次列车和汽车来往于国内外。交通条件发达。同时，绥芬河是中外陆海联运的重要结点，是中国东北地区参与国际分工与合作的重要"窗口"和"桥梁"。

绥芬河市处于东北亚经济圈的中心地带，是中国通往日本海的陆路贸易口岸之一。绥芬河既是中国东北地区对外开放，参与国际分工的重要窗口和桥梁，也是承接我国振兴东北和俄罗斯开发远东两大战略的重要节点城市，被誉为连接东北亚和走向亚太地区的"黄金通道"，极具地理优势。

在上述背景下，为积极与有序推动黑龙江师范大学新校区实训基地项目进程，绥芬河市政府、牡丹江师范大学与哈工大城市规划设计研究院共同开展并完成了本次《黑龙江师范大学规划设计》研究和编制工作。

二、规划构思

从城市发展的角度出发，立足城市区域层面需要，本项目提出以大学为驱动因素从而带动区域协同发展为目标。积极创造大学与绥芬河市的功能互动关系、大学与率宾新城的功能互动关系。同时校园内部规划设计以老校区改造为辅，新建校区规划为主。新建校区规划设计时结合设计场地及学校的建设需求出发，校园整体规划布局采用组团单元模式。

↓ 指导思路图

↓ 项目区位图

↓ 指导方式图

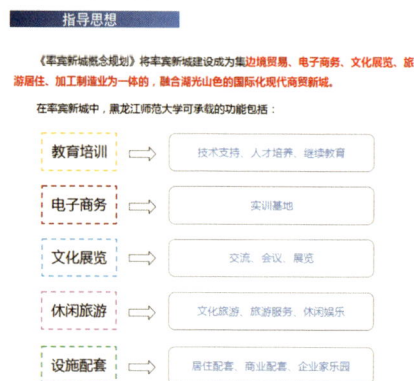

↓ 指导思想图

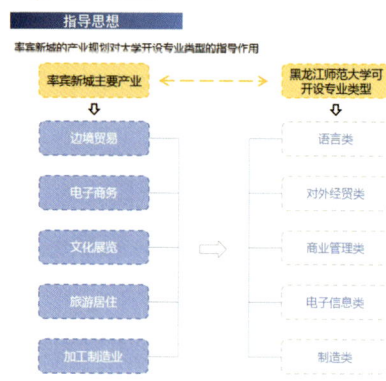

三、规划主要内容

根据上述考虑，本次校园规划设计工作在城市总体规划指导下进行了相应的研究。在对项目背景进行分析后，开展对黑龙江师范大学的规划设计，其中规划设计主要内容包括：

（一）新老校区功能定位：

老校区的升级改造定位以提升校园空间环境为目标；新校区基地建设定位是打造国际化、开放式、对外商贸类（语言类）、国家级创业就业能力培训基地。

（二）老校区升级改造：

坚持以人为本的原则，以环境景观塑造为主，突出校园景点文化特色，创造适宜的环境设施，满足学生需要的空间环境，体现可持续发展的理念。

（三）新校区规划设计：

1.新校区指标体系的确定：
根据我国大学规划建设所采用的指标体系确定合理指标，以期建设达到集约有序发展。

2.生态绿核延续：
保留现状水系作为周边生态环境的基础，通过水系的打造，结合已规划的休闲

广场、景观绿化等渗透到三个教学单元环境景观空间。

在交通组织上，校园主环路连接各个功能组团，缩短单位步行距离，核心区滨湖景观路较好地串联各个节点。

3.多样性校园社区：
采取开放式规划，创造校园与城市共享区。

4.国际化教学特色：
将"走国际化道路，创百年教育品牌"确定为办学理念，并不断加强国际交流与合作，根据学生发展的需求，开拓新的国际化课程及项目。

↑ 规划理念图

模式	集中式	线性式	组团式	综合式
特征	集中式校园空间模式一般都有一个明确的核心，由此向四周扩展	整体校园以一条清晰明确的径向轴线所控制	有一定功能关联的建筑群体布局往往集中成组团状，不同的组团通过一定方式的组合最终构成校园的整体形态	形态具有一定的复杂性，部分集中式、多线性组合式、组团与线性组合式、自组织的聚合方式等等，都归为校园的综合模式
优点	校园结构体系十分清晰，具有较强的凝聚力和领域感	空间序列明确	整个校园节奏有张有弛，收放有致，便于分期开发	无论从功能的适应性，还是空间形态的创造性上，都有更大的优势，更能满足校园建设的多种需求
示意图				

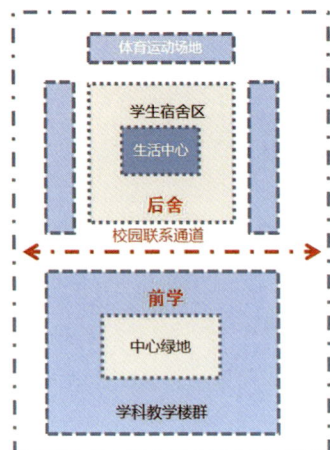

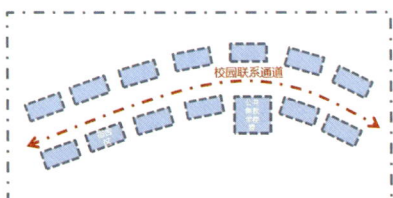 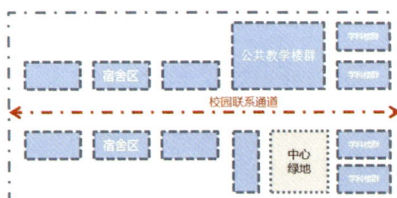 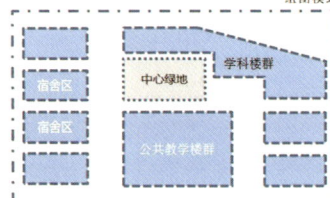

线性模式 　　综合模式 　　集中模式

校园功能组合模式图

图例
1 经贸类实训中心
2 法律实物、金融实务区
3 国际贸易实训区
4 旅游管理实训区
5 信息技术实训区
6 企业管理实训区
7 会计结算实训区
8 礼堂
9 师生活动中心
10 学习广场
11 休闲木栈道
12 学生宿舍区
13 餐饮中心
14 活动中心
15 日语培训区
16 韩语培训区
17 俄语培训区
18 对外汉语培训区
19 中俄学院
20 语言类实训中心
21 附属用房
22 校医院
23 大学生创业中心
24 钟楼
25 博物馆
26 冰上运动中心
27 艺术创作与展示中心
28 监测中心
29 教师技能培训中心
30 国际文化交流中心
31 龙舟训练区
32 商业码头
33 商业街
34 专家公寓
35 冰上训练基地（冬季）
36 文化绿廊
37 种植实训实验区
38 学生团体活动场地
39 休憩花园
40 花卉观赏区
41 沙滩活动场
42 垂钓中心
43 团队活动场地

规划总平面图

四、规划特点

同时，此次规划在以下几方面提出创新尝试，以期让规划成果更加具有前沿性、理论性及实用性：

（一）创新设计理念

以灵动绿脉，城市互通为核心理念。

（二）灵活的空间布局

以率宾湖为核心沿周边布置开放公共建筑空间，向湖边两侧地块扩展，结合教学协调单元进行整个地块的建设布局。

1.采用弹性空间的教学单元模式：

规划设计以核心放射布局方式，以中心水面景观和公共建筑空间为核心，通过林荫大道串联，将三个组团式布局的教学协调单元串联起来，从而起到动静结合，使城市配套设施功能与校园资源达到共享的作用，实现以实训为特色的校园功能载体，并使校园成为一个教学实训、生活与休闲的功能中心，形成三心合一的功能体系，对学校未来空间发展予以评估，将各功能空间预留弹性发展空间，并结合分期建设达到集约发展。

2.生态绿核延续：

保留水系作为周边生态环境的基础，通过水系的打造，结合已规划的休闲广场，结合景观绿化渗透到三个教学单元绿化空间。在交通组织上，校园主环路连接各个组团，缩短单位步行距离，核心区滨湖景观路较好地串联各个节点。

3.多样性校园社区：

采取开放式规划，创造校园与城市共享区。

4.国际化教学特色：

将"走国际化道路，创百年教育品牌"确定为办学定位，并不断加强国际交流与合作，根据学生发展的需求，开拓新的国际化课程及项目。

五、实施情况

　　本次黑龙江师范大学校园规划设计项目正处于向黑龙江省教育厅项目申报阶段，虽然规划设计阶段审批手续已完成，但需黑龙江省教育厅批准后方可开展实施工作。

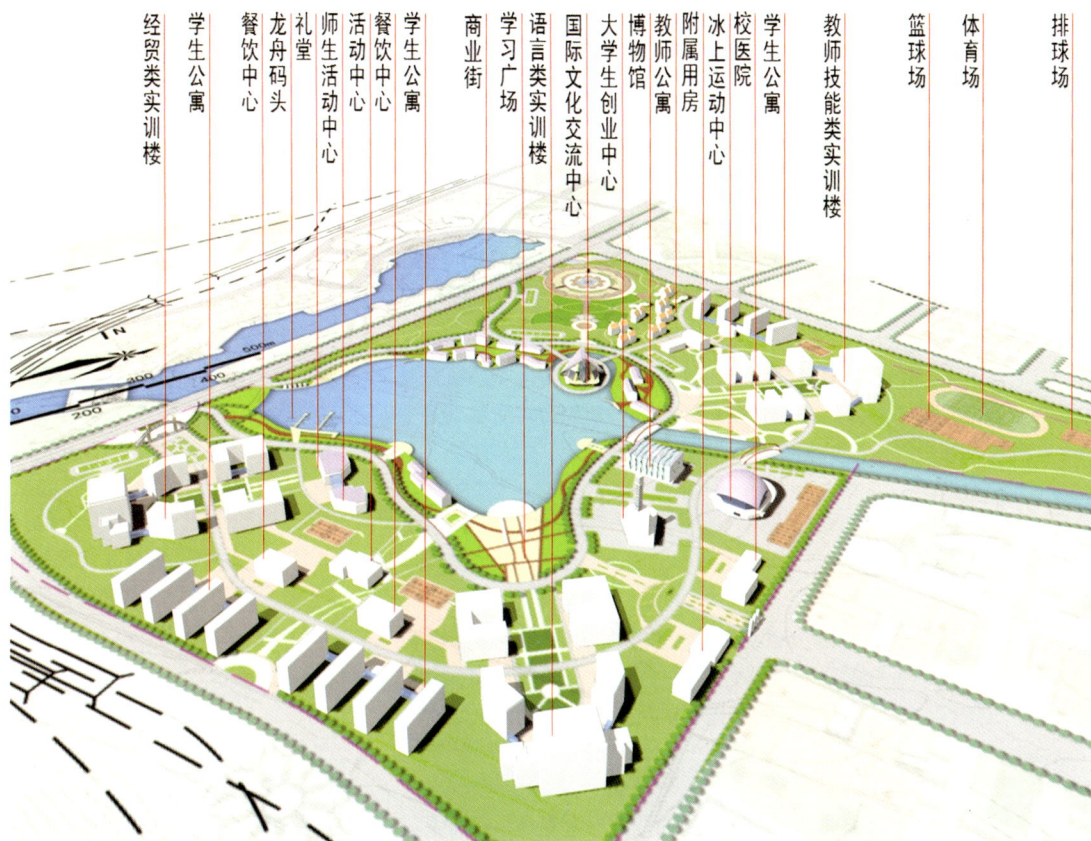

经贸类实训楼　学生公寓　餐饮中心　龙舟码头　礼堂　师生活动中心　活动中心　餐饮中心　学生公寓　商业街　学习广场　语言类实训楼　国际文化交流中心　大学生创业中心　博物馆　教师公寓　附属用房　冰上运动中心　校医院　学生公寓　教师技能类实训楼　篮球场　体育场　排球场

建筑功能标示图 ➡

整体效果图 ➡

858千岛林风景区总体规划设计

编制单位：哈尔滨市城乡规划设计研究院
编制人员：高岩、张建喜、赵志强、赵宁、刘堃婷、杨维菊、于洁、裴莹、刘欢、
　　　　　韦二雄、唐松滨
编制时间：2015年
获奖等级：二等奖

一、规划背景

牡丹江垦局构建东北亚经济圈的核心部分，"一局三场四链五辐射"的兴凯湖经济发展圈。大力发展旅游业是垦局调整产业结构的重要手段，在景区建设、产品开发、要素配置、市场营销、体制创新、人才队伍、融资渠道等各个方面进一步加强和改善，牡丹江农垦总局把858农场旅游融入垦局旅游开发建设体系中。

858农场委托哈尔滨市城乡规划设计研究院进行858千岛林风景区总体规划方案设计，完善858千岛林风景区旅游功能设施，与周边旅游环境产生联动效应。进一步完善景区建设、产品开发、要素配置、市场营销、体制创新、人才队伍、融资渠道等各个方面。

二、规划构思

千岛林作为858农场的形象名片，规划应立足长远，在服务好当地居民的同时，以服务游人、吸引游客为发展目标，力争成为858乃至虎林市又一个高品质旅游景点，促使858真正成为旅游接待的新亮点。

设计围绕"欢乐水、洲、田——家乡的色彩"三大景观元素："水"指风景区湿地内的水体将有效的连接各功能区，打造千岛林风景区的水文化；"洲"指湿地内水体围绕的洲滩是湿地风景区生物多样性保育的重要节点；"田"指湿地内保留

↓ 区域划分图

部分农田，作为858垦荒文化的追念和现代人追求绿色生活的体现。

三、规划主要内容

（一）用地规模

本项目位于858场部南侧，是小穆棱河的中心地段，规划范围占地约8.6平方公里，西起西环路，东至闸口，北起南环路，南到小穆棱河河道中心。

（二）规划目标

全面加强千岛林风景区的利用与保护，维护景区生态系统特性和基本功能，最大限度地发挥它在改善城市生态环境、美化市容、科学研究、科普教育和休闲娱乐等方面所具有的生态、环境和社会效益，有效遏制城市建设中对湿地的不合理利用现象，保证湿地资源可持续利用，实现人与自然的和谐发展。

品质：表现全方位的生活之美，铸造浪漫的生活品质的文化内涵。
自然：对原有的自然景观和生态环境的无限尊重，创造人与自然和谐共存的自然环境。
创意：运用仿自然生态的曲线形式，唤醒人们对河流田野的记忆，营造诗意山海的浪漫气氛。
幻想：结合大众休闲、运动、科普等功能，打造现代、自然、优雅的城市风景区，引导健康的生活模式。

（三）功能分区

千岛林风景区面积庞大，结构复杂，景观变化极大，为了有效得进行功能区划，以便于科学建设，高效管理和有序开发，因此在进行分区规划时，建立了四级分区系统。

区块对应的是根据景区结构体系建立的东中西三区及防护林带。

核心服务区（面积174.88公顷）——以城市休闲为主体的休闲、游览活动。

湿地综合游览区（面积150.06公顷）——利用湿地敏感相对较低的区域，划为生态游览区，开展以湿地为主体的休闲、游览活动。

湿地科普游览区（面积199.36公顷）——重点展示湿地生态系统、生物多样性和湿地自然景观，开展科普宣传和教育活动。

千岛林风景区规划目标图

管理综合服务区	核心服务区	湿地综合游览区	科普游览区	湿地修复保护区
01 停车场　02 游客中心	成人活动区	湿地水乐	昆虫展示区	49 生态研发园　50 生态丛林
03 主入口　04 观景廊	07 水舞台　08 水文化广场	24 鸟岛　25 生态栖息岛	37 蝴蝶之岛　38 昆虫展览馆	
商业中心	09 餐饮服务区　10 码头	26 引鸟塔　27 生态林	鸟类展示区	
05 美食街　06 会议中心	11 垂钓池　12 水上餐厅	28 河间洼地　29 湿地会所	39 观鸟栈道　40 观鸟台	
	13 休闲码头　14 湖滨走廊	30 河漫滩　31 写生垂钓岛	鱼类展示区	
	15 文化长廊　16 管理用房及度假休闲区	湿地植物园	41 听蛙塘　42 观鱼池	
	17 芦塘探幽　18 探索小径	32 浮水植物园　33 观鸟栈道	43 鱼类知识园	
	19 人工沼泽　20 农事采摘	34 河岸森林　35 水稻田	植物展示区	
	儿童活动区	36 湿生植物园	44 水生植物园　45 野萍园	
	21 栈桥游览区　22 沙滩游乐区		46 花卉园	
	23 湿地迷宫		科普教育馆	

　　湿地修复保护区（面积312.8公顷）——具有典型意义的生态系统完整、生物多样性丰富的湿地区域和需要进行生态修复和物种培育的湿地区域（包含湿生区、半淹没区等湿地边缘区）及鸟类繁殖和栖息地。

　　入口及商业管理区（面积18.24公顷）——全区共计六处出入口，其中科研所出口一处，主出入口一处，主要服务于核心服务区。次出入口四处，设置于各交通便利，与各景区距离适宜的地区。

　　防护林缓冲带（面积10.35公顷）——沿着景区规划边界分布，沿边界内缘构建30～50米防护林带。

千岛林风景区鸟瞰图

858千岛林风景区总体规划设计

功能分区图

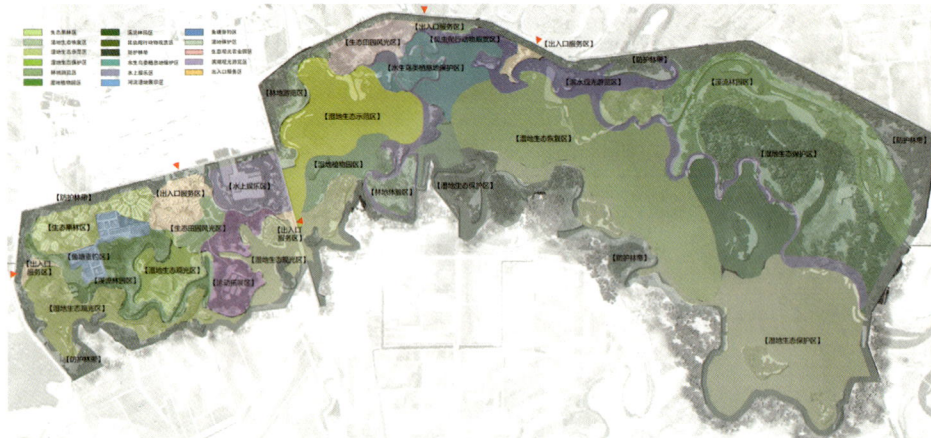
功能分区图

景区入口图

四、规划创新

1.将规划区域的发展理念融入生态保护中

造词将千岛林风景区的建设融入区域生态背景之中，分析和评价其在区域生态中的关键作用，充分发挥千岛林风景区自然、人文特色，将其建设成为富有个性、主题鲜明的旅游休闲景点，成为区域游憩网络中的一个重要节点。

2.对规划区域施行整体保护

保护湿地生态系统的完整性、连通性和稳定性，为湿地生物提供较为丰富的栖息环境。保护历史文化遗迹和乡土文化背景，将其视为湿地的重要组成部分和主要特色景观，对文化景观本身和其所处的自然背景实行整体保护。

3.对规划区域内生态、景观、道路要素资源合理利用，和谐发展

合理利用湿地资源，为游客建立湿地体验的界面，包括休闲游览、科普教育活动、生产体验活动等，充分发挥其文化游憩价值和经济价值。建立完善的游憩体验网络系统，通过游船、自行车道、栈道、田径等多种方式，在湿地生态环境和文化特色保护的基础上，充分体现千岛林风景区的景观特色。

五、实施情况

本次规划方案经虎林市规划局审议通过后，现已完成千岛林景区内游客中心及入口节点的深化设计方案，景区的配套设施正在建设中，并进入工程实施阶段。建立完善了生态停车场、游客中心、供排水设施等，景区档次明显提升。切实丰富了周边居民及市民的需求，提升了858农场场部环境建设水平，力争将该项目打造成全国闻名的4A级景区。

千岛林风景区实施前图片

千岛林风景区实施后图片

千岛林游客服务中心鸟瞰图

大庆西站站前地区城市设计

编制单位：大庆市规划建筑设计研究院
编制人员：戴世智、李罕哲、盛江、葛明、许娜、王薇、朱广娟、韩树伟、刘佳、
　　　　　柴兴楠、敖雷、李春亮、张晓晨、张涛、高明月
编制时间：2015年
获奖等级：二等奖

■ 一、规划背景

随着大庆铁路客运西站投入使用，站前地区原有工业项目按市政府"退二进三"的总体要求已陆续外迁完成，西站地区已成为大庆市城市开发热点区域，为有效管控该区域城市开发建设，塑造城市特色，市规划局组织编制了该地区的城市设计。

■ 二、规划构思

本次设计通过解决以下五方面核心问题，来有效地指导站前地区城市建设。
第一，策划核心区核心项目，激发地区活力；
第二，体现土地使用兼容性和灵活性的具体策略；
第三，地下空间综合利用；
第四，总体风貌特色定位，制定天际线特征、建筑风格和景观特色的实施策略；
第五，街道空间城市设计。

■ 三、规划主要内容

（一）用地规模

该地区位于让胡路区北部，滨洲铁路南侧。城市范围北起西杨路，南至西槐路、东起西柳街，西至中央大街，总用地217公顷。

（二）规划理念

交通高效，TOD模式，功能多元，用地混合，生态和谐。

（三）功能定位

以商务办公、总部经济、大型综合体等公共服务设施打造核心圈层；紧靠核心圈层增加商住综合、大宗物流、专业市场等用地；外围规划居住用地，完善生产和生活服务职能。

（四）空间结构

西站站前地区采用"一轴、三核，两廊、三圈层"，突出商业"T"字发展轴线。

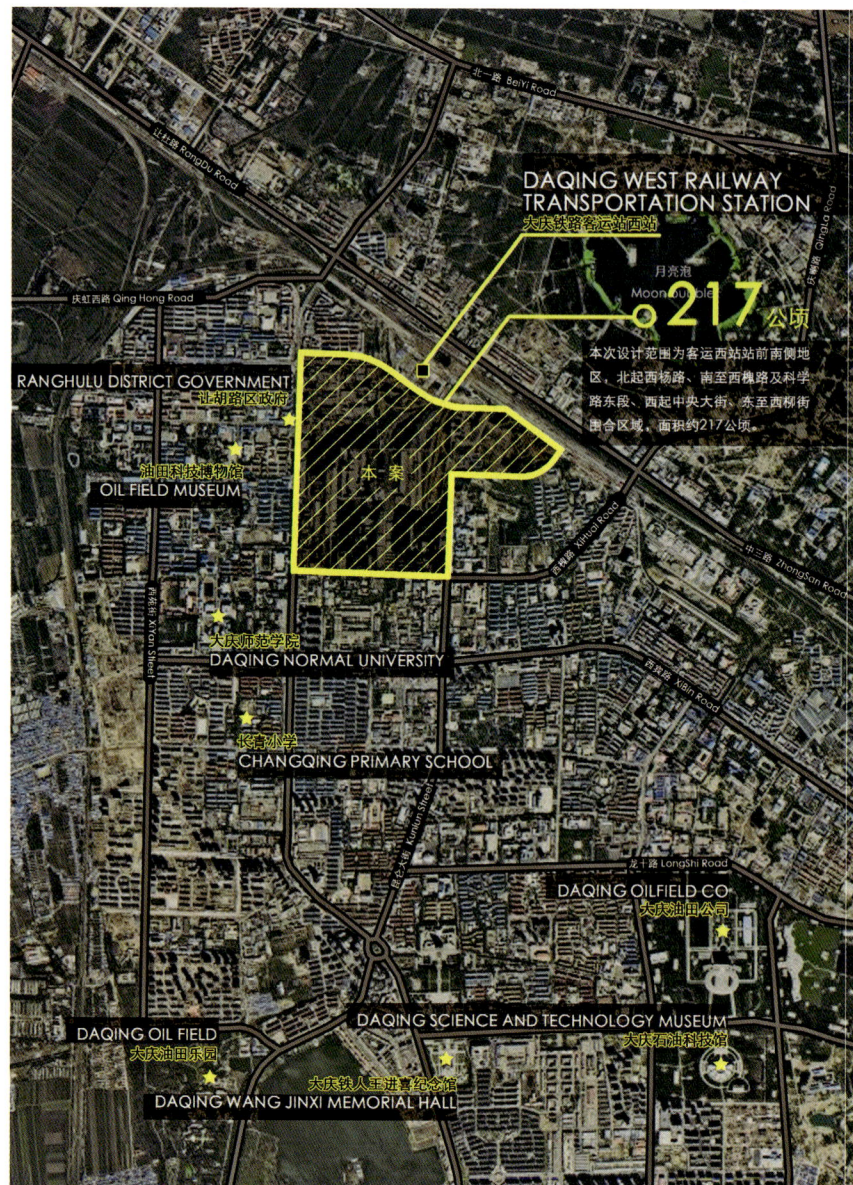
区位分析图

四、规划创新

围绕五大核心议题，本次设计从以下六个方面展示设计构想和愿景。

（一）汇集人气，激发活力

在站前核心区，策划商贸综合体、体验式商业综合体和站前商务区三大项目，以凝聚人气，启动站前区开发进程。项目一，商贸综合体，位于中央绿带以东，西杨路以南，铁路沿线一带，主要业态包括专业批发市场、仓储式超市、宜家式的家居超市等。紧邻西站且交通可达性高，发展物流集散业具有先天优势。项目二，体验式商业综合体，位于站前核心区东部，纵跨两个街区。

主题为："生态文明·后石油时代的思考"；项目包括：品牌主力店、精品购物街、生态秀场、主题公寓、精品酒店、四季花园、空中餐馆等。项目三，站前商务区，位于站前核心区中央绿带以西。借鉴国内外站前区域的成功案例，遵循控规定位要求，将此区定义为新兴的商务核心区，功能包括：企业总部、度假酒店、商务办公、文化休闲街等。

（二）灵活的开发单元

应对瞬息万变的市场经济，提高土地使用灵活性，提出"开发单元"概念，主要体现在站前商务区和中央商住混合街区。将街区划分成大小适宜的用地单元；以50×50和25×50两个模数为参照，前者为商场最小合理尺寸，后者为中等商业最小合理尺寸；单元间通过步行街、广场和景观连接；每个单元的尺寸保证未来功能弹性可变；单元既可独立也可联合开发，但须保证公共空间的连续性和完整性。

（三）统筹规划的地下空间

首先，合理利用中央绿带和其他公共绿地的地下空间，扩展地下停车区域，以适应地区未来发展。其次，地下商业与停车统一考虑，整体规划。核心区地下一层具有商业潜力，尽量将此处停车空间置于地下二层，并妥善处理两者的竖向联系。最后，各街区地下空间应适当联通，提高空间使用效率。

（四）特色鲜明的活力轴心

在中央绿带上，自南向北贯穿一条蜿蜒的水系，作为景观主轴，象征大庆发展

的时光之路。轴线上自南而北以四个景观节点展现大庆地域发展的四阶段：节点一，大地之灵，命名为：时光之路之"足迹·远古"；节点二，大地之脊，命为：时光之路之"足迹·安居"；节点三，大地之血，名为：时光之路之"足迹·兴邦"；节点四，大地之眼，象征转型时期的发展，是景观轴线中的高潮，更是本设计的亮点所在。

规划结构分析图

图例

站前商务区 Station business district	商住混合街区 Residential & commercial hybrid block	学校 The school
站前体验式商业区 Station experiential business district	中心公园 Central park	步行系统 Walking system
站前商贸区 Station commercial districts	居住街区 Residential district	林荫大道 The boulevard

大庆西站站前地区城市设计

（五）体现地域精神的建筑风格

西站地区总体建筑风格可概括为：新地域主义。意为：以总体城市设计中确定的现代风格为基调；摒弃时尚酷炫、不符合本地气候特征的建筑形式；塑造简洁、典雅，富有时代感的理性主义现代风格；同时，通过颜色、立面肌理、细部装饰等建筑要素，体现地方文脉特征，展现本地建筑精致、优雅的一面。

（六）美丽的街道空间

对于街道空间是本次设计重点塑造的公共空间要素，针对不同级别的道路，提出不同的空间界面设计构想。

城市主干道：公共性街区限制车行开口，以建筑界面为主，绿化界面为辅形成街道边界，街区步行空间结合绿化景观建设；商住混合的半公共性街区限制车行开口，建筑、绿化相融合，界定出灵活街道空间，强调街区公共空间与街道空间的积极互动；居住街区禁止车行开口，沿街形成绿化为主，建筑为辅的空间界面。

城市次干道及支路：公共性街区不限制车行开口，以连续建筑界面界定街道空间，通过步行空间形成灵活的街道空间表情；商住混合的半公共性街区不限制车行开口，形成建筑与绿化相结合的街道界面，通过步行空间加强街道空间界面的连续性；居住街区合理设置车行入口，形成建筑与绿化相结合的街道界面，在适宜路段，沿街设置点状商业，与住宅穿插布置，避免形成连续冗长的纯商业或纯住宅界面。

整体鸟瞰图

五、实施情况

目前，大庆西站站前地区城市设计已编制完成，作为市重点项目，已较好地指导了西站站前地区的城市开发和建设，如大庆西客站站房工程建设、站前南广场工程建设、匝道桥工程建设、宁安街和西柳街城市主干路工程建设以及大庆市城市投资开发公司计划建设的站前居住小区等。同时，西站地区的其他项目也正按城市设计所划定的功能区域和市政府的总体开发要求有序稳定地推进。本次城市设计致力于在该地区打造有活力，更有凝聚力，兼顾传承与创新，面向未来服务大庆的城市新形象，开启城市可持续发展的崭新篇章。

大地之眼效果图

大地之血效果图

夜景鸟瞰图

大庆市城市生物物种多样性保护规划

编制单位：大庆市规划建筑设计研究院
编制人员：盛江、刘佳、裴晓红、曹晓谦、史春华、韩树伟、周景丽、董铭、高祥利、
　　　　　姜海燕、王宏志、齐超、柴兴楠、敖雷、石磊
编制时间：2015年
获奖等级：二等奖

一、规划背景

在创建"国家园林城市"的要求中，其中一个重要的内容就是充分利用城市中有限的绿地空间，最大限度地进行植物多样性保护及其开发利用，以实现城市建设可持续发展，实现人与自然、城市与自然和谐共存。

大庆市是一个资源型城市，加快大庆市绿化建设，保护好自然和人文景观，维护良好的自然生态环境，对于大庆市的经济建设和对外开放具有重大的影响。

目前，大庆市的城市绿化已经基本满足"国家园林城市"的要求，尤其是在建成区内城市绿化覆盖率、绿地率、人均公共绿地面积和植物多样性等方面。

为提高大庆市的生态环境质量，促进城市生态平衡，以建设生态城市为目标，保护、恢复和扩大植被为中心，加强生态体系的保护和建设，可以具体有效的指导大庆市生态园林城市建设，创造绿色、健康、优美、舒适的生态多样性和景观多样性人居环境，有利于改善大庆市的投资环境，提升城市品位，对推动大庆市社会、经济健康快速发展具有十分重大的意义。

二、规划构思

针对根据大庆市自然地理条件、各类型生态系统生态功能、物种种类及数量的差异等生态特征，结合大庆市行政区划，将大庆市生物多样性保护规划总体布局分为几个生态功能区，根据生态功能区应保护植物、动物、微生物所有物种，也应包含遗传多样性、物种多样性、生态系统多样性和景观多样性四个层次。

然而导致生物多样性大量丧失的原因是多方面的，其中生境破坏与生境质量下降而导致的物种灭绝是最直接、也是最普遍的原因。

但人与自然的矛盾则是生物多样性破坏的根本原因，在此一根本矛盾没有解决前，许多生物多样性保护计划的制定看起来是科学的，却是不可能持久；因此，在生物多样性保护工作中，相关理论与技术的研究是必需的、重要的，同时也要处理好生物多样性保护与经济发展的冲突。事实上，社会经济因素往往成为生物多样性保护计划成败的关键，必须予以充分关注。

生物多样性保护是一项相当复杂的系统工程，这种复杂可能正是生物多样性保护工作成效不彰的主要原因，科学而综合的、充分的协调各方利益的行动计划，与生物多样性保护的理论与技术体系共同构成生物多样性保护的基础。

土地利用现状图

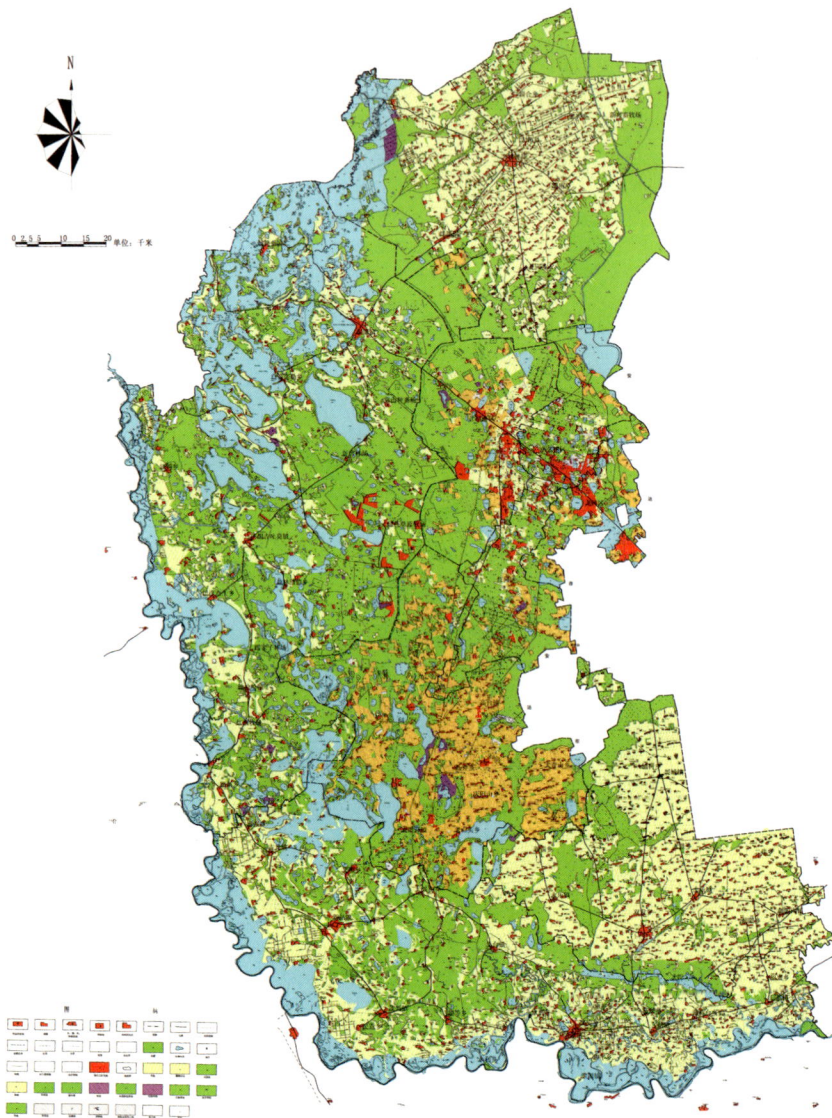

三、规划主要内容

1.首先对大庆市生物多样性现状存在的生态系统退化，物种临危、遗产资源丧失等问题进行分析，系统性环境恶变、灾害发生频繁、局部地区环境破坏、生物资源非理性索取过度采集等。

2.其次对大庆市的植物多样性、动物多样性、微生物多样性的现状进行分析。

3.进行植物多样性的保护规划。建立植物迁地保护基地，开展植物迁地保护研究，围绕植物物种的收集、引种驯化，开展植物多样性迁地保护。收集大庆周围及植物区系地区的园林植物种类并提出保护措施。

动物多样性的保护规划。对大庆市的鸟类、两栖类、鱼类、哺乳类的动物进行生物物种分析，并分别提出规划保护措施。

微生物多样性保护规划，加快微生物资源的查明和编目工作；建立微生物资源库与共享体系，并进行系统的研究工作；依靠科学技术进步不断开发微生物资源的潜力；开发利用各类生物资源；加强生物能源的研究。湿地多样性的保护规划，区分保护等级，采取分级保护湿地。

一级保护范围：湿地公园，湿地保护区，杜尔伯特内蒙古族自治县。对区内的湿地严格保护，严禁在保护范围内进行开发建设；加大区内环境监管，严禁未经处理的污水排放至区内水域；禁止任何有害外来物种引进。

二级保护范围：肇源县，肇州县，龙凤区，萨尔图区。除规划项目外，在本区域内禁止其他项目的建设；规范人类活动，禁止对湿地及其保护设施的破坏；控制游客数量和建筑物规模；禁止除规划引进外物种的引进。

三级保护范围：红岗区，让胡路区，大同区，林甸县。严禁开展破坏环境的生产项目；严禁非法捕捞，诱捕鸟兽等破坏湿地及湿地生物的行为发生；合理保护和利用区域内水资源，禁止有害外来物种的引入。

物种的保护规划。搞好外来物种的家底调查，摸清外来种的种类、分布情况、危害程度等。在此基础上编制外来物种入侵名单，收集分类，搞清原产地、入侵分布区、生理生态、传播途径、防治方法等全面信息资料。

4.最后提出动物多样性保护规划的主要措施，建立生物多样性自然保护区、建立生物多样性保护功能中心、建立生物多样性保护示范基地等。

大庆市生态功能区划图

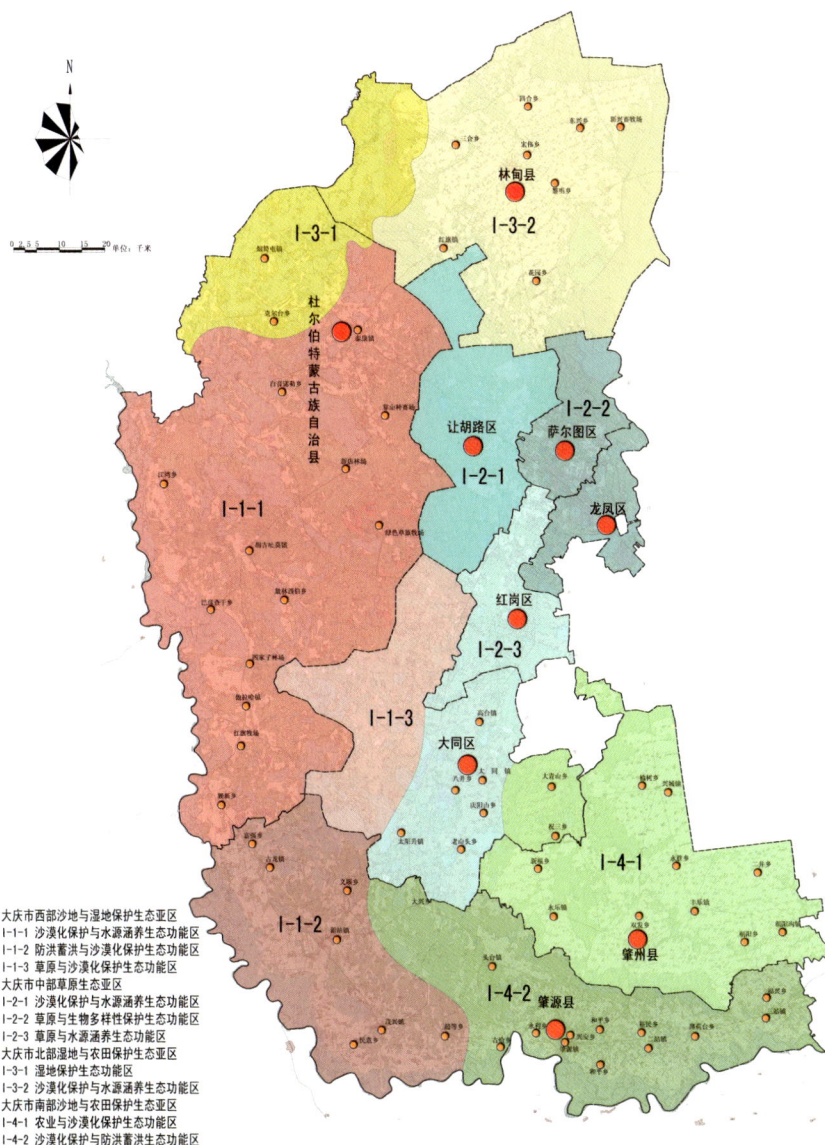

I-1 大庆市西部沙地与湿地保护生态亚区
I-1-1 沙漠化保护与水源涵养生态功能区
I-1-2 防洪蓄洪与沙漠化保护生态功能区
I-1-3 草原与沙漠保护生态功能区
I-2 大庆市中部草原生态亚区
I-2-1 沙漠化保护与水源涵养生态功能区
I-2-2 草原与生物多样性保护生态功能区
I-2-3 草原与水源涵养生态功能区
I-3 大庆市北部湿地与农田保护生态亚区
I-3-1 湿地保护生态功能区
I-3-2 沙漠化保护与水源涵养生态功能区
I-4 大庆市南部沙地与农田保护生态亚区
I-4-1 农业与沙漠化保护生态功能区
I-4-2 沙漠化保护与防洪蓄洪生态功能区

大庆市城市生物物种多样性保护规划

生态功能划分图

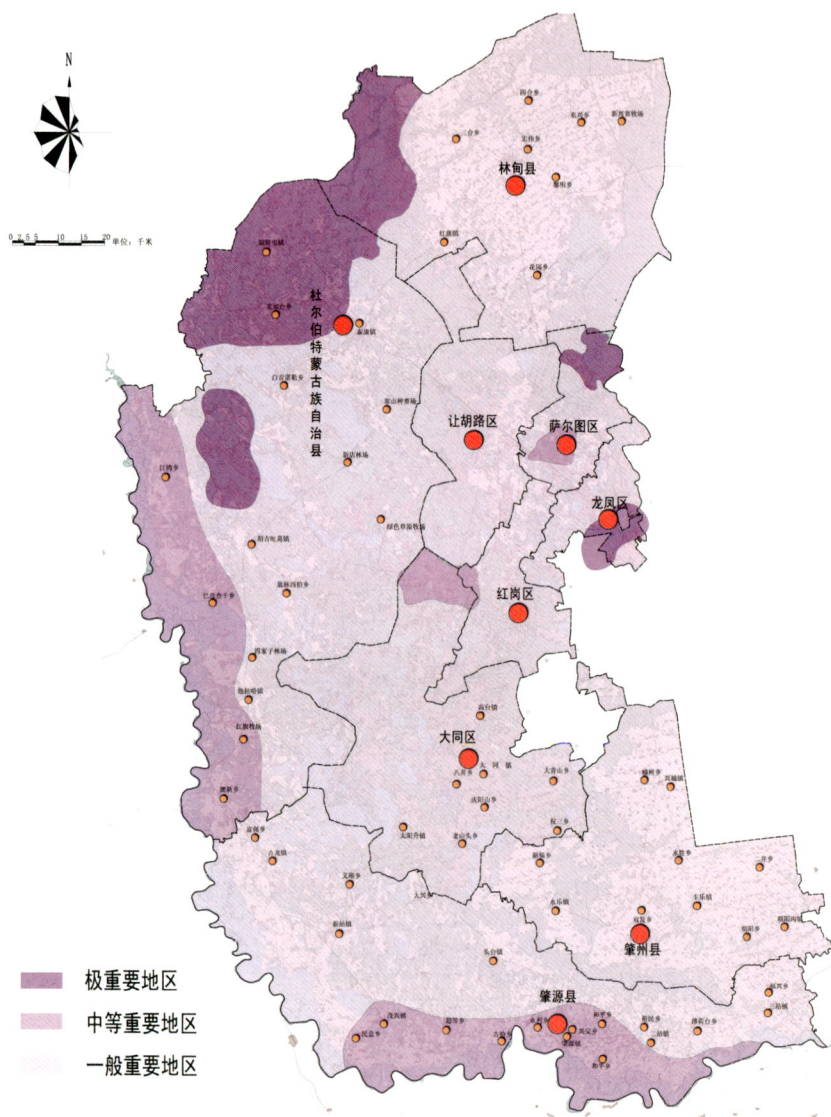

珍稀动植物图

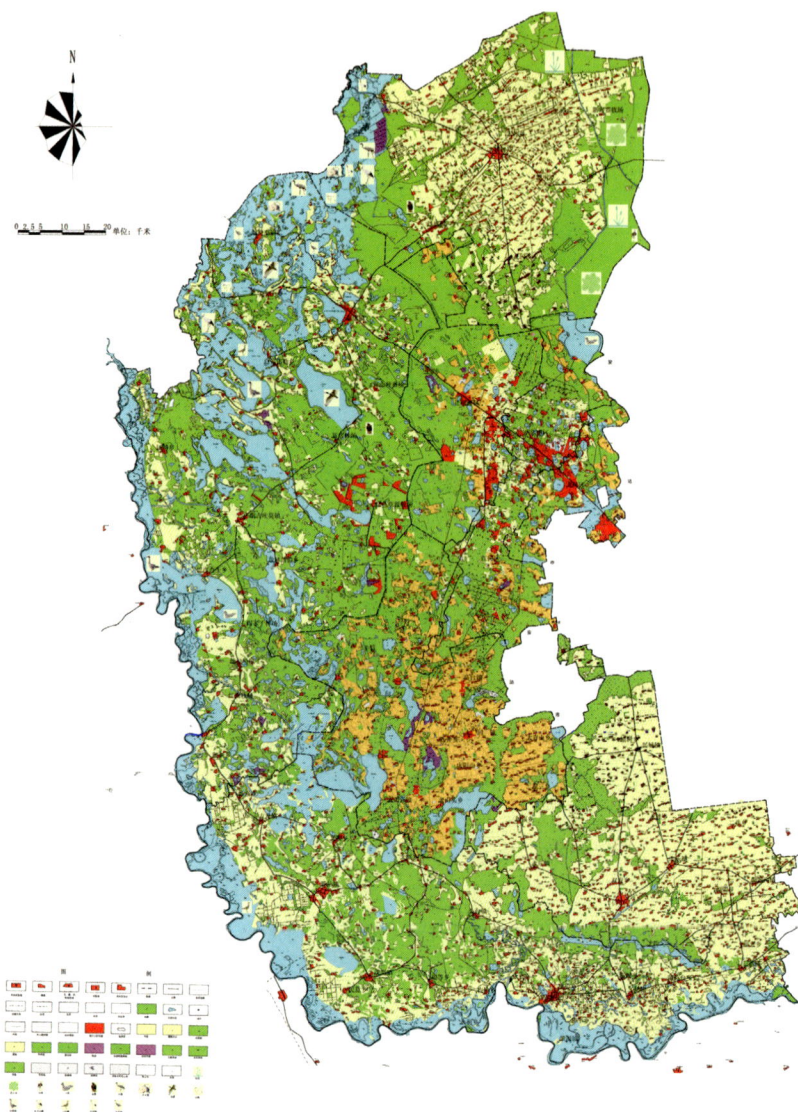

N

N

0 2.5 5 10 15 20 单位：千米

0 2.5 5 10 15 20 单位：千米

林甸县

杜尔伯特蒙古族自治县

让胡路区

萨尔图区

龙凤区

红岗区

大同区

肇州县

肇源县

极重要地区

中等重要地区

一般重要地区

四、实施情况

本规划对大庆地区的生物物种多样性的保护具有针对性及指导性，对地区的建设开发有一定的保护措施要求，目前正有序的按照规划对该地区的生物物种进行保护。

↓ 鱼类多样性保护规划图

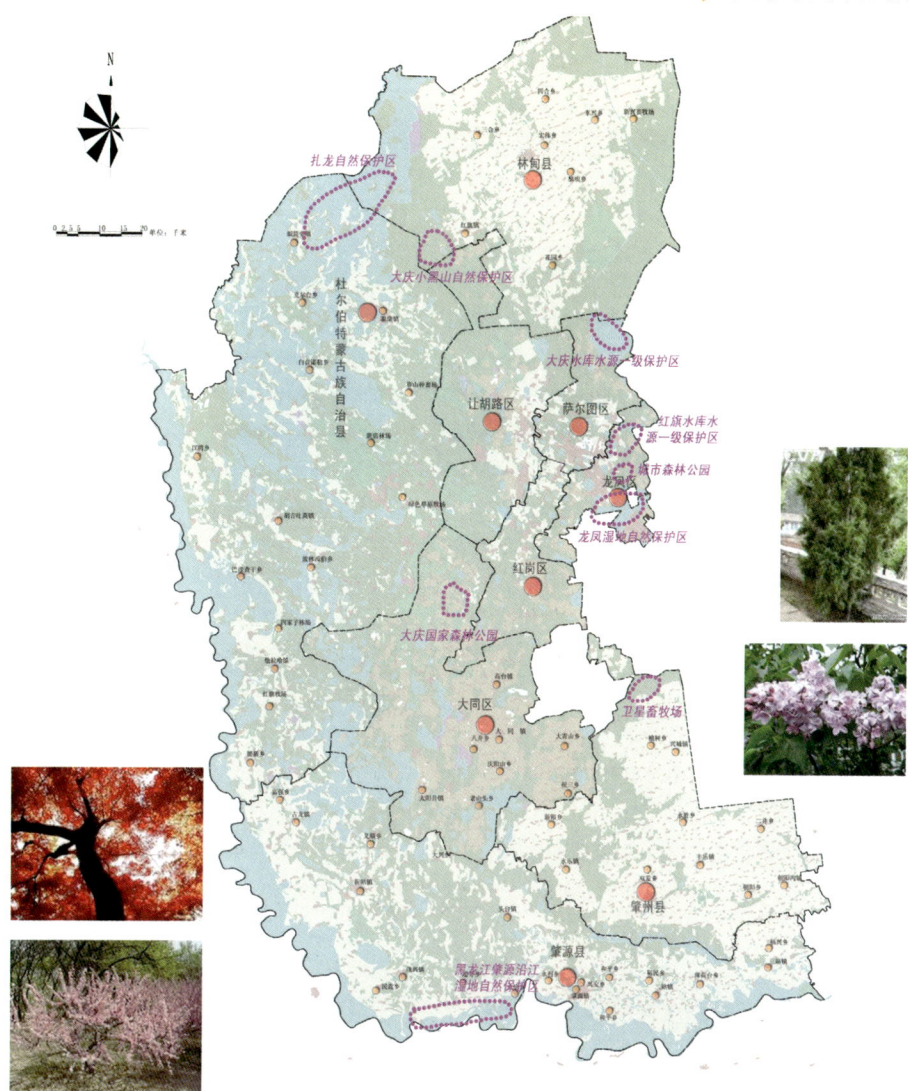

↓ 植物多样性保护规划图

锋尚人家棚改小区修建性详细规划

编制单位：齐齐哈尔市城市规划设计研究院
编制人员：林楠楠、高晓东、史巍、鞠清翠、程钰莹、刘曦光、崔巍、韩鹏
编制时间：2015年
获奖等级：二等奖

一、规划背景

棚户区改造是我国政府为改造城镇危旧住房、改善困难家庭住房条件而推出的一项惠民政策。齐齐哈尔市棚户区改造打破"小改小造"、"不图群众夸、只要过得去"的习惯思维，实施高起点规划，高层次布局。

对条件一般、要求不高的棚户区居民，重点规划建设多层住宅，满足其从低矮潮湿的破草房、旧砖房住进相对条件较好的楼房的现实需求。对条件尚可、基础较好的棚户区居民，统筹规划配建一部分高层住宅，满足其从简陋平房、简易楼房一步住进高楼大厦的良好愿望。

锋尚人家棚改小区是齐齐哈尔市铁锋区棚户区改造的重点项目，市委市政府为了更好贯彻落实城市新格局的战略举措，拟定该棚改小区修建性详细规划，以便为具体开发建设活动提供指导。

二、规划构思

宁静致远，返璞归真在喧闹的都市生活中享受安宁健康的居住生活，是每个都市人的理想。

本项目的规划设计就是希望创造这样的生活空间，因此在规划上打造11F、17F、24F的高层住宅，小区道路围绕小区周边布置，围合成一个安静的空间，小区打造小游园式的街头绿地、公共绿地与南北东西通透的欧式景观轴线，古典与现代结合，自由式与几何式结合，使小区景观收放自如，同时运用自然质朴的材料，创造安宁、健康的居住空间，在景观设计上利用下沉式绿地、透水铺装、生物滞留设施等实现海绵城市，实现低影响开发雨水系统的建设。

建筑形象以ArtDeco风格为主，采用流线型线条，对称简洁的几何构图，体现了现代的时尚气息，同时也呼应了本小区的名称"锋尚人家棚改小区"中"尚"字的含义，而建筑的颜色以暖色调为主，给人以温暖回家的感觉。

↓ 整体鸟瞰效果图

■ 三、规划主要内容

（一）用地规模

规划总用地面积为16.09公顷，规划建设用地面积为127389平方米。

（二）人口规模

规划总户数2572户，规划居住人口7716人。

（三）功能定位

改善生活条件，改善景观环境，生态宜居绿城。

（四）发展目标

突破传统新城发展模式，以公共空间建设带动城市建设；突破传统居住区建设模式，以景观通透创建生态宜居空间；突破传统基础设施建设模式，以生态技术和雨水收集系统提高城市生态性；突破传统绿化建设模式，以自维护模式创造生态节能绿化空间。

（五）布局结构

本项目的规划结构主要采用"两轴多心，绿网织"的规划布局。两轴是指小区内部南北和东西两个轴向的景观轴，多心是指多个景观中心，小区内景观节点。

本项目主要将高层住宅集中设在中间部分，将商服与服务设施设在小区住宅的南北两侧，以小区路将住宅有机的联系在一起，考虑到对周边小区日照的影响，小区的北侧设了五栋11F的住宅，依次往南设了七栋17F的住宅，六栋24F的住宅，临幼儿园设置两栋11F的住宅，住宅高低错落，不仅满足了日照要求，也丰富了沿街立面景观。

总平面图

综合经济技术指标一览表

项目	数值	单位	项目	数值	单位
规划总用地	16.09	h㎡	规划地上建筑面积	49110	㎡
规划小区建设用地	127389	㎡	住宅地下车库建筑面积	45870	㎡
规划地上总建筑面积	222839	㎡	商服地下车库建筑面积	2900	㎡
住宅建筑面积	205770	㎡	地下消防水池建筑面积	260	㎡
商业建筑面积	5800	㎡	地下垃圾转运站建筑面积	80	㎡
管理用房建筑面积	1820	㎡	建筑密度	14.6	%
社区活动中心建筑面积	3024	㎡	高层户均建筑面积	80	㎡/户
幼儿园建筑面积	3210	㎡	规划总户数	2572	户
铁锋公安交通指挥中心业务技术用房建筑面积	3215	㎡	规划停车位	1350	个
			地下车库停车位	1216	个
容积率	1.75		地面停车位	134	个
绿地率	41.6	%			

规划结构分析图

图例

- 景观轴线
- 景观节点
- 居住区域
- 小区公建
- 商服网点

锋尚人家棚改小区修建性详细规划

■ 四、创新技术

（一）海绵城市、生态修复的发展理念

依据规划通过海绵城市、生态修复的发展理念来达到小区雨水的收集以及再利用，海绵城市主要有渗、滞、用、蓄四种技术。其中渗主要是通过草地和道路和广场上的透水铺装来实现，滞是通过生物滞留设施来实现，如雨水花园，蓄也是通过雨水花园中的水池来实现，用就是可以将雨水收集处理后加以利用。

（二）形成绿脉相织的空间布局

两条欧式的景观轴线贯穿整个小区，站前大街入口的广场不仅丰富了小区的景观，也为人们休闲娱乐提供了一个适合的场所，北侧的公共绿地与南侧的街头绿地以小游园的形式展现，与两条欧式的景观轴线相呼应，西方与古典融合，几何式与自由式搭配，步移景异，使人们行走在其中而感到身心愉悦。小区内景观节点分布在小区多个视角，形成一个绿脉相织的空间。

（三）现代的建筑形式，打造高品质的棚改小区

小区建筑采用ArtDeco的建筑风格。Artdeco也被称为装饰艺术，回纹饰曲线线条、金字塔造型等埃及元素纷纷出现在建筑的外立面上，表达了当时高端阶层所追求的高贵感；而摩登的形体又赋予古老的、贵族的气质，代表的是一种复兴的城市精神。

小区采用这种建筑形式，目的是打破"小改小造""不图群众夸、只要过得去"的习惯思维，实施高起点规划，高层次布局，打造高品质的棚改小区，满足棚户区居民从简陋平房、简易楼房一步住进高楼大厦的良好愿望。

■ 五、实施情况

目前小区3、4、5、6、7、8、9、10、11、12、13、14、15、16、17、18、19、20号楼，以及铁锋公安交通指挥中心业务技术用房都已建成，周边道路基本形成，小区还在陆续建设当中。

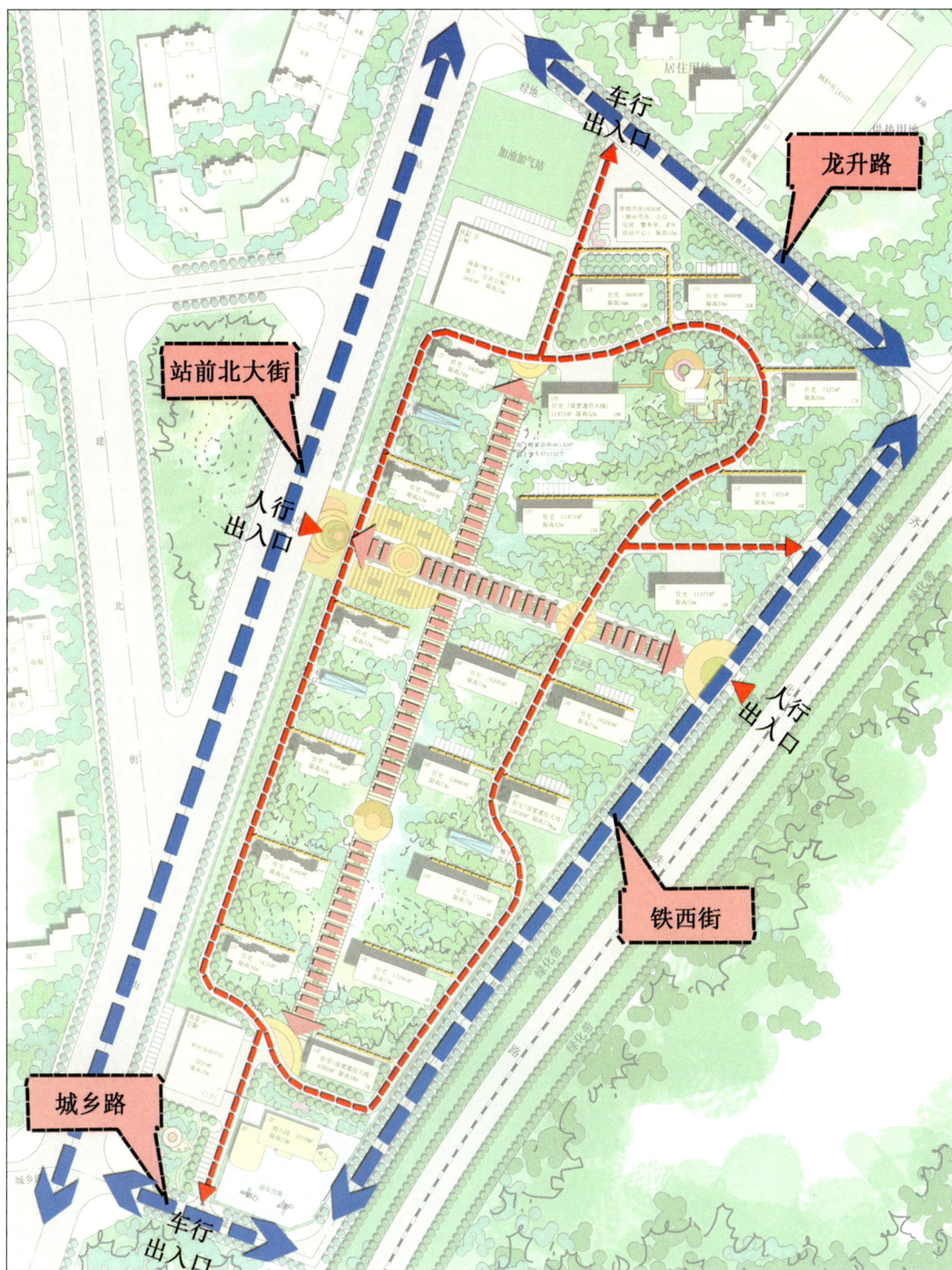

交通系统分析图

图　例

景观轴线	
周边城市道路	
小区路	
宅前路	

车行出入口

龙升路

站前北大街

人行出入口

铁西街

人行出入口

城乡路

车行出入口

五大连池市双泉旅游新区城市设计

编制单位：黑龙江易筑工程设计有限公司
编制人员：李书亭、罗娇赢、孙异、李海英、王庆华、杨胜男、周立昊、吕金库、卫渊、
霍春玲、聂云祥、马宏珊
编制时间：2015年
获奖等级：二等奖

■ 一、规划背景

2010年，黑龙江省委、省政府确定将五大连池风景区打造成为世界级旅游名镇。五大连池市委、市政府紧紧抓住机遇，结合实际，提出了建设"矿泉旅游名城，休闲养生之都"的科学发展定位，并决定在双泉镇建设双泉旅游新区，承接五大连池市与五大连池风景区旅游配套服务功能，打造旅游接待、休闲养生配套服务产业基地，为区域内的旅游产业提供新的发展空间。

五大连池市双泉旅游新区坐落于双泉镇南部，位于五大连池市与五大连池风景区之间的黄金节点上，距五大连池市区9公里、五大连池风景区8公里，是通往著名世界地质公园——五大连池风景区的必经之地，素有景区南大门之称。双泉镇拥有极其丰富的矿泉水资源，是五大连池市城市供水的水源地。

近年来，双泉镇充分依托独特的矿泉资源和区位优势，大力发展旅游配套服务产业，特别是以杀猪菜、矿泉鱼、矿泉豆腐、小笨鸡、大骨头和全羊宴等为主的矿泉特色美食已初具规模，成为五大连池市、五大连池风景区及周边市县矿泉美食服务区，在省内外具有较高知名度。规划总占地面积76公顷。

■ 二、规划构思

规划充分利用双泉旅游新区良好的区位优势、便捷的交通条件、丰富的矿泉资源和良好的生态条件，以生态为前提，采用"产业立区、以水兴区、以绿营区"的理念进行设计，在旅游新区内发展旅游接待、特色餐饮、矿泉洗浴、疗养度假及旅游地产等产业，力争将双泉旅游新区建设成五大连池市及五大连池风景区周边的"旅游服务基地、养生度假天堂。"

本次规划设计本着与五大连池市区及风景区差异化发展的原则，结合双泉旅游新区的现状特点和优势资源，利用丰富的矿泉美食资源，发展特色餐饮产业，建设三片以农家乐为主的特色餐饮区，主要设置农家特色餐饮、住宿、生活体验等项目。结合宜饮疗疾的矿泉水资源及良好的生态环境，发展矿泉洗浴及休闲疗养度假产业。

同时，为了提升新区整体服务水平，新区还引进部分高端旅游接待设施，如星级宾馆、剧场、娱乐中心、高档度假会所等项目，提升新区整体风貌。

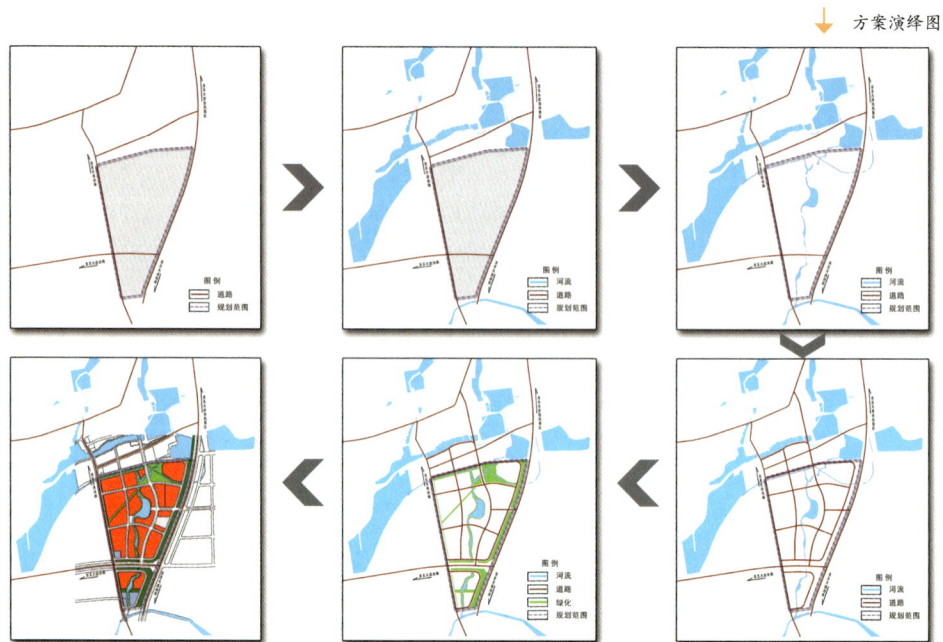

方案演绎图

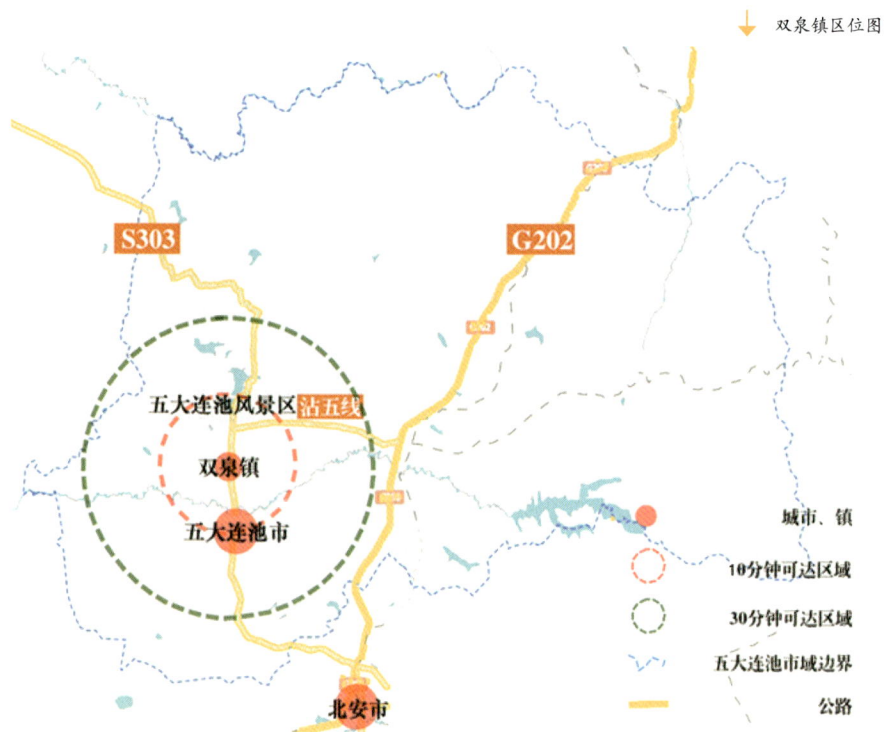

双泉镇区位图

N

规划总平面图

0 50 100   200m

三、规划创新

　　道路交通规划方面，在新区入口处规划一处集中停车场，在旅游旺季时对新区实行交通管制，使进入新区内的车辆集中停放在停车场后，采用电动车、自行车、步行等低碳环保的方式出行，并在新区结合水系及绿化建设便捷、安全的步行交通系统，创建高品质、高品位的新区环境。

　　在新区建设方面本着差别化发展，树立地方特色的原则，以乡土特色为主，建筑造型及风格采用中式现代风格，结合当地建筑特色，形成坡屋顶、双重屋檐的建筑形式，构造独特的新区风貌。

　　为了提高规划的可操作性，本次城市设计增加了建筑详解部分，对各个地块的建筑功能、开发强度、建筑限高、建筑退让、出入口方位、停车位及配套公共设施等作了具体规定，并对景观设计等提出指导性建议，便于后期规划设计的实施。

矿泉洗浴区鸟瞰图

五大连池市双泉旅游新区城市设计

↓ 宾馆透视效果图

↓ 餐饮区透视效果图

四、实施情况

目前，双泉旅游新区已先后完成了道路设施、给水、排水等市政设施建设，并同步完成了镇政府等配套公共设施建设。同时，完成了新区中心水系的开凿及注水工程以及水系两侧主要绿化及广场等景观设施建设，为新区科学发展打下坚实基础。

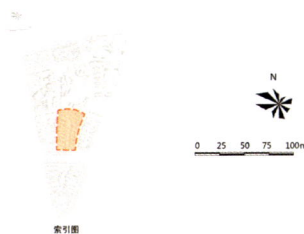

索引图

城市设计导则图

序号	规划设计要点	内 容		
1	用地面积	11616平方米		
2	建筑控制	总建筑面积	10720平方米	
		商业业态	滨水餐饮 ❶	7013平方米
			滨水餐饮 ❷	3707平方米
		容积率	0.9	
		建筑限高	特色餐饮区建筑不高于24m，餐饮建筑2-3层，每层层高不得大于4.5米，建筑限高同时满足《黑龙江省城市规划编制管理办法》及相关办法规定。	
		出入口方位	车流：东、北 人流：南、东	
		停车	机动车	≥1.70车位/100平方米营业面积
			非机动车	≥3.60车位/100平方米营业面积
3	建筑退让	退路红线	退双泉路5m，退黑龙山街5m	
		退用地边界	退南侧、西侧用地红线3m	
4	公用设施	餐饮建筑应按照《餐饮建筑设计规范》（JGJ64-89）中规定的建筑等级配备相应的公共设施。		
5	规划设计	1、餐饮建筑的修建应符合当地城市规划和食品卫生监督机构的要求，选择布置在群众使用方便、通风良好、基础设施完善的地段。 2、餐饮建筑严禁建于产生有害、有毒物质的工业企业防护地段内，与有碍公共卫生的污染源应保持一定距离，并须符合当地食品卫生监督机构的规定。 3、餐饮建筑的出入口接人流、货流分别设置，妥善处理易燃、易爆物品及废弃物等的运存路线与堆场。 4、总平面布置上，应防止厨房（或饮食制作间）的油烟、气味、噪声及废弃物等对邻近建筑物的影响。 5、一二级餐馆与一级饮食店建筑宜有适当的停车空间。		
6	景观要求	1、规划建筑宜采用体现本土特色的造型，体现以人为本的思想，创造温馨惬意的餐饮休闲空间。 2、注意细部，与周围建筑风格协调。 3、丰富新区景观轮廓，尤其注意临水和临街的建筑物的夜间亮化和挂物的遮蔽，充分考虑外装饰与建筑设计的结合。 4、户外广告、霓虹灯等位置要适当，布置形式设计应与新区景观设计相结合，形成完好、整齐、美观的街景效果。		
7	其他要求	1、应符合国家现行标准《建筑设计防火规范》（GBJ16）、《餐饮建筑设计规范》（JGJ64-89）等有关规定。 2、要充分考虑无障碍设施的设计。 3、未尽事宜请按《黑龙江省物业管理条例》、《黑龙江省城市规划编制管理办法》、《黑河市城市规划管理规定》及相关法规执行。		

总鸟瞰图

黑龙江省优秀城乡规划项目作品集

2014年度获奖作品

2015年度获奖作品

2016年度获奖作品

哈尔滨市香坊区城乡一体化东平村试点规划

编制单位：黑龙江省城市规划勘测设计研究院
编制人员：陆彤、宫金辉、高春义、郎朗、王琳晔、王家成、李晓晶、高向娜、宋扬、
　　　　　薛琳、咸余蓉、贺红、盖宇
编制时间：2016年
获奖等级：一等奖

一、规划背景

中央城镇化工作会议提到"要让农民望得见山、看得见水、记得住乡愁"。这是对"片面城镇化"的一种反思，同时也为农村、农业、农民的未来发展指明了方向。

哈尔滨市香坊区东平村是哈尔滨市众多村庄的一个缩影，在哈尔滨市香坊区城乡一体化乡村试点工作中，东平村有幸被选为试点村庄，成为哈尔滨市近郊区乡村的一个代表，先于周边村庄进行规划建设，先行先试。

二、规划构思

黑龙江省城市规划勘测设计研究院承接了此次哈尔滨市香坊区城乡一体化东平村试点规划的编制任务，着重从乡村建设规划、产业策划、整治规划、民族文化传承四个规划层面对东平村进行全面的规划与设计，进而实现农业增产、农民增收、文化繁荣、城乡协同共赢的城乡一体化建设目标。

（一）规划策略

1.策略一——产业重构，多元发展

促进东平村传统农业转型发展，实现"以一带二"、"以一进三"、"以三带二"的发展模式转变。推动农业产业化生产，加快土地流转；延长农产品产业链条，开展以绿色农副产品为核心的精深加工业。推进旅游服务业发展，促进村民发展休闲农业和旅游业，结合周边的旅游资源，定位于区域旅游服务基地，培育具有文化特色和产业特色的乡村旅游业，引导乡村多元发展，为村民创收。

2.策略二——乡土文化、民俗品牌

深入挖掘满族文化，将满文化元素符号融入农户住宅、公共建筑的设计之中，打造负有满族文化的特色村庄；并整理、策划满族节事活动，塑造满族风情旅游品牌。

3.策略三——四化共治，优化提升

以改善农村人居环境为出发点，实现村庄的美化、净化、绿化、亮化等综合整治工程。

4.策略四——借力借势，阶梯发展

在东平村旅游业发展前期，村庄将主要依托于周边已有景

规划总平面图

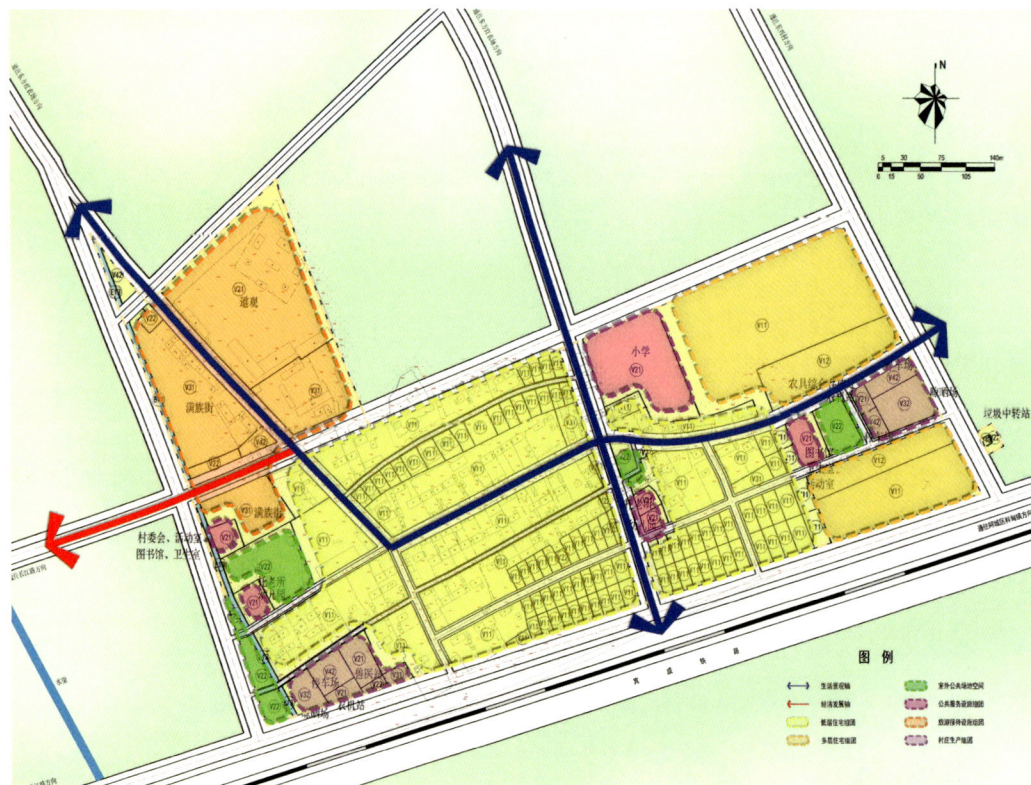

功能布局规划图

区，通过借助已有景区的社会知名度及旅游客源进行发展。主要发展形式是为周边景区游客提供与景区不构成竞争的旅游服务（如有机农产品购物等），并适度开展负有东平村特色的乡村游、民俗文化特色游等旅游产品，进行小范围、小规模的实验性开发。在小投入，见效快的发展原则下，为村庄实现初期的原始资金积累，并聚集一定的人气。

随着东平村旅游业的不断发展，品牌的建立以及知名度的不断提升，东平村凭借自身的用地优势，资源优势、文化优势以及政策优势，其旅游产品得以不断地充实和完善，并逐渐形成起多元化的旅游产品格局。在此趋势下，东平村实现了与周边景区的良性互动，实现了村庄旅游的提档升级。

（二）发展目标

将东平村建设成为哈尔滨市生态宜居村庄的"新样板"、香坊区"城乡一体化"的"新典范"。

（三）发展定位

规划将东平村打造成为以满族文化为特色的，集高效农业、农副产品加工、生态农业观光、民俗文化体验为一体的哈尔滨市近郊新型农村社区（参见东平村鸟瞰效果图）。

■ 三、创新技术

（一）发挥公众参与，充分体现村民意愿

该项目共发放调研问卷70份，整合形成柱状图30个，分别从家庭情况、居住情况、农户经济、农户改造意愿四个方面进行调研。通过对调研问卷的整理分析，我们了解到了村民的实际意愿，并通过数据的归纳分析，总结出东平村在村庄建设、文化传承等诸多方面存在的问题，为后续针对性地规划设计奠定了基础。

（二）强化产业引领，统筹城乡协调发展

1.产业策划
第一产业：规划大规模推广种植有机蔬菜，打造哈尔滨"菜篮子"，建立蔬菜种植合作社；在后关家屯东南侧建立禽畜养殖小区，将养殖业迁出村屯居住区，成立禽畜养殖合作社；建立"东平纯农"品牌。

第二产业：发展以本地农副产品为原料的农副产品加工业，延长自身的产业链条，提高经济安全性。

第三产业：发展以旅游业为主的第三产业。

旅游产业主题定位：东平村是以温泉养生、道教养生、乡村体验、农业观光、休闲度假等为主的，以满族文化为特色的生态型旅游村。

旅游产业区划：规划形成"一心、二轴、三带、六区"的总体规划结构。"一心"：旅游综合服务中心；"二轴"：温泉大道与通富路；"三带"：一条现代农业体验带，两条大地种植景观带；"六区"：温泉养生区、道家清心区、浪漫花谷区、农家体验区、满文化体验区、快乐农庄体验区。

2.建设规划
规划在东平农民新区形成"一轴、二带、两片、三区"的规划布局结构。"一轴"：指温泉大道，是村庄主要的经济发展轴；"二带"：指贯穿村庄的通富路生活景观带和规划二路生活景观带；"两片"：是村庄西部的低层住宅片区与村庄东部的多层住宅片区；"三区"：指村庄西、中、东三个公共服务聚集区（带）（参见总平面图、功能布局图）。

东平村村域的基础设施按照镇的标准配置；农民新区共设置九项基础设施，并按照近远期结合的方式进行设计，近期重点满足村庄的需求，远期纳入镇区市政管网统一考虑，统筹城乡发展，避免重复建设。

（三）突出景观特色，建设美丽宜居村庄

1.村庄入口标志
本次规划为东平村提供了两种村庄入口标志设计方案，设计均借鉴了满族文化要素形式，具有鲜明的民族特点（参见村庄入口标志效果图）。

▼ 东平村鸟瞰效果图

哈尔滨市香坊区城乡一体化东平村试点规划

2.满文化体验区

在对该街区空间环境的营造，建筑群体的设计中，我们信守"尊重文化，拒绝照搬，与时俱进，现代演绎"的设计原则，重点突出满族文化与现代人生活方式的融合，为少数民族文化在新的时代背景下找到传承、发扬的载体，同时为广大民众搭建一条了解、感受民族文化的桥梁。

在满族文化体验区的设计过程中，我们运用了如下的设计手法。

（1）在院落布局设计中，采用单进式、二进式两种四合院的形式布局；沿内部路网开设商业门脸，达到动静结合、外动内静的不同体验。

（2）在开敞空间规划设计中，规划形成三种类型的开敞空间，包括广场式开敞空间，街道式开敞空间以及滨水式开敞空间。

（3）在路径与界面设计中，重点突出滨水界面的景观打造、南部主要道路建筑界面的打造及街区南、北、东三个方向入口处的视觉引领（参见滨水景观界面与滨水商业街效果图）。

3.民俗文化传承

满族是有着悠久历史和文化传统的民族，本次规划增加了对于民俗文化传承方面的相关内容。

（1）提出了推广普及满族传统文艺（如语言文字、剪纸、乐器、刺绣、民族歌舞等）和传统体育竞技活动（如采珍珠、打马球等）的各项措施。

（2）将满族尊老敬老的传统落实到对于空巢老人的扶持与关爱上，为老人提供医疗救助与人文关怀。

（3）重拾满族年节庆典，以此激发村民对于本民族的热爱，提高民族自豪感与认同感。

（4）将满族的民俗文化植入旅游项目设计中，形成自身的旅游特色，并为民族非物质文化遗产的传承提供经济支撑。

（四）加强近期建设，推动村庄环境整治

依据《黑龙江省美丽乡村建设三年行动计划（2015-2017年）》提出的改造任务，本次规划进行了逐项的整治规划。

1.道路整治

提出了4种道路横断面形式，3种边沟形式，1种入户桥涵形式及2种路灯样式（路灯设计均借鉴了满族文化要素形式，具有鲜明的民族特点）。

2.绿化美化

进行了街道绿化平面设计，提出树种选择方案以及绿化种植原则，并运用海绵城市的设计手法，提出村庄西侧水塘的整治设计方案，使其成为村庄雨水净化的天然载体，村庄滨水小游园。

东平村村庄入口标志效果图（方案一）

东平村村庄入口标志效果图（方案二）

滨水景观界面效果图

3.建筑整治

（1）农户住房、围墙、大门整治：提出了相应的整治方案，在控制成本的基础上，实现村庄整体景观风貌与农户居住生活条件的整体改善（参见村庄街道整治效果图）。

（2）商业建筑整治：对保留的商业建筑进行立面改造，使其与西侧的规划满族文化体验区风格统一。

（3）农家乐建设：突出满族文化元素在设计中的应用，提出了建筑立面，大门，围墙的改造方案，并提供了农家乐院落平面布局设计方案（农家乐建设参见建筑方面改造和围墙大门改造效果图）。

4.形象设计

本次规划为东平村提供了两种村庄logo设计方案。

5.投资估算

本次规划对东平村的村庄整治进行了详细的投资估算，估算内容包括八项内容，共需投资735万元，并分三年提出了实施推进方案。

（五）延伸设计深度，有效指导村庄建设

为了更好地指导实施，本次规划还提供了围墙、大门、农房改造、卫生厕所四个方面，共计13套施工图纸，保证规划落地。

四、实施情况

规划的编制有效指导了东平村的村庄整治工作，并对村庄未来的发展起到了积极地推动和引领作用。

↓ 滨水商业街效果图

↓ 村庄街道整治效果图

↓ 农家乐建筑立面改造效果图

↓ 农家乐围墙大门改造效果图

富锦市中央大街街景综合整治规划

编制单位：黑龙江省城市规划勘测设计研究院
编制人员：李海波、武胜楠、陆彤、陶英军、马力、白兰、张远景、归红、苏琳、邱成刚、张赫、张双玲、刘忠文、王文峰
编制时间：2016年
获奖等级：一等奖

一、规划背景

（一）整体

（1）中央大街为富锦市东西向的城市主干道，横穿整个市区，全长约9公里，与它大致同方向的街道还有北部的滨江大街及南部的锦绣大街。

（2）中央大街横穿市区，与之相交的主要道路及条带从西往东分别有幸福灌渠、西平路、新开路、向阳路、东平路、富裕路、红旗灌渠。

（二）东部城区用地研究

（1）长约3公里，单幅路面，宽约19米，人行道宽度从5米到10米不等，靠西侧以平房商服居多，过了红旗灌渠以厂房居多。

（2）东部地区为富锦市的绿色产业加工区，富锦市是农业经济为支柱的经济结构，在此工业区内，安置了全市大部分的粮食加工及深加工企业，是全市重要的经济发展产业区带。

（三）西部城区用地研究

（1）长约3公里，单幅路面，宽约10米，人行道宽度从5米到10米不等，全程多以平房商服为主，东端临近市郊，出现农田，最东端有富绥大桥横跨中央大街，形成立交。

（2）西部地区为富锦市的新型城市景观区段——全长约3公里，即新城区段——城市街道应体现新区的居住休闲及大型现代商业区氛围。

（四）中心城区

（1）长约3.5公里，机动车道大多为双向6车道，路面平均宽度约19米，两侧有非机动车绿化隔离带，宽约1.5米，非机动车道宽约4.5米。车道为混凝土路面，破损严重。

（2）人行道宽窄不一，大致为5～12米宽，平均宽度9.5米。多为水泥花砖铺面，有大面积破损现象。

（3）街道两侧用地情况复杂，以向阳路为中轴，该区域是全市重要商业中心，还有市政府所在地，中心公园、中心医院等大型院落式用地形式以及建设局、财政局等机关事业单位。

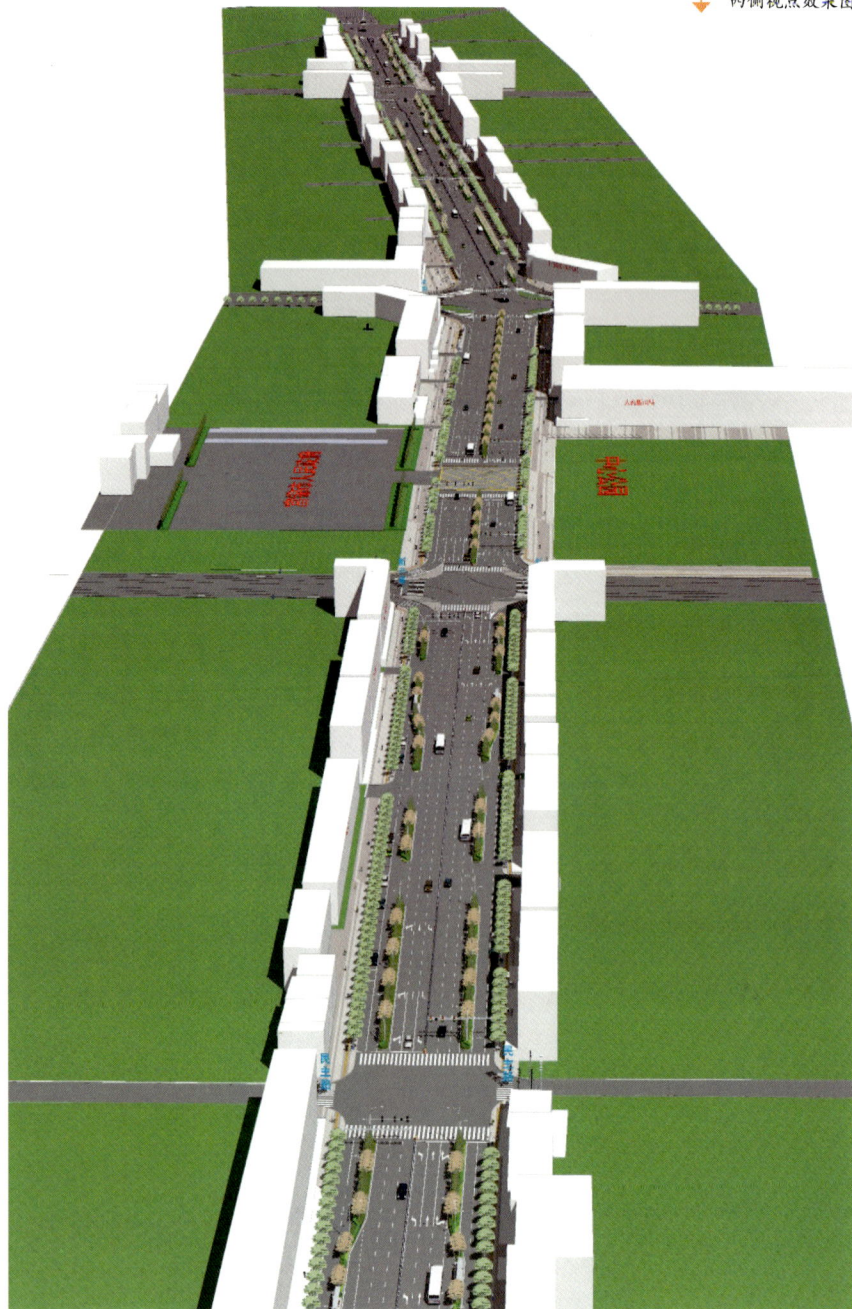

两侧视点效果图

二、规划构思

中央大街作为城市主干道，在富锦市具有非常重要的作用。从深层面上来说是展示城市形象的窗口和平台。 中央大街东起开发区转盘，西至富绥大桥出城口。全段约9465米，本次将分三个区段进行规划设计，分别为开发区转盘至廉政广场（长约3000米）、廉政广场至幸福灌渠段（长3465米）、幸福渠以西至富绥大桥出城口（长约3000米）；本次主要规划的区段是廉政广场至幸福灌渠段。

三、规划创新

（一）车行道路设计

1.现状道路问题

中央大街原道路规划形式分别为双向四车道、六车道、八车道三种道路形式混合布置。高峰期城市交通拥堵较为严重。

双向四车道与六车道的设计缺少道路绿化，双向八车道从中间向两边分三条机动车道和一条非机动车道，机动车道与非机动车道中间以绿化带隔离。道路环境较为恶劣。

三种道路中间均未设置防护栏，整体安全系数较低。

2.规划解决方案

根据对现场勘查以及结合富锦市交通状况的实际需求，本次主要将道路规划为双向八车道、十车道两种道路形式。并设港湾式停车区，解决交通拥堵问题。

本次规划了两种道路形式：第一种是从道路中间分划双黄线并设置护栏，两侧延续之前的形式，绿化带拓宽；第二种是中间用绿化带划分，从中间向两边分三/四条机动车道和一条非机动车道，机动车道和非机动车道间以绿化带隔离。

为车行及人行安全考虑，进行局部道路绿化带整合，增加防护栏及人行交通信号灯等设施。

（二）人行道设计

1.现状人行道问题

中央大街人行道宽度较宽，路面铺装较为破旧，树池形式不美观；人行道绿化种类较多，形式不够统一。

2.规划人行道

为了舒缓道路交通，本次规划将人行道宽度缩小，并增加盲道设计，路面形式重新规划，整体设计以现代简洁、美观实用为主，绿化形式进行统一，使道路更加合理化。

（三）路侧停车位设计

1.现状停车位问题

结合现状情况得之，现场已有三处停车场，分别位于中心医院、省政府以及大商新玛特。中央大街街道停车位较少，从现场来看大部分车都停在人行道及路边，人们行走较为困难。人行道利用率不高；影响街道美观，使城市显得很拥挤。

2.规划停车位

根据实际需要，原有停车位并不能解决实际问题，现场仍需更多的停车空间，因此，本次规划增设路侧停车位以及人行道停车位，在解决停车问题的同时，使人行空间合理化，街道利用合理化，城市整洁化。

人行道效果图

富锦市中央大街街景综合整治规划

■ 四、规划内容

中央大街从西往东，从景观结构上可按所处区域用地性质不同，分为三个大的景观结构分区，从西往东分别为：

新型城市景观区段——全长约3公里，即新城区段——城市街道应体现新区的居住休闲及大型现代商业区氛围。

老城区历史文化景观区段——全长3465米，即老城区段，城市街道两侧的用地性质较复杂，沿街立面关系相对更琐碎——城市街道应体现整体性、灵活性与丰富性。

绿色产业景观区段——全长约3公里，主要涉及绿色产业加工园区段——城市景观带应体现绿色自然，增加绿地规模，营造绿色景观通道。

■ 五、实施情况

2014年底，该项目已向富锦城乡规划局进行了成果汇报，得到了规划局的充分认可。未来富锦规划与建设部门将以此规划设计作为指导，对富锦中央大街街道进行整治工作，从而促进富锦城市发展。

目前，中央大街铺装工程已开展，其他工程尚在准备中，达到了预期的规划指导效果。

车行道效果图

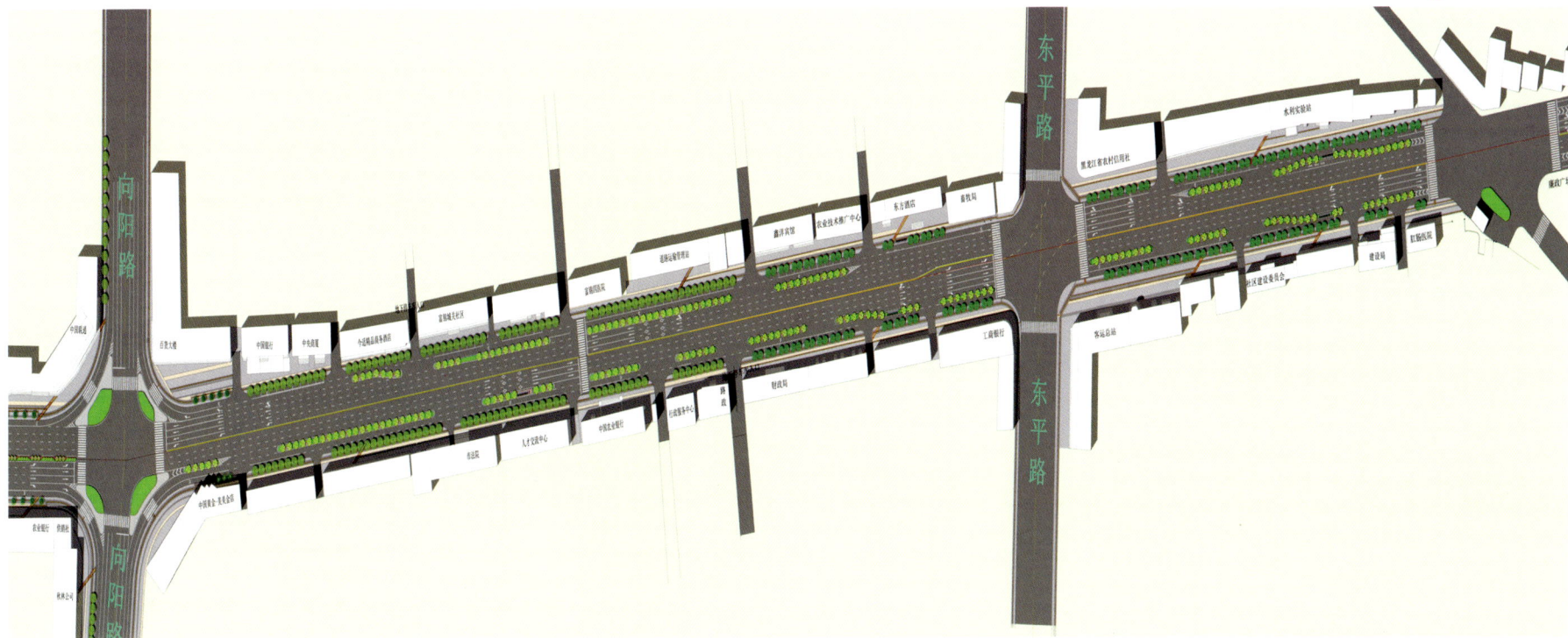

中央大街平面图

城区效果图

基于存量再生机制下的绥化东部城区规划设计

编制单位：哈尔滨工业大学城市规划设计研究院
编制人员：赵志庆、张国涛、马和、宋扬扬、杨灵、蒋向荣、张丽燕、李子为、
田蕊、赵彬、陈磊、田鑫、张昊哲、左晖、林杰妮
编制时间：2016年
获奖等级：一等奖

一、规划背景

绥化市位于黑龙江省中南部，东部生态新城位于市区东部，此次绥化规划设计总面积15平方公里，核心区面积5平方公里。基于新型城镇化背景，力图将城市建设工作与自然资源、人文历史和环境特征有机整合，塑造独特城市风貌，为城市规划建设的各项后续工作提供整体调控和管理依据，从而实现城市整体环境的可持续发展。

二、规划构思

规划以打造绥化市的城市新门户形象、提高城市的环境质量品质、为城市未来的发展潜力提供相应承载空间为目标，以"渐进式更新"为核心设计理念，通过导入多元机能、活动与创意空间，划分特征鲜明的城市分区，构筑多元复合的活力之城；通过塑造碧水环绕、绿脉串联的生态基底，提炼特色城市风貌骨架，营造生态舒适的魅力之城；通过层次多样的公共空间、24小时活力策划、开发强度与高度的控制，演绎时尚有序的开放之城；通过高效便捷的路网结构、绿色安全的慢行系统，打造低碳智慧的效率之城。

三、主要规划内容

此次规划工作通过中心城区总体规划设计与重点地段规划设计相结合的方式，对城市整体控制与局部建设进行协调引导，实现"集农业会展、文化旅游、创业创新、社区养老于一体的生态化发展新城区"的发展定位。规划以城市河体为界，形成"一城南北两片区"的城市格局，北片区依铁路而建、南片区依水而建，通过道路、水体、绿地相互联通，形成"绿色辅底、一水贯通、三轴联动、两区发展"的城市格局。

规划注重慢行交通和静态交通的设置，通过蓝慢+绿慢+红慢+黄慢为主线，串联城市活力核、休闲核和生活核，打造"城景融合、张弛有度、快慢平衡、组群发展"的生态新城。规划将绿化广场作为城市开放空间的重要组成部分，设置商业广场7处、文化广场3处、绿化广场6处、集散广场2处，创造丰富多彩的居民休闲游憩空间。

规划两处重点地段，针对绥化市老城区和新城区所面对的不同问题，采用"重塑"与"营造"的思路。创意文化商务中心位于老区，城市空间结构已基本成型，城区面临的是整体风貌控制无序、城市形态缺乏特色、公共空间品质有待提高等问题，总体城市设计应以改善和提升老城区城市空间的品质，规划以原有养老、居住功能为基础，补充会议会展、文化旅游、创客中心等功能，打造绥化新兴的商服娱乐区、绥化城市重要的会议

总体框架图

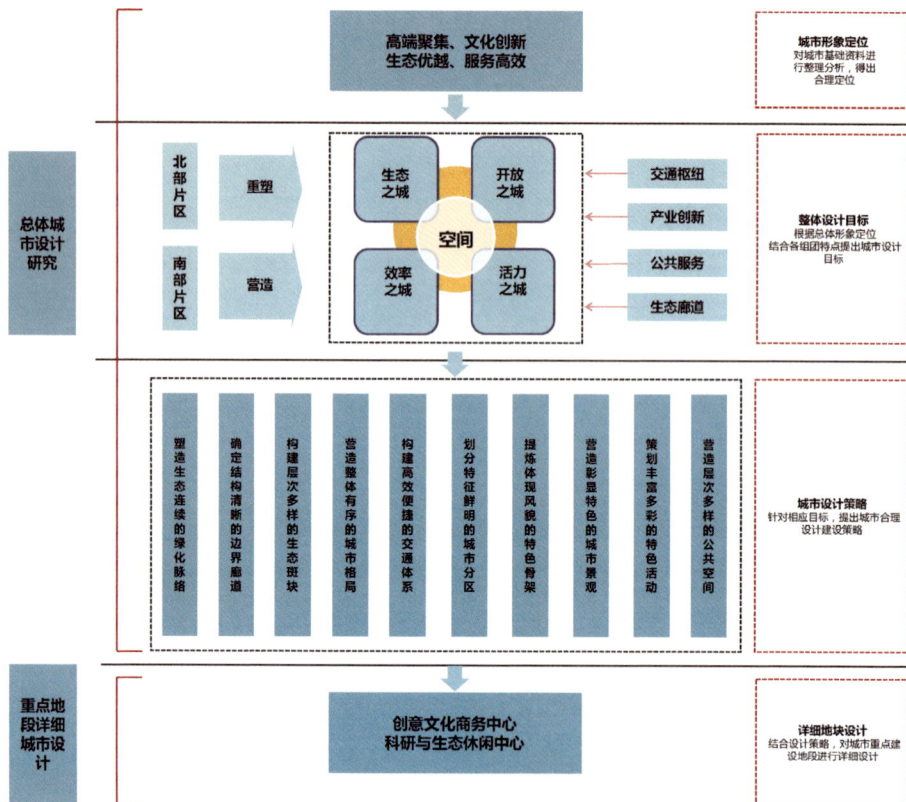

整体鸟瞰图

公园鸟瞰图 →

慢行系统规划图

黄慢
宜居慢行系统

蓝慢
沿湖慢行系统

红慢
商业慢行系统

绿慢
自行车慢行系统

图 例
自行车慢行
滨水慢行
商业慢行
宜居慢行
慢行核
慢行片区

功能结构规划图

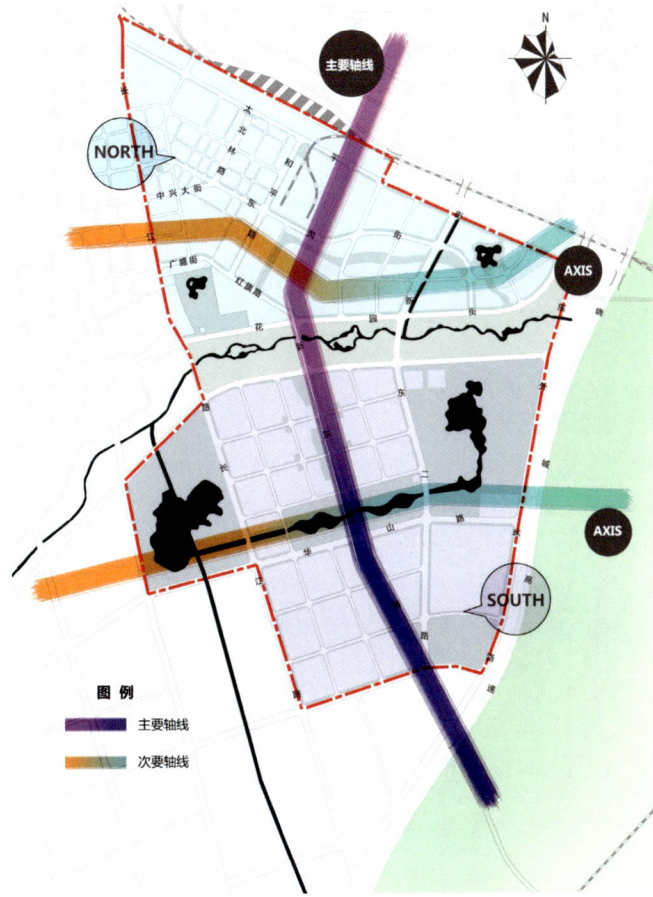

主要轴线

NORTH

AXIS

AXIS

SOUTH

图 例
主要轴线
次要轴线

基于存量再生机制下的绥化东部城区规划设计

会展区以及绥化重要的文化创意园区；科研与生态休闲中心位于新区，城区建设刚刚起步，城市设计重点是如何有效地引导和控制整体有序、特色鲜明的城市空间的形成，"营造"新城区的空间特色，为新城区未来的建设提供指导，规划以科研为先导，打造绥化城市特色的主题游乐区、绥化中心区重要的科研孵化区、绥化东部新兴的商贸购物区。

在城市设计总体引导下，规划对3个近期重点启动项目进行概念性的规划设计：站前广场改造及景观环境设计、太平街道路拓宽及景观环境设计和北林路两侧街道环境景观设计。三者均位于东部生态新城的启动区，规划利用第三维空间实现轨道交通与其他交通方式的无缝衔接，提高换乘便捷度；通过空中空间——连廊联系起各功能体，完善行人网络；通过道路拓宽及交叉口渠化，解决站前交通的拥堵问题；通过立面改造、街道环境塑造，提升城市门户形象。实现让形象展露、让活力蔓延、让精彩再现。

■ 四、规划特点

（一）研究思路

1.从总体战略高度和实施评估入手制定城市设计策略

运用系统概念，对既有的形成于不同时间背景下的总体规划及相关规划成果进行综合评价，深化"生态优先、特色引领、产城融合、精明增长"的城市总体发展战略，理清城市空间设计重点，引导总体城市设计体系构建，提升城市设计工作的整体性和可操作性。

2.研究未来城市居民特征需求，明确人本型城市设计方案

贯彻新型城镇化战略思想，以人为本，根据未来人口的分布、结构、需求进行合理引导及设计，注重养老、健康产业的引入，提升城市品质，实现城市宜居，以满足"人的城镇化"对城市空间资源的要求。

（二）生态城市的打造手法

1.重塑地区自然生态，打造会呼吸的海绵城市
保持生态格局，以绿色的生态资源来界定城市的边界；打造多处公园绿地，链接城市原有的生态体系，与道路绿地共同搭建"点一线一面"相结合的生态基质。结合绿地架构，进行海绵城市专题研究，并辅以设置LID设施配置引导要求，以解决东部城区低洼地段的内涝积水问题。

2.构建低碳生态指标体系，探索生态城市建设模式
规划针对如何落实低碳生态目标，实现有效的生态管控，解决目前目标体系与规划手段间难以对接的情况，以规划要素分类管控为思路，建立土地利用、绿色交通、生态景观环境、绿色建筑、可持续资源利用，并在规划设计过程中予以具体落实为引导。

（三）城市更新的操作机制

1.盘活存量、做优增量，实现旧城建设的有机更新
棚改先行，惠民为先，通过土地开发模式的多方案比较，对旧城区进行空间腾挪置换土地，合理确定城市的开发强度，在经济测算下达成旧城的再发展，即实现旧城基础设施完善、生态环境优化、新功能导入、风貌更新以及解决城市去库存、去杠杆等的综合目标。

2.传承地域特色和工业遗产，打造地方文创中心与创业基地
保留原有41厂建筑主体，在对现有建筑进行合理评估的前提下，提出对老森工建筑合理的保留、更新与拆除建议，将原有41厂改造成为绥化特有的文化旅游中心，同时也是东部生态新城北区的文化创意商业中心的核心，在41厂在保留城市记忆的同时，华丽转身成为后工业基地改造的典范。

■ 五、实施情况

建立招商引资项目库，引导城市有序发展，将规划分案以城南河为界分为两期进行建设，共确定20项城市发展主力项目。其中，以绥化火车站的升级改造、站前道路拓宽工程及沿街立面改造为触媒点带动地区发展，构建城市门户和新的城市中心。

齐齐哈尔市富拉尔基区和平路.黎明路.文汇路历史文化街区保护规划

编制单位：天津大学城市规划设计研究院　齐齐哈尔市城市规划设计研究院
编制人员：朱阳、陈孝忠、王牧青、朱磊、谭啸、董馨、单长江、冯驰、王毅辉、
　　　　　纪峰、董兴野、赵珺雯、刘曦光、崔巍、韩鹏
编制时间：2016年
获奖等级：一等奖

一、规划背景

近几年，富拉尔基区城市建设进程逐步加快，为协调历史街区与城市建设中的矛盾，保留城市的历史脉络，抓住城市生长的特殊文化，根据富拉尔基作为一五时期为国家重工业奠基的城市的格局，保护体现现代城市规划功能分区思想的典型工业区、居住区，保护体现苏式城市设计艺术理念的主要轴线和历史性绿地，并在未来的城市建设中加以延续和彰显。将和平路、黎明路、文汇路历史文化街区进行保护。

二、规划构思

1.城市现代化建设与城市历史文化传统的继承与保护之间，不是相互割裂，更不是相互对立的，而是有机关联、相得益彰的。

2.历史街区的保护是长期而艰难的，当代人是历史文化遗产的托管者，历史街区规划不是终极保护，而是引导街区永续发展的开始。

3.改善居住环境，开拓展示空间，将有利于提高社会、经济、环境综合效益，有利于促进齐齐哈尔实现整体可持续发展。

和平路规划总平面图

图　例

- 核心保护范围
- 建设控制地带
- 住宅建筑
- 居住商业混合建筑
- 公共建筑
- 新建建筑
1. 电影院
2. 文化宫
3. 特色餐饮街
4. 商业综合体
5. 公园
6. 养老院
7. 幼儿园
8. 社区超市
9. 派出所
P 社会停车场

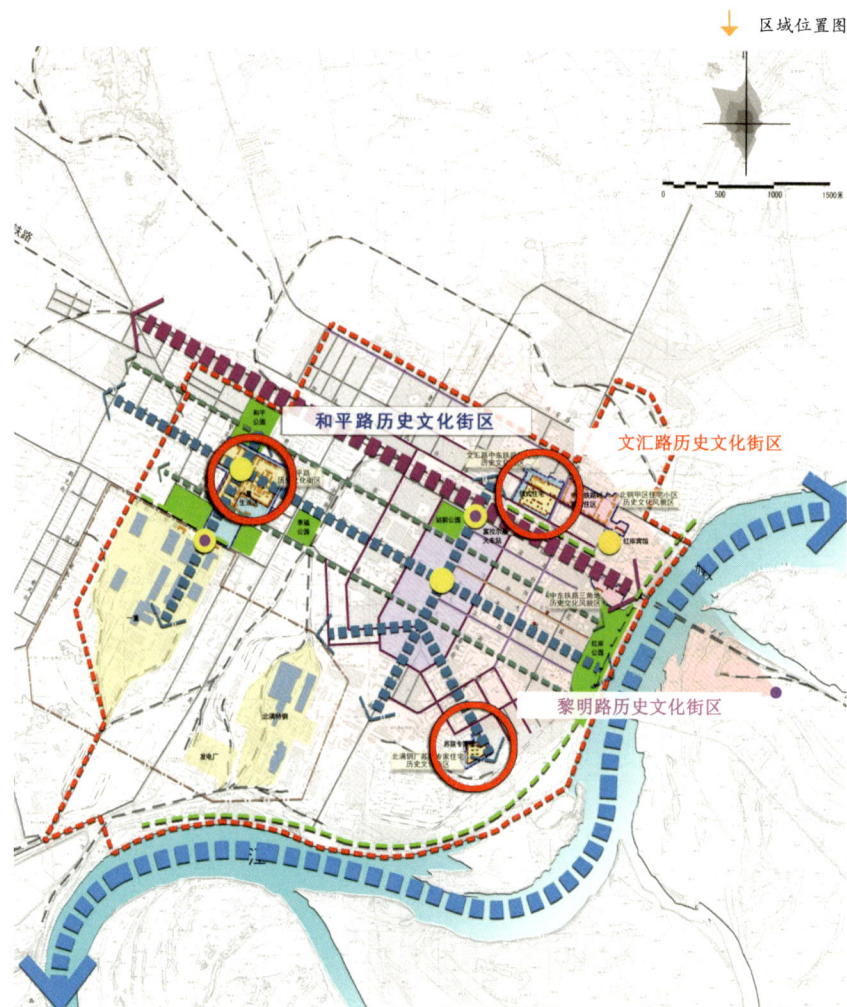

区域位置图

和平路历史文化街区

文汇路历史文化街区

黎明路历史文化街区

和平路土地利用规划图

图例
核心保护范围
建设控制地带
一类居住用地
一类服务设施用地
二类居住用地
商住混合用地
行政办公用地
文化设施用地
教育科研用地
社会福利设施用地
商业设施用地
娱乐康体设施用地
公园绿地
广场用地
餐饮用地
道路用地

规划用地面积统计表		
用地名称	面积（ha）	比例（%）
一类居住用地	11.76	29.56
一类服务设施用地	1.01	2.54
二类居住用地	1.68	4.22
商住混合用地	2.70	6.79
行政办公用地	0.09	0.23
文化设施用地	0.52	1.31
教育科研用地	1.04	2.61
社会福利设施用地	1.36	3.42
商业设施用地	1.27	3.19
娱乐康体设施用地	0.61	1.53
公园绿地	8.68	21.82
广场用地	0.33	0.83
餐饮用地	0.60	1.51
道路用地	8.19	20.59
总规划用地	39.79	100.00

黎明路土地使用规划图

图例
核心保护范围
建设控制地带
一类居住用地
二类居住用地
商业设施用地
文物古迹用地
文化活动设施用地
图书展览设施用地
公园绿地
社会福利设施用地
道路

规划土地利用平衡表		
用地名称	面积（公顷）	比例（%）
一类居住用地	3.04	21.3
二类居住用地	1.23	8.6
商业设施用地	3.63	25.3
文物古迹用地	0.27	1.9
文化活动设施用地	0.40	2.8
图书展览设施用地	1.21	8.4
公园绿地	1.97	13.7
社会福利设施用地	1.29	9.0
城市道路用地	1.26	9.0
总计	14.31	100

4.本规划结合中东铁路时期文化特点，形成功能完整的文化区域，提升历史街区的景观条件，展示历史街区的特色。

三、创新技术

1.整体性和真实性

保护本街区的历史文化遗产，保护街区的完整性和真实性，保护大量建筑造型规整、风格统一的居住建筑和多处公共建筑、内部周边与行列式相结合的路网、连续并富有变化的街巷空间，幽雅舒适的整体环境氛围，保护体现一五时期工人新村的历史文化特征，整体延续街区历史文化脉络。

2.分类保护

根据历史建筑的历史、科学和艺术价值、现状的完好程度、环境特征和使用状况，采取分类的保护方法。制定相应的保护规定和整治措施，保持历史风貌的多样性并使规划具有可操作性。

3.可持续性

合理利用，兼顾发展，对一些建筑风貌不明显、建筑质量差的区域进行改造，完善功能及布局，优化地区环境品质和空间景观，更新设施，使历史建筑及其环境既保持历史文化特色又符合现代的使用要求，提高历史建筑的使用价值，形成历史文化遗产保护与城市发展平衡、有序、和谐的可持续发展的模式。

4.强化特色

尊重历史原真性，强化街区特色。对于本街区有历史文化环境价值的建筑、肌理、空间布局、街巷尺度、绿化等真实的历史遗存和信息尽可能的保护和保留，并强化其特性，增强历史文化街区的特色和吸引力。

齐齐哈尔市富拉尔基区和平路.黎明路.文汇路历史文化街区保护规划

文汇路土地利用规划图

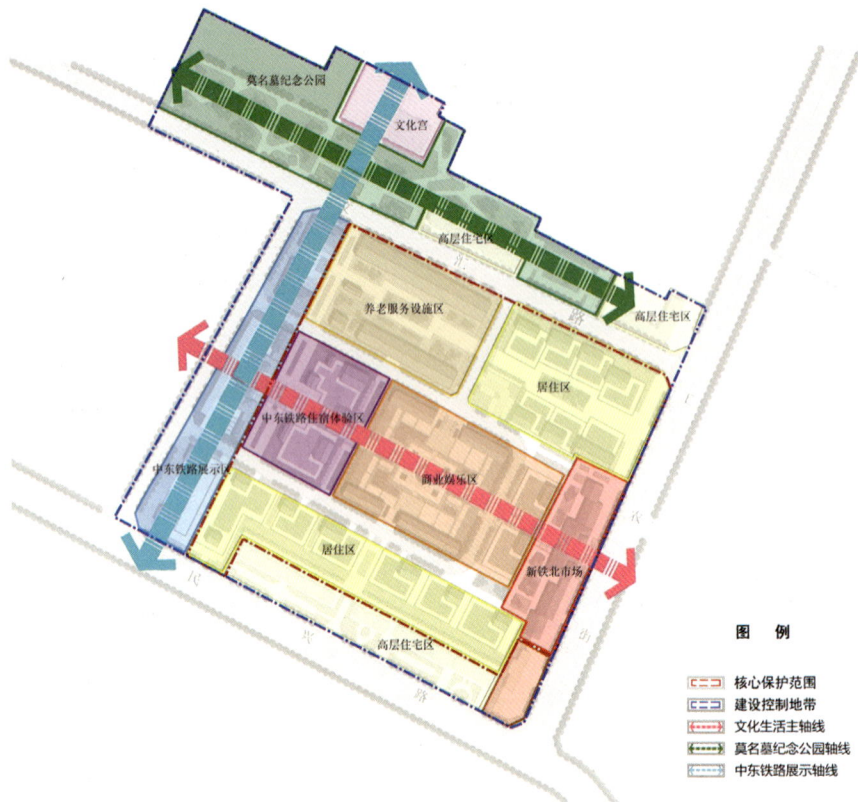

莫名墓纪念公园

文化宫

高层住宅区

养老服务设施区

高层住宅区

中东铁路住宅体验区

居住区

中东铁路展示

游业娱乐区

居住区

新铁北市场

高层住宅区

图 例

核心保护范围
建设控制地带
文化生活主轴线
莫名墓纪念公园轴线
中东铁路展示轴线

和平路规划总平面图

图 例

核心保护范围
建设控制地带
住宅建筑
居住商业混合建筑
公共建筑
新建建筑

1 电影院
2 文化宫
3 特色餐饮街
4 商业综合体
5 公园
6 养老院
7 幼儿园
8 社区超市
9 派出所
P 社会停车场

文汇路规划总平面图

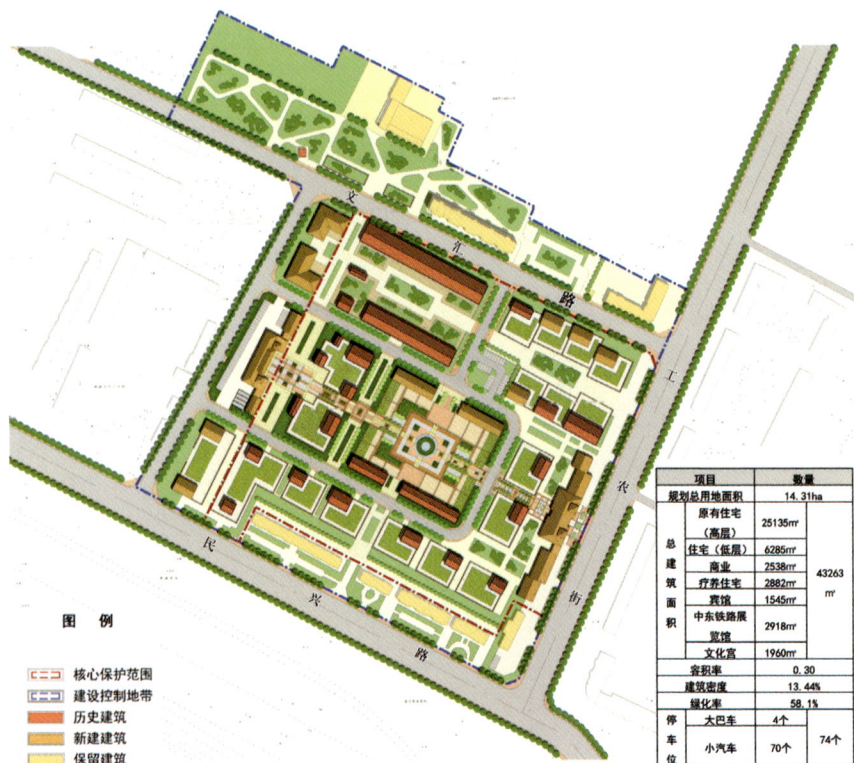

图 例

核心保护范围
建设控制地带
历史建筑
新建建筑
保留建筑

项目		数量
规划总用地面积		14.31ha
总建筑面积	原有住宅（高层）	25135㎡
	住宅（低层）	6285㎡
	商业	2538㎡
	疗养住宅	2882㎡
	宾馆	1545㎡
	中东铁路展览馆	2918㎡
	文化宫	1960㎡
容积率		0.30
建筑密度		13.44%
绿化率		58.1%
停车位	大巴车	4个
	小汽车	70个

总建筑面积 43263㎡
停车位 74个

四、规划分期

历史文化街区的保护规划工作分近期（2020 年）远期（2030 年）两个阶段。其中规划近期初步恢复历史街区历史风貌，规划远期形成完善的绿化、景观、公共开敞空间和公共服务设施体系，历史街区整体上形成历史文化保护和居民生活、带动周边地区旅游发展的良好格局。

文汇路鸟瞰图 →

黎明路鸟瞰图 →

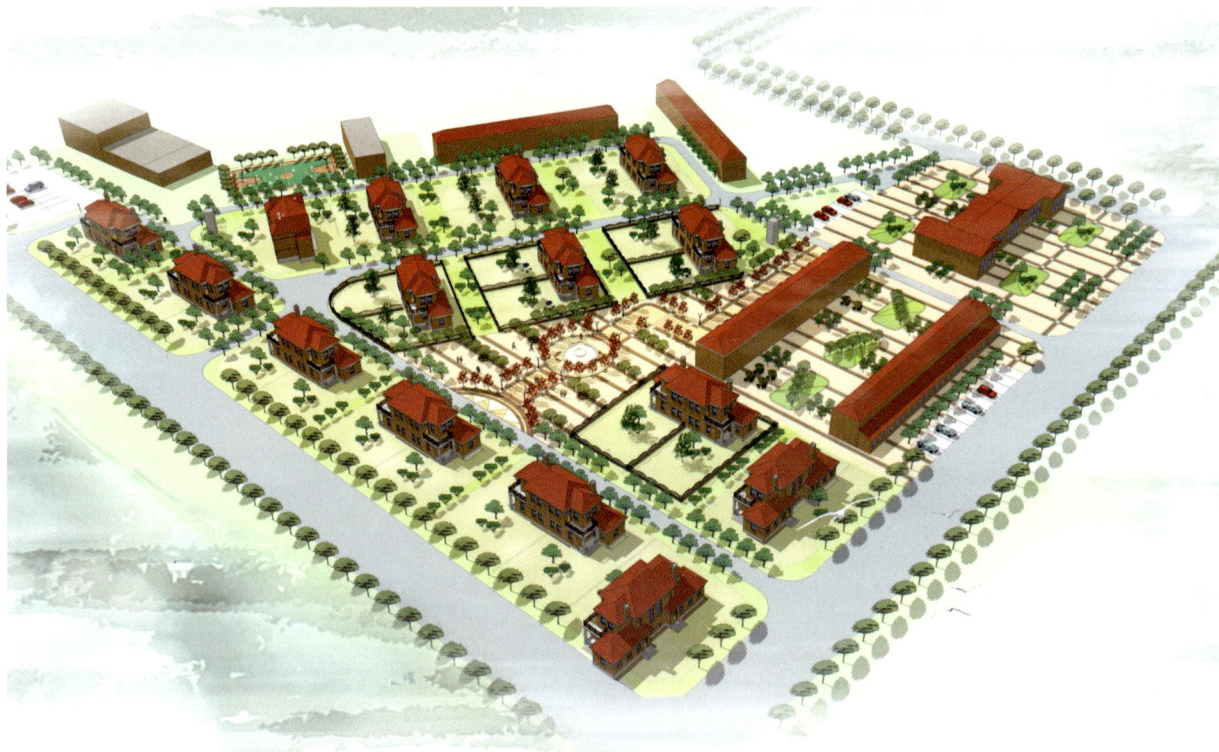

大庆市城市总体规划（2011-2020）

编制单位：黑龙江省城市规划勘测设计研究院
编制人员：张宝武、李艳杰、王琳晔、宫金辉、高春义、谢尔恩、秦磊、于萍、王家成、李晓晶、高向娜、丁冠华、郎朗、曲仓健、王艺珊、李达书、宋扬
编制时间：2016年
获奖等级：二等奖

一、规划背景

现行的《大庆市城市总体规划（1998-2010）》确定的城市建设指导方针和原则，对大庆市城市建设发挥了重要的引导和调控作用。但随着国家振兴东北战略、国家促进资源型城市转型等战略的实施，以及黑龙江省哈大齐工业走廊的建设等宏观背景环境的变化，对城市发展提出了新的要求；为了适应大庆市城市长远发展的需要，优化配置资源，协调好生态空间、生产空间和生活空间的关系，巩固大庆作为我国重要石油、石化工业基地的地位，实现大庆市经济、社会的全面协调可持续发展，依据《中华人民共和国城乡规划法》相关要求，编制《大庆市城市总体规划（2011-2020年）》。

二、规划构思

1.加快老工业基地调整，参与区域协作

根据《全国老工业基地调整改造规划》的战略部署，统筹推进大庆市老工业基地城市调整改造升级，转变经济发展方式，推进新型工业化，建设创新型城市，全面提升城市综合功能，促进大庆全面协调可持续发展。积极参与哈—大—齐—牡石化产业带和哈大齐工业走廊的建设，加强区域协作。

2.发展多元经济，增强城市的综合功能

根据《全国资源型城市可持续发展规划》的战略部署，加快经济结构转型升级，改造提升石油、石化等传统资源型产业、培育壮大石油石化装备制造、新型建材等接续替代产业，加快发展现代服务业，鼓励发展战略性新兴产业，构建以石油工业为基石，石化工业为主导，现代农业、装备制造、新材料和新能源、高端服务业为支柱的产业格局，推进大庆市由单一的资源型经济向多元经济转变。

3.优化城镇布局，提高城镇化水平

加强规划引导，优化城镇布局，强化基础设施建设，完善公共服务体系，促进经济快速发展，加快新型城镇化进程，提高城镇化水平。加快完善以中心城区为核心，市域副中心城镇为支点，重点城镇、一般城镇为补充的市域城镇体系建设。重点加强市域副中心城镇及重点城镇的道路、给排水、电力电信、供热和生活垃圾收集处理等基础设施建设，加快完善科技、教育、文化、医疗等功能，改善居住条件，提高城镇综合承载能力。

4.推动中心城区现代化城市建设，建设绿色、生态、宜居的国家园林城市

推进现代化城市建设，优化中心城区产业用地，调整功能布局。加快东部片区高新技术产业开发区建设，控制发展中部片区，整合西部片区乘风庄区域工矿企业用地。加强各片区联系，集中建设，形成三个各具特色、城市职能各有侧重的综合功能区。

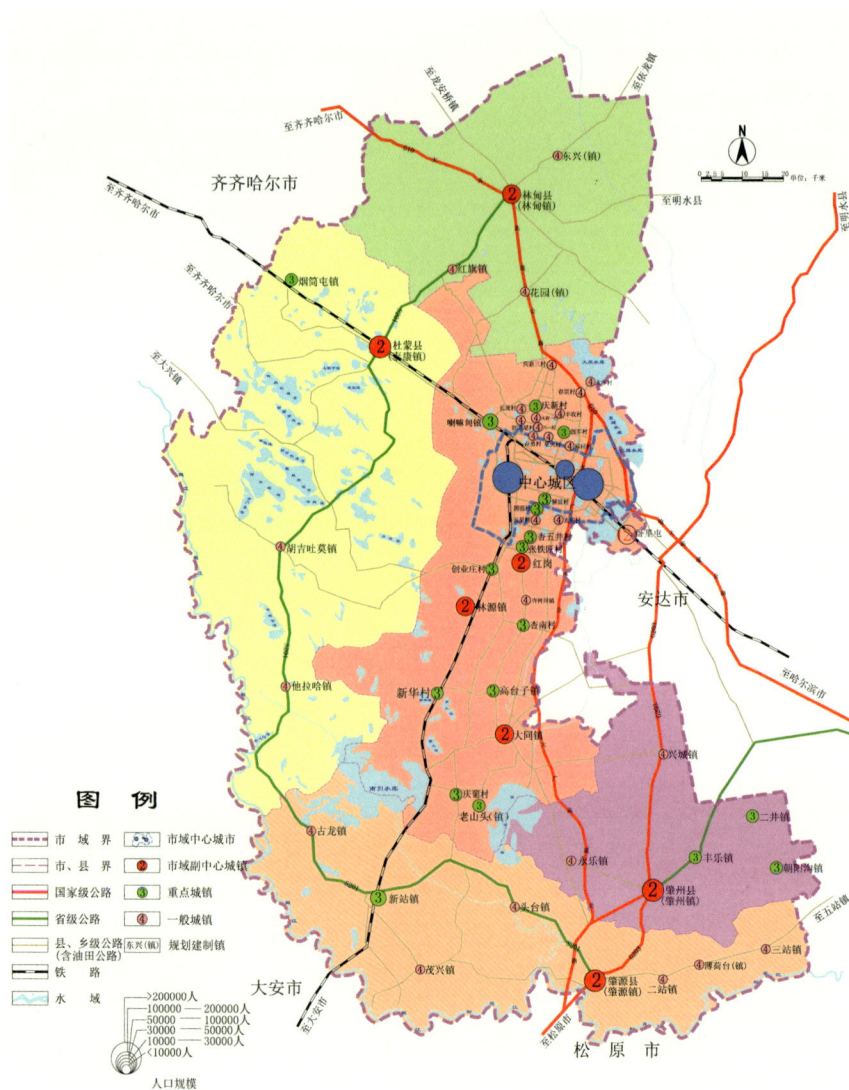

市域城镇等级规模规划图

保护城市生态环境的稳定性和舒适性，理顺城市与自然的关系，维护生态平衡。中心城区构筑组团式布局，重点建设组团间的生态绿地系统，注重湖、库、河、沼、湿地等城市地表水体的保护与控制，打造绿色空间分隔、湖泡水系相通的园林城市。

在城市发展与空间拓展中坚持开发与保护并重，充分考虑水土资源的承载能力，合理确定开发范围和开发强度，保护生态环境。

5.强化城市安全保障，保护生态格局

加强城市公共安全。加快安全生产技术保障体系建设，避免重大危险源对城市发展构成威胁。加强对重大危险源的监控和重大安全事故隐患的防治。推进排水防涝泄洪体系建设，防范城区内涝灾害。

构建区域生态安全格局。保护草原、湿地、湖泊等特色景观资源，维护城市绿色生态廊道，保护生物多样性，提高城市生态绿地的系统性，保证城市发展的生态空间。

加大污染治理力度，推进废弃资源循环再利用。加大水土流失综合治理，加强水源地保护和城市内河水环境整治，恢复油田开采破坏植被；积极改进企业燃料结构，减少大气污染物的排放量。

中心城区空间结构规划图

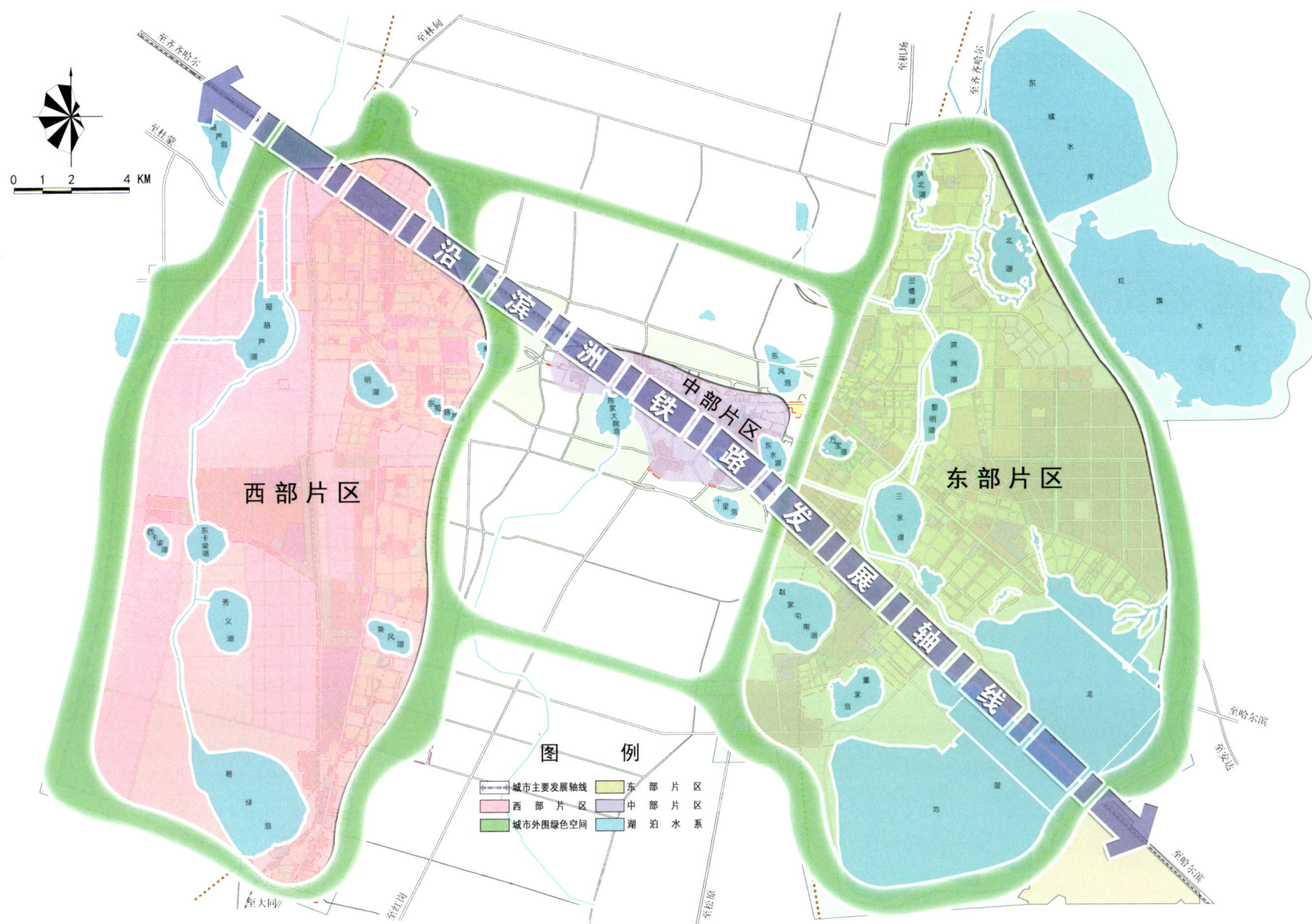

图 例

- 城市主要发展轴线
- 西部片区
- 城市外围绿色空间
- 东部片区
- 中部片区
- 湖泊水系

大庆市城市总体规划（2011-2020）

三、创新技术

1.大庆市城市总体规划采用战略性规划与实施性规划相结合的方法，使大庆市发展战略规划的整体部署在城市总体规划中得以落实，在地域空间上得以体现，做到了宏观把握城市定位，微观指导城市建设。

2.按照"两型社会"建设要求，节约集约发展，规划从产业牵引动力、就业人口分析、居住环境改善等方面，根据综合增长率、回归分析、经济弹性系数等方法，合理确定城市人口规模。

3.大庆市城市总体规划在用地空间上与土地利用总体规划有效衔接。城市总体规划城市建设用地范围与土地利用规划建设用地范围有效对接，确保了规划的可操作性和实效性，对"多规合一"的内容适度体现。

4.落实国家新型城镇化战略，优化市域城乡居民点布局，合理确定居民点数

量、布局，引导农民向中心城区聚集，在尊重农民意愿的前提下分步推进实施，实现城乡一体化发展。

5.突出区域协调规划，充分研究了大庆市与哈尔滨市、齐齐哈尔市、绥化市、吉林省松原市、白城市的区域关系，在产业协调、空间融合、交通推进、基础设施共建共享等方面提出发展思路。

6.规划适度体现国家当前重视"空间规划"的理念，划定了城市开发边界，防止城市无序蔓延；提出了空间管制要素，明确了各类要素的主体和范围，划定了基本生态控制线，构建生态安全格局。

7.突破"重战略、轻实施"，体现"过程规划"。在规划编制过程中，对多层次多类型的规划进行整合协调，实现专项与总体规划的互动。同时规划人员与当地政府共同工作，共同解决如产业园区布局，重要道路选线、客运站选址等重大问题，实现规划远期与实施的结合，大大提升了规划的可实施性。

↓ 市域城镇空间布局规划图

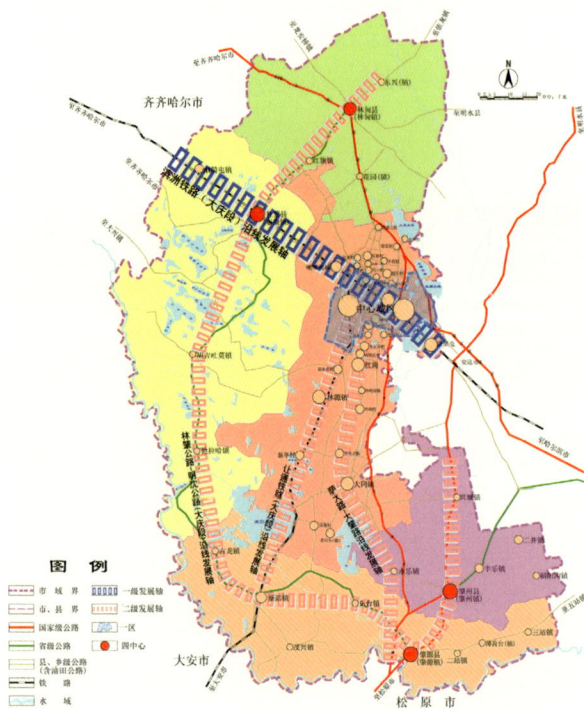

↓ 市域空间管制规划图（要素图）

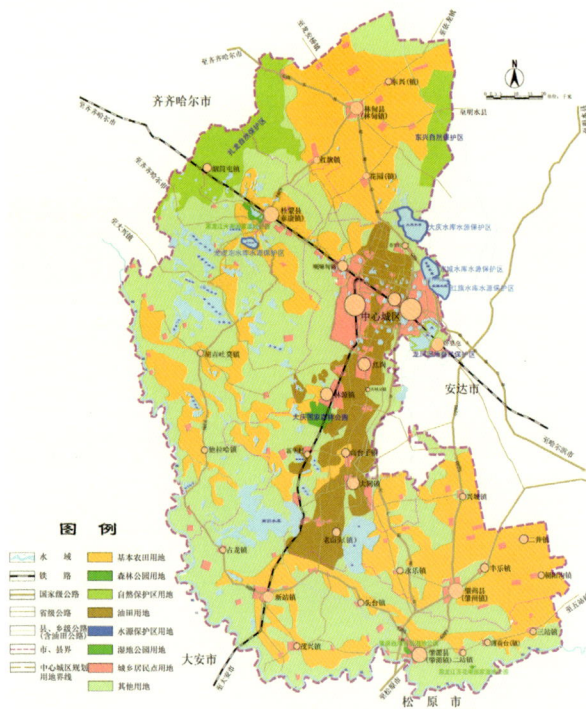

↓ 市域生态环境保护规划图

四、实施情况

　　规划编制期间完成了对市域村镇体系规划、市域新型城镇化规划、市区综合交通体系规划、西城区总体规划等的完善工作；对重点区域的概念规划、控详规划、城市设计进行了有效控制和引导；规划实施之后，将更加有效的指导大庆市下层次城乡规划和相关专项规划的编制工作，对城乡建设方面发挥积极的作用。

中心城区用地规划图（2011-2020年）

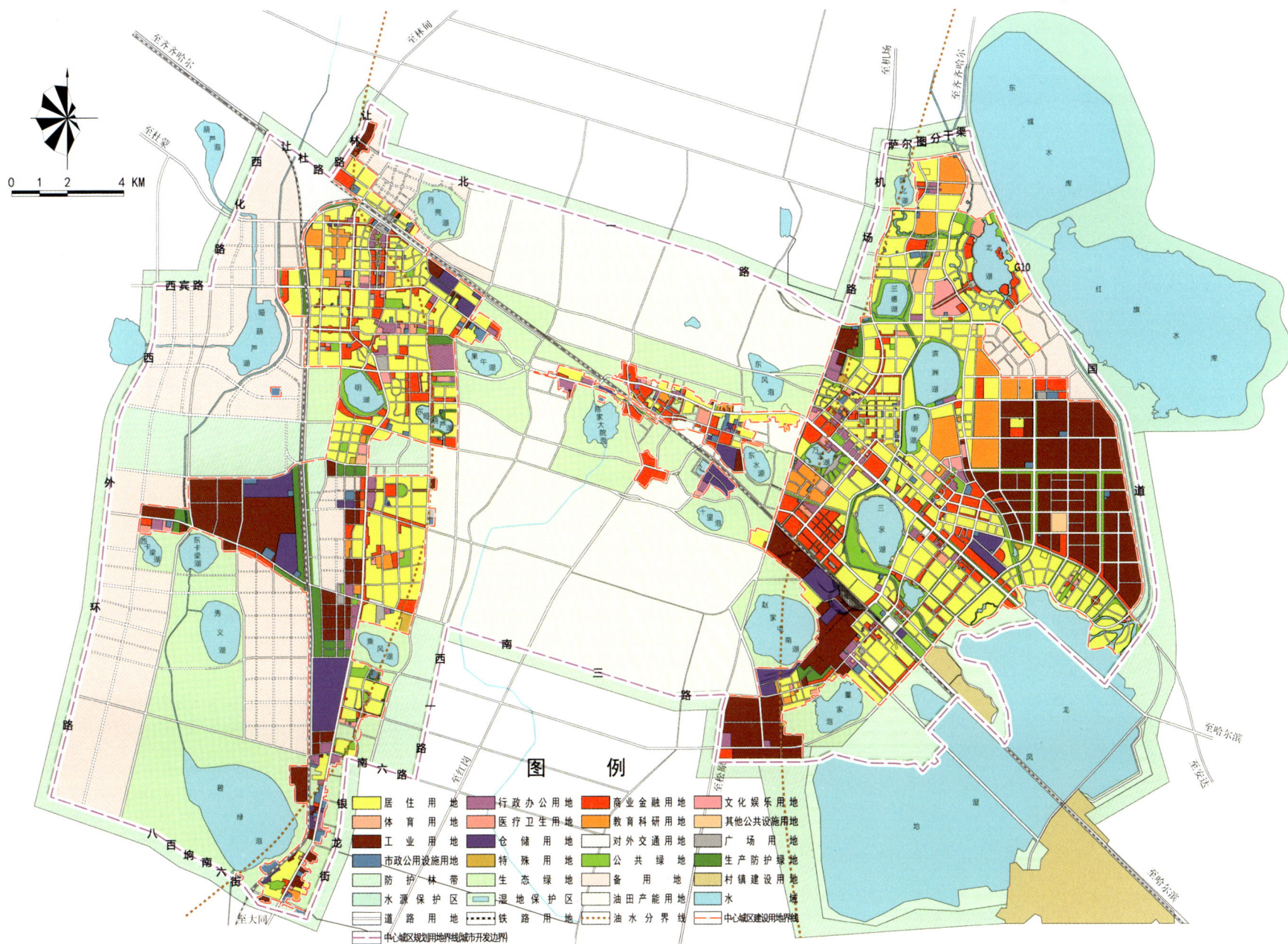

图　例

居住用地	行政办公用地	商业金融用地	文化娱乐用地
体育用地	医疗卫生用地	教育科研用地	其他公共设施用地
工业用地	仓储用地	对外交通用地	广场用地
市政公用设施用地	特殊用地	公共绿地	生产防护绿地
防护林带	生态绿地	备用地	村镇建设用地
水源保护区	湿地保护区	油田产能用地	水
道路用地	铁路用地	油水分界线	中心城区建设用地界线
中心城区规划用地界线城市开发边界			

林口镇铁北棚户区改造规划

编制单位：黑龙江省城市规划勘测设计研究院
编制人员：魏文琪、王艳秋、原帅、银小娇、刘东亮、邵凯、刘春阳、孙英博、
房益山、张蕾、王锐、穆伟东、肖博瑞、卜德鹏、张德才
编制时间：2016年
获奖等级：二等奖

一、规划背景

2013年7月《国务院关于加快棚户区改造工作的意见》（国发〔2013〕25号）、2014年4月，国务院常务会议指出，加快棚户区改造，让亿万居民早日"出棚进楼"，是改善民生的硬任务，也可以有力拉动投资、促进消费，是以人为核心的新型城镇化的重要内容。2015年国务院发布《关于进一步做好城镇棚户区和城乡危房改造及配套基础设施建设有关工作的意见》定3年计划加大棚户区改造力度。为了响应国家号召及支持林口县棚户区改造工作，林口县铁北棚户区改造工程的建设势在必行，而且要争创林口县的典范。

二、规划构思

规划制定三大设计主题：

品质型小区——打造静、康、艺、融的儒雅生活圈。
新都市主义——由住区到综合型小区的转变。
原生态景观——原山原水、山林坡地、玉带溪畔。

规划要体现小区建筑文脉的延续性，构建多层次的空间环境，力求将艺术的灵魂和创意融入生活的情趣中，创造出一个诗意的栖居环境。

铁北棚户区改造鸟瞰图

Livable, suitable, appropriate State
宜居、宜业、宜态
1.最大限度的发挥基地的价值
2.营造有吸引力的社区及城市空间
3.创造与城市环境的最佳联系
4.树立项目品牌，提升区域知名度

三、规划主要内容

规划范围总用地面积为16.4公顷，其中居住用地面积为9.3公顷，总建筑面积为12.8万平方米，其中住宅建筑为6层和11层，面积为10万平方米；商服均为1层，建筑面积为7268平方米、一层车库建筑面积为15255平方米；其他公建为2280平方米，开发容积率为1.38，建筑密度为28%。

在基地中设计纵向和横向的绿地形成具有开敞空间意义的绿地网络；充分考虑地形，合理规划路网，力求土方平衡；依地形结合绿网设置风廊，同时合理控制建筑高低变化，形成区域微气候；推崇土地复合功能，使城市土地利用走出用地功能单一的误区。

规划形成"三组团、两轴、一带、三心、一渗透"的功能结构。

由于各地块不大，机动车流线应简洁流畅，规划采用环形路网。道路分为四个等级：城市道路红线宽度为15～25米，小区路红线宽度为9～10米，组团路路面宽度为6米，宅间路不小于2.5米。

规划形成生态渗透、绿地提升，纵横两轴、轴脉连续，多元节点、层次分明的景观结构。

规划分三期实施，其中一期开发总建筑面积为3.7万平方米，二期为6.4万平方米，三期为2.8万平方米。

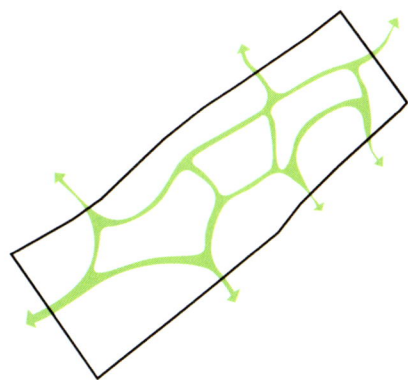

← *规划设计思路*

1.在基地中设置纵向和横向的绿地形成具有开敞空间意义的绿地网络。
Setting the vertical and horizontal at the base of the green form the open space of green space networks.

2.充分考虑地形，合理规划路网，力求土方平衡。
Full account of terrain, proper roads, land, to Earth balance.

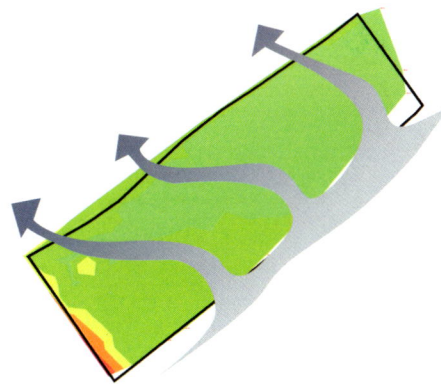

3.依地形结合绿网设置风廊，同时合理控制建筑高低变化，形成区域微气候。
Based on topographical wind corridors with green piping facilities and reasonable control of architectural changes, form the regional microclimate.

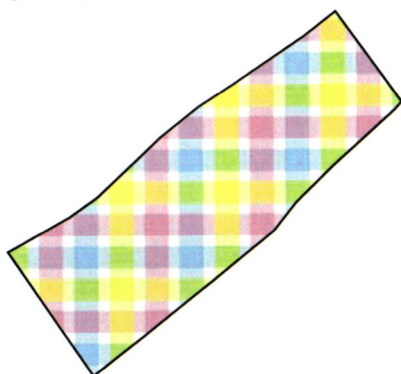

4.推崇土地功能复合，使城市土地利用走出用地功能单一误区。
Respected land compound, dissipating the wrong rough urban land use.

5.场地与生活相互联动，赋予城市多样、特色的文化生活。
Site linkage and side of life, losing to diversity, characteristic of the city's cultural life.

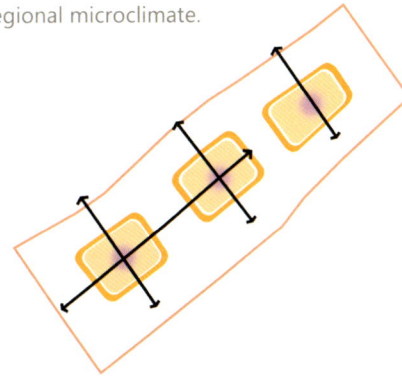

6.发展以绿色交通为导向，以慢行系统、绿色车型系统为主导的交通模式。
Development of traffic in green-oriented, developing walking slow, green vehicle systems as the dominant mode of transport.

林口镇铁北棚户区改造规划

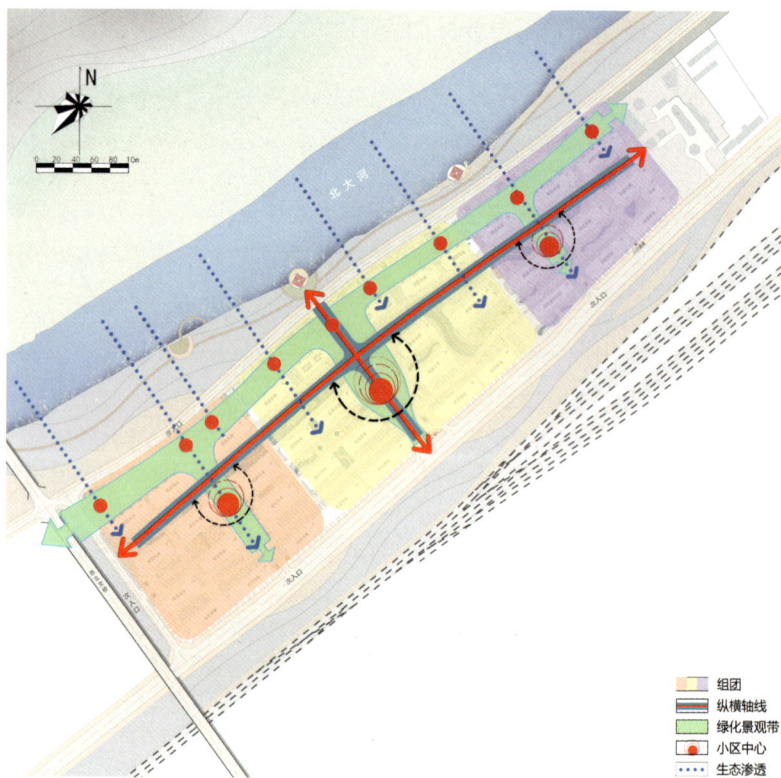

← 道路交通规划图

组团
纵横轴线
绿化景观带
小区中心
生态渗透

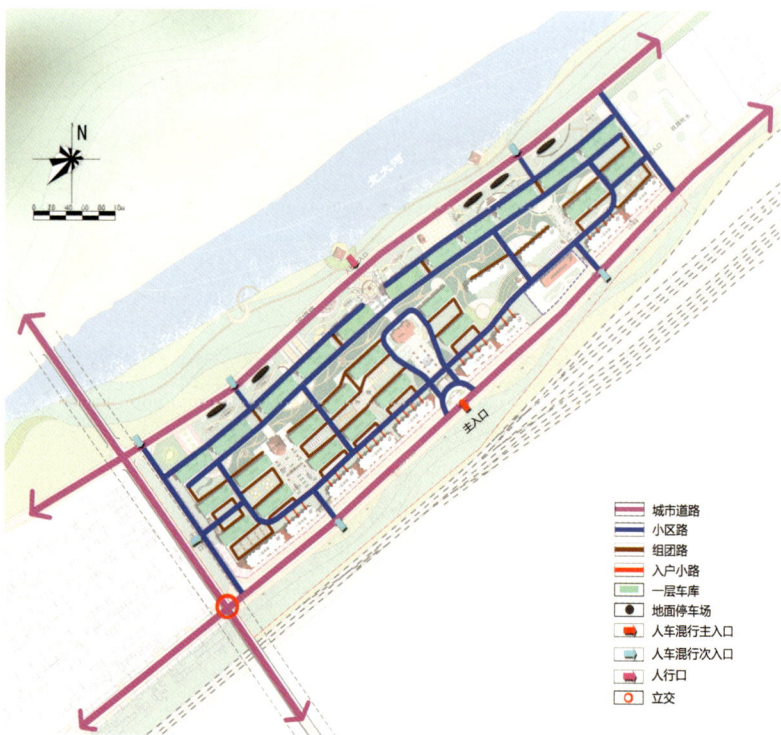

← 功能结构图

城市道路
小区路
组团路
入户小路
一层车库
地面停车场
人车混行主入口
人车混行次入口
人行口
立交

依山傍水，绿意环绕；
一脉通达，蓝绿交映；
三心辉映，引领提升；
两轴互动，整体协同。

规划形成"三组团、两轴、一带、三心、一渗透"的功能结构：

三组团：以路为界，分为东、西、中三大组团。

两轴：纵向连接主要出入口的景观大道及横向串联整个小区的步行景观带；

一带：北侧结合堤坝设计的带状公园；

三心：通过环形道路围合而成的集中绿地景观形成的三个组团中心；

一渗透：北侧北大河对整个居住小区的生态渗透。

由于每个地块不大，机动车流线应简洁流畅，在本案的住宅区内均采用环形路网。

道路分为四个等级：

1.城市道路：

（1）铁北大街，道路红线25米，路面宽度14米，双车道。

（2）河堤路道路红线15米，路面宽度7米，双车道。

（3）西立交桥，桥面宽12.5米，控制线为40米。

2.小区路：道路红线为10米，路面宽度6米，双车道，解决从西立交进入小区的交通。

3.组团路：路面宽度6米，连接入户道路。

4.宅间小路：入户路，路面不宜小于2.5米。

住宅一层均设置车库，结合带状公园设置地面停车场，解决外来人流临时停车的需要。

四、规划特色

规划采取"宜居、畅通、健康、平安、森林"的规划策略以及提出"完善区域结构、导入生态资源、推出品质生活品牌、塑造新都市主义、升级整体形象"核心规划理念。

规划要做到体现"四增四减"的原则、突出体现特色和文化内涵、改善城市交通状况、充实和完善公共服务设施、加强环境绿化、美化居住环境、加强历史文化和城市风貌的保护。

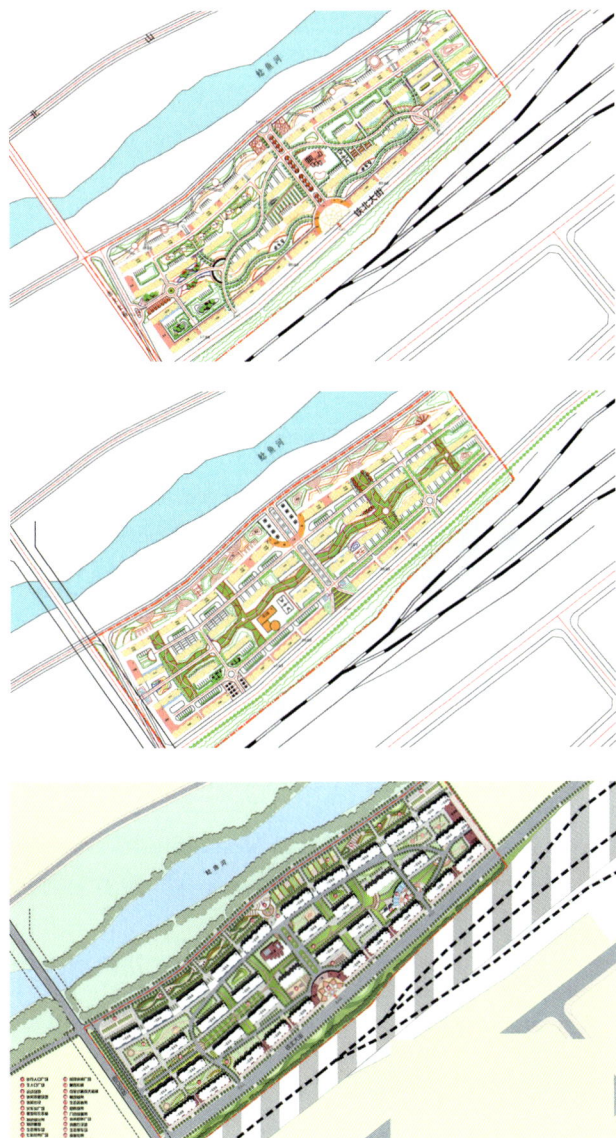

五、规划实施

项目自编制完成以后，经建筑设计院进行建筑单体设计，主管部门核发了建设用地规划许可证、建筑工程规划许可证、建筑工程施工许可证后，一期26栋多层、2栋高层、2栋配套设施用房主体已基本建成。

0.96总建筑面积14.24公顷，其中住宅建筑面积为11.35公顷.

——方案对比推敲

← 规划方案图

通过五种方案的对比推敲，最后确定第五种方案为本次规划的最终方案

本方案在前三稿方案基础上对建筑走向、层高、进深及面宽仅进行了微调，但是对道路网络进行了大幅度调整，使其可达性更强，景观层次更丰富，生态渗透更直观，并为集中绿地景观的设置提供了可能。调整后容积率为0.96，总建筑面积14.24公顷，其中住宅建筑面积为11.35公顷。

总平面图
master plot plan

本方案在第四稿方案基础上对建筑排列进行了微调同时对道路网络进行了梳理，使其组团间连通性更强。调整后容积率为1.38，开发总建筑面积为12.8万平方米。

图例

黑龙江省密山市白鱼湾镇总体规划

编制单位：黑龙江省城市规划勘测设计研究院
编制人员：单景才、陈昭明、罗娇赢、刘静宇、陈兵、范震、朴金姬、房永亮、
张斯茗、王泓凯、姚庆欢、高媛、张维夫、王清扬
编制时间：2016年
获奖等级：二等奖

■ 一、项目背景

（一）新型城镇化背景下，小城镇规划得到进一步重视

随着《中国共产党第十八次全国代表大会报告》《中共中央关于全面深化改革若干重大问题的决定》与《中央城镇化工作会议精神》的相继发布，新型城镇化为乡镇规划指明了方向。

在新型城镇化背景下积极有序地发展小城镇，是建设中国特色的城镇化道路的现实需要，是推进经济发展方式转变和经济结构调整的重大战略举措，是统筹城乡发展的有效途径，有利于缓解大中城市人口膨胀带来的压力。

（二）城镇化进程快速发展的需要

我国正处于一个城镇化加速发展的伟大历史时期，并要求加快城乡一体化和小城镇建设。推进城镇化、城乡一体化有助于改善人民生活水平，扩大内需，拉动国民经济增长。

随着城镇化进程的加快，白鱼湾镇原有的基础设施已和新形势不相称，应抓住这一机遇，优化空间结构与产业布局，加强镇域公共设施和镇区与重点行政村的基础设施建设，创造良好的招商引资硬环境。

（三）住房城乡建设部《关于做好2014年村庄规划、镇规划和县域村镇体系规划试点工作的通知》的要求

近年来，各地积极开展村镇规划的编制和实施，取得了一定成效，但村镇规划照搬城市规划模式、脱离村镇实际、指导性和实施性较差等问题仍然存在。

因此，2014年住建部组织开展村镇规划试点工作。而白鱼湾镇作为全国一般镇的代表，有幸成为本次工作的试点乡镇。住房城乡建设部要求在编制白鱼湾镇总体规划时，探索符合我国小城镇实际、解决小城镇问题的镇规划理念、目的、内容、深度及编制方法等。

↓ 镇域空间结构规划图

二、规划构思

从区域-镇域-镇区层面入手，探索符合白鱼湾镇特点的产业发展和扩大稳定就业的规划措施。

探索以镇为中心的农民生产生活圈规划方法，依据农民购物办事、休闲娱乐、教育医疗等各类活动需求和活动半径，合理确定镇与村的基础设施、公共服务设施和商业设施的布局，增强镇服务功能。

探索"多规合一"的镇规划方法和工作机制。避免照搬城市规划方法、盲目追求规模扩张、重镇区轻镇域、重新镇区建设轻老镇区改造、缺乏小城镇特色、可操作性差等问题。

三、规划主要内容及特点

（一）区域部分

1.区域、市场调查研究；
2.兴凯湖旅游区研究分析；
3.兴凯湖旅游区旅游职能定位。

（二）镇域部分

1.镇域现状调研分析；2.镇域生产生活功能圈规划；
3.镇域镇村体系规划；4."多规合一"的方法和工作机制。

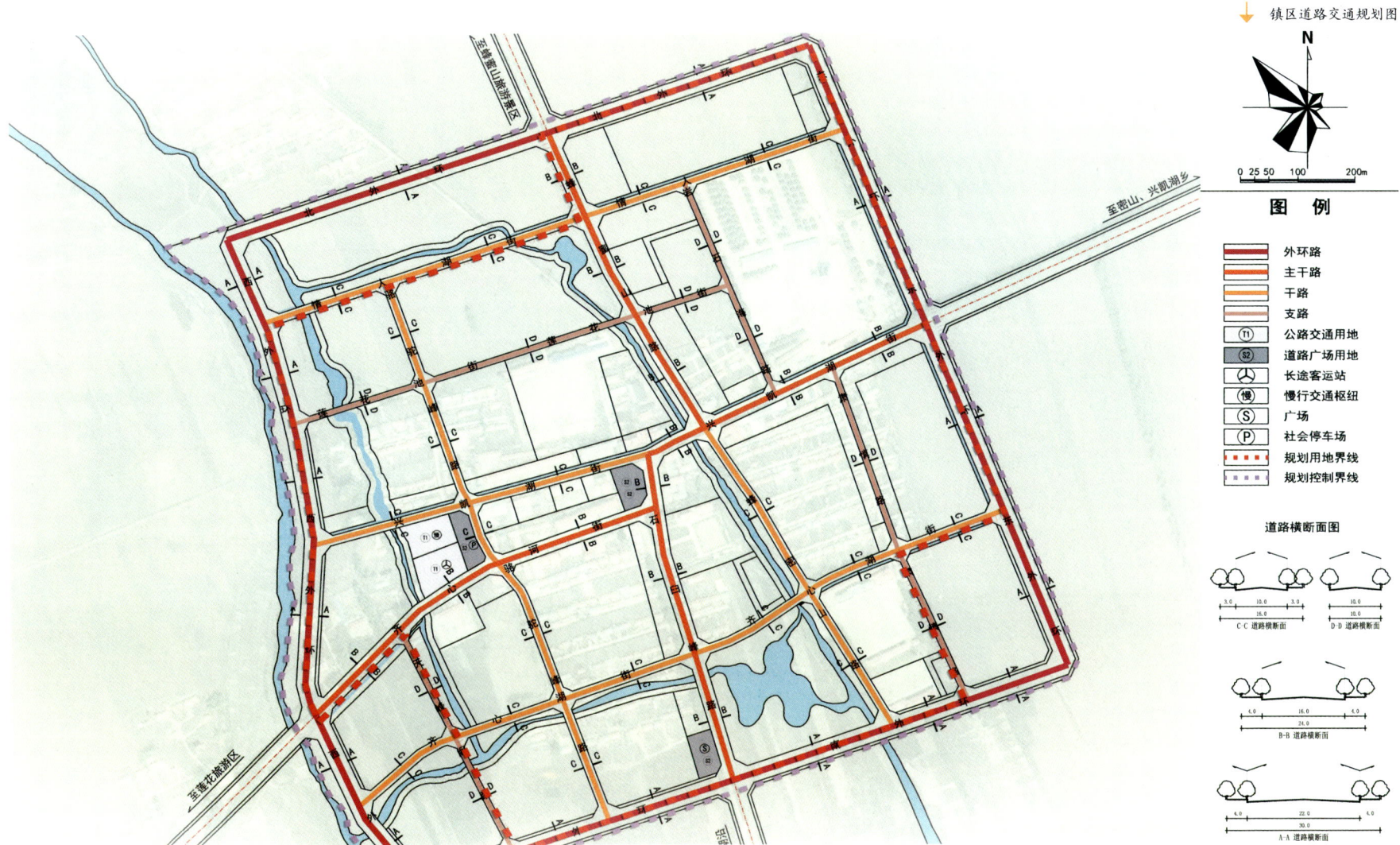

镇区道路交通规划图

图 例

外环路
主干路
干路
支路
T1 公路交通用地
S2 道路广场用地
长途客运站
慢 慢行交通枢纽
S 广场
P 社会停车场
规划用地界线
规划控制界线

道路横断面图

C-C 道路横断面
D-D 道路横断面
B-B 道路横断面
A-A 道路横断面

黑龙江省密山市白鱼湾镇总体规划

（三）镇区部分

1.镇区现状调研分析；2.镇区总体规划；
3.商业街巷、现代居住社区的改造与建设；
4.肃慎文化、生态农庄等特色区域的建设规划。

调查研究方面：

（1）将调查范围分为"兴凯湖旅游区—白鱼湾镇域—白鱼湾镇区"三个层次，确定白鱼湾镇在兴凯湖旅游区的职能与分工，以及区内各乡镇（农场）之间的

关系，更好地对城镇进行定位与规划，使区域旅游一体化成为可能。

（2）采用"大数据"、"互联网+"的手段，通过微博、微信等平台，探索"数字化调查+差异化、典型性的踏勘、访谈、问卷"的调查方法，提高调查的效率和实效。

（3）整合空间信息（国土：土地利用二调、交通：交通管理信息、市政：管线普查等）和非空间信息（教育卫生：建设与运行、环保：环保政策、文物：文保单位、农发办：产业现状），建立现状信息库，确保现状调查的准确性和全面性。

镇区建设规划平面图

N

0 25 50 100 200m

图 例

01 农家乐体验区
02 接待中心
03 次入口广场
04 烤烟种植示范区
05 红酒古堡
06 白鱼广场
07 采摘园
08 草料堆放场
09 白鱼养殖垂钓体验区
10 公园
11 乡村住宅
12 中学
13 镇政府
14 田园养老区
15 医院
16 养老服务中心
17 慢行交通枢纽
18 长途客运站
19 变电站
20 消防站
21 多层住宅区
22 中心公园
23 城镇广场主入口
24 垃圾中转站
25 中型沼气工程
26 生态排水沟渠
27 农产品贸易市场
28 管理服务中心
29 农产品加工
30 蛋鸭养殖区
31 农机停放厂库
32 农业培训学校
33 农机站
34 白鱼湾粮库
35 加油站
36 特色餐饮区
37 农村信用合作社
38 邮政电信分局
39 特色步行街
40 肃慎民族住宅区
41 速递中心
42 核心行政办公
43 水厂
44 农业集贸市场
45 小学
46 供热站
47 幼儿园
48 休闲景观廊道

旅游规划方面：

将旅游规划与其他规划融合（与农业、生态、居住融合），使旅游开发效益最大化。通过镇域-镇区两个层次的慢行系统规划，使旅游体验覆盖整个镇域。

■ **四、实施情况**

通过了住房城乡建设部的"村庄规划、镇规划和县域乡村建设规划试点中期汇报"和"2014年村庄规划、镇规划和县域乡村建设规划试点验收"，得到住房城乡建设部时任总规划师唐凯等相关评审专家的肯定，现白鱼湾镇的相关建设项目均执行本规划实施。

↓ 整体鸟瞰图

商业步行街透视图

整体鸟瞰图

同江市老城区控制性详细规划

编制单位：黑龙江省城市规划勘测设计研究院
编制人员：银小娇、魏文琪、王艳秋、刘东亮、孙英博、邵凯、张蕾、王锐、原帅、
　　　　　房益山、赵丽晔、于萍、卜德鹏、褚忠兴、杨伟峰
编制时间：2016年
获奖等级：二等奖

■ 一、规划背景

同江市位于黑龙江省东北部，松花江与黑龙江两江交汇处南岸，北隔黑龙江与俄罗斯相望，是我省重要的国际口岸城市，也是贯穿中国南北公路大动脉"同三"公路的北端起点。同江具有优越的对俄口岸通道优势，建设同江中俄铁路大桥可使同江口岸与俄罗斯下列宁斯阔耶口岸连接，与西伯利亚大铁路相贯通，对哈佳双同产业带的对俄贸易具有极大的促进作用。

随着《同江市城市总体规划（2013-2030）》的批复实施，控制性详细规划的编制将进一步深化和细化总体规划的各项要求，充分挖掘同江市的资源优势，将宏观的城市构想，以微观、具体的控制要求进行体现，使土地开发的综合效益最大化，传达城市政策信息，引导社会、经济、环境协调发展，更好的指导修建性详细规划，为城市国有土地使用权出让和规划管理提供依据。

■ 二、规划内容

同江市老城区西邻松花江，北邻西小河，南接平安大道，东靠三江口大街，规划用地面积14平方千米。老城区现状建设用地面积8.77平方千米，仅占总用地的62%。土地资源丰富，发展条件优越，具有大规模开发建设的潜力。

同江市老城区控制性详细规划的内容分为底线的刚性控制和上限的弹性控制。

（一）刚性控制

刚性控制是必须严格遵守的指标，包括用地性质、用地面积、建筑密度、容积率、绿地率、建筑控制高度、建筑后退道路红线距离、交通出入口方位、停车泊位、土地使用相容性规定及配套公共服务设施。

（二）弹性控制

同江市自然条件优越，城市西、北两侧临水，为了避免传统控制性详细规划的僵硬，本次规划引入了总体城市设计思想，展现城市自然资源特色、给修建性详细规划提供引导、避免其随意性，保证开发秩序，合理引导老城区的发展和建设。

依据总体城市设计的规划成果和城市特质，规划将弹性控制体系划分为两种，常规弹性指引和特色弹性指引。常规弹性指引包括城市风貌分区引导、步行系统引导、街道轮廓引导、街道界面引导、城市色彩引导；特色弹性引导包括：重点地块引导、天际线引导、开放空间引导、照明设施引导、广告设施引导。

■ 三、规划创新

规划中对特色弹性引导内容进行了明确。

（一）重点地块引导

依据城市的资源特色，本次规划选取滨水商业区域、市中心居住区、养老社区三个地块进行重点详细规划引导。

滨水商业区域位于老城区最北侧，紧邻西小河，为城市重要的商业区。基于其区位的临水性，为了避免建设容积率较高、建筑密度较大的商业设施、阻挡城市整体的透水性。规划对其建筑高度、建筑形式、建筑风格、规划布局的透水性做出了弹性引导。

市中心居住地块位于老城区商业中心附近，北邻长青路、南邻大直路，西靠丽江街。是中心区为数不多的、可开发的居住地块。基于其良好的区位条件、优越的公共服务设施配套资源，将其规划为居住与办公功能混合的SOHO公寓区域，打造一个集居住、办公、娱乐、购物的综合型场所。该区域业态丰富、布局灵活、建筑个性化，彰显了多元丰富的生活方式，延续了市中心的活力。

基于我国养老现状及发展需求，规划选择在交通便捷、生态景观优越、公共服务设施资源丰富的沿江大道南侧布置养老社区。它的吸引力在于规划对建筑风格与布局、内部养老配套设施、景观设计的引导，为老年人提供了便利、舒心的生活条件，从而打造一个综合型养老宜居区域。

↓ 滨水养老社区平面图

图例

01	几何草坡	08	亲子园
02	特色步行道	09	多彩植物园
03	活力活动区	10	生态步道
04	特色景墙	11	雕塑广场
05	邻里中心	12	缤纷花带
06	商业	13	景观树阵
07	邻里中心	14	景观石条

↓ 市中心居住区平面图

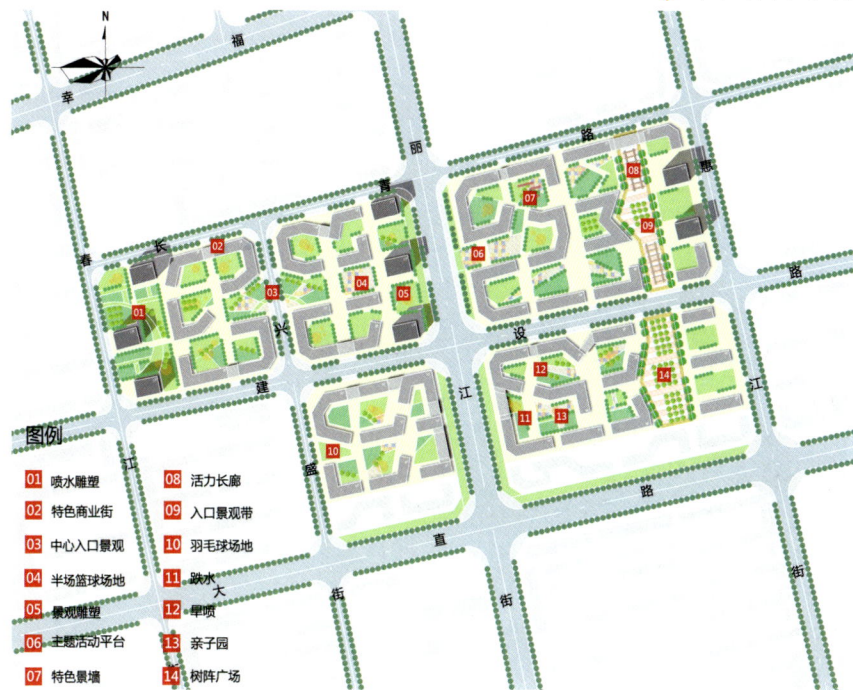

图例

01	喷水雕塑	08	活力长廊
02	特色商业街	09	入口景观带
03	中心入口景观	10	羽毛球场地
04	半场篮球场地	11	跌水
05	景观雕塑	12	旱喷
06	主题活动平台	13	亲子园
07	特色景墙	14	树阵广场

↓ 滨水商业街区平面图

图例

01	综合商业	04	休闲广场
02	多彩休闲区	05	特色商业
03	时尚商业	06	商业活动区
07	零售商业	13	休憩区
08	综合休闲楼	14	休闲草坪
09	休闲活力区		
10			
11	餐饮综合		
12	美食广场		

↓ 开放空间引导图

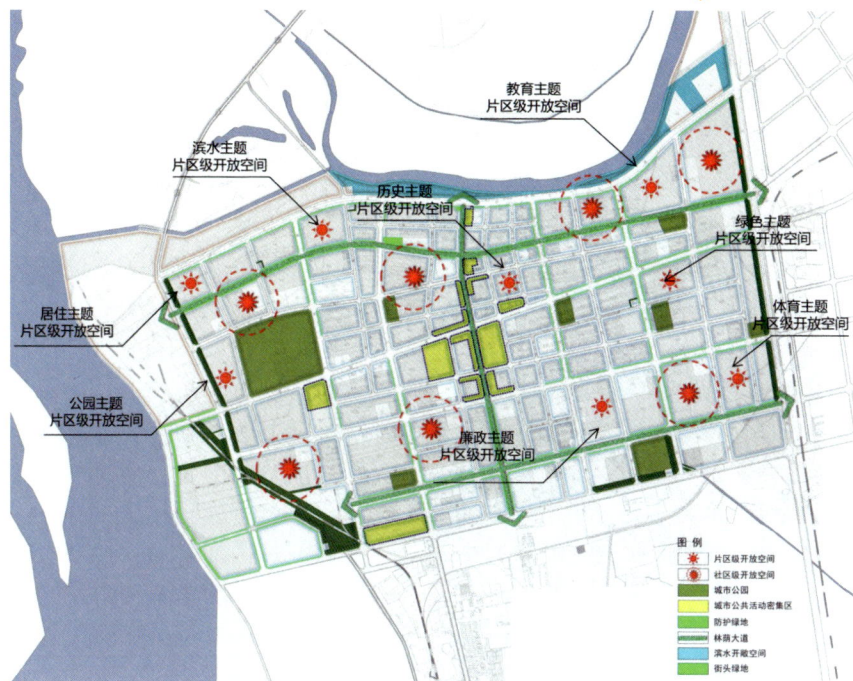

教育主题
片区级开放空间

滨水主题
片区级开放空间

历史主题
片区级开放空间

绿色主题
片区级开放空间

居住主题
片区级开放空间

体育主题
片区级开放空间

公园主题
片区级开放空间

廉政主题
片区级开放空间

图例

片区级开放空间
社区级开放空间
城市公园
城市公共活动老集区
历护绿地
林荫大道
滨水开敞空间
街头绿地

↓ 天际线引导图

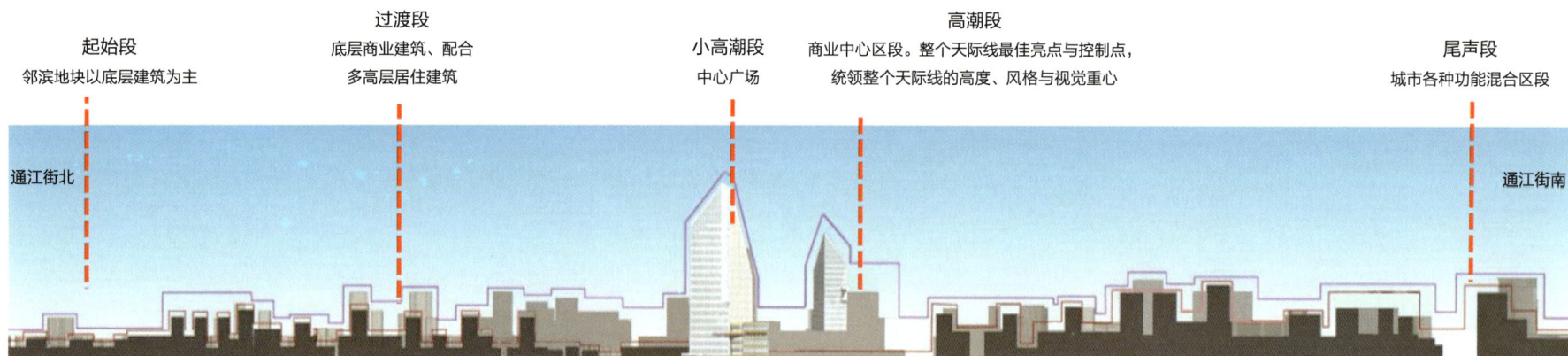

（二）开放空间引导

同江市主要开放空间为俄罗斯广场、中心广场，开放空间数量较少，且分布不均匀，无法满足居民的活动需求。规划通过增加开放空间数量，构筑层级明确、主题鲜明的开放空间体系，满足居民公共活动多样性的需求。依据服务半径共规划8个不同主题的片区级开放空间，分别为居住主题、历史主题、滨水主题、教育主题、绿色主题、体育主题、廉政主题、公园主题。并根据不同的主题策划相应的城市文化活动，从而保持各个开放空间具有持续的文化活力。

（三）天际线引导

天际线作为城市边沿展示空间，常常成为表现城市特质的一个重要展现方式。以通江街为规划界面，视觉观赏点为城市重要开敞空间：东北亚广场、俄罗斯风情园、海关遗址公园、新天地购物广场、千盛百货购物广场。对建筑物、构筑物的高度进行了弹性引导，由北到南打造"起始段——过渡段——小高潮段——高潮段——尾声段"的起伏有序的观赏节奏。

海关遗址公园

俄罗斯风情园

东北亚广场

新天地购物广场

千盛百货购物广场

烈士陵园
祥云寺

图例

观测点
观测视线
观测轴
天际线

↓ 天际线引导图

起始段
邻滨地块以底层建筑为主

过渡段
底层商业建筑、配合
多高层居住建筑

小高潮段
中心广场

高潮段
商业中心区段。整个天际线最佳亮点与控制点，统领整个天际线的高度、风格与视觉重心

尾声段
城市各种功能混合区段

通江街北

通江街南

（四）照明设施引导

规划将老城区划分为四类照明区：

1.一类照明区

该类分区包括城市快速路、密集的商业建筑、行政办公建筑、公共建筑、少量的居住建筑。该分区是城市亮化线的重要组成部分，为高亮度背景区，其中快速路照明规划采用中色温暖色调的光源。商业区建筑集中的区域，允许局部使用动态彩色光。公共建筑允许局部使用静态彩光，居住建筑禁止使用彩色光。

2.二类照明区

该类区域以居住建筑为主，包括部分公共建筑和城市绿地。构成夜间景观的基底。该类照明区域为中亮度背景区。居住建筑可对顶部进行照明，商业建筑允许局部使用静态彩色光，办公、居住等建筑禁止使用彩色光。

3.三类照明区

该类区域主要由生态绿地和水域构成。该类照明区域为低亮度背景区。区划内的开放空间除道路、广场采用三级照明外不应作为景观照明的载体，应严格限制景观照明，禁止使用彩色光。

4.滨水照明区

位于老城区北侧的滨水公园也是夜景照明的重点。水体整体照度等级不宜过高，重点景观造型处可做局部重点照明。水面不能直接进行照明，可结合绿化和两侧建筑与水中倒影相呼应。沿岸照明形式不宜多变，要形成延续效果。景观节点位置可使用动态彩色光，台阶变化处应做明显区别。

（五）广告设施引导

为了使同江市广告设置更加合理、规范，本规划将老城区内的广告设施划分为三种属性：商业类广告、店招类广告、牌匾类广告。并针对以上三类广告，制定了广告规划控制图则，用于规范老城区广告设置。

商业类广告主要以建筑、街道设施、道路及其附属设施（例如天桥）等为载体，其目的以获得公众关注和商业利益为根本。规划通江街为此类型广告主要分布街道。

店招类广告主要以建筑立面、顶部、首层和建筑主入口为载体，以标识建筑自身归属和名称所用，同时该类广告也具有一定的商业宣传目的。主要分布在幸福路、大直路。

牌匾类广告主要以建筑首层和建筑或建筑群主要入口为载体，以标识区域属性、名称为目的。该类广告主要分布在学校、教育科研和大部分居住区沿街。

■ 四、实施情况

同江市老城区控制性详细规划于2015年经同江市人民政府批准实施。鉴于控制性详细规划与城市设计两者取长补短，使控制性详细规划在实施过程中更加具有可操作性，有效地弥补了控制详细规划在引导城市特色风貌中的不足，使规划成果更因地制宜、有的放矢。

满洲里市俄式建筑历史文化街区规划设计

编制单位：黑龙江省城市规划勘测设计研究院
编制人员：原帅、邵凯、刘东亮、魏文琪、刘春阳、孙英博、王艳秋、房益山、
　　　　　银小娇、张蕾、吴明昊、于萍、褚忠兴、王胜利、张永强
编制时间：2016年
获奖等级：二等奖

一、规划背景

满洲里俄式建筑群位于内蒙古自治区满洲里市，是原中东铁路沿线各站保存最为完好的，最具俄罗斯民族特色的建筑群。本项目以俄式建筑保护和改造为契机，意在挖掘城市文化内涵，复原城市历史风貌，提升城市文化价值，促进产业发展。

二、规划构思

1.重现历史风貌：在传统街区基础上，还原满洲里特色街巷空间，对街道进行综合整治，还原街道绿化，打造重要节点，恢复街区记忆，重现历史风貌。

2.延续现状肌理：保留原有的街区肌理，传承地块原有建筑布局形态，梳理建筑空间，优化建筑肌理，融入商业街巷概念，打造更合适的布局体系。

3.再现历史建筑：规划对历史建筑进行梳理和分析，在优化规划区内建筑空间的基础上，通过复建和迁建等方式，在片区内再现历史。

4.传承地域文化：借鉴传统历史建筑的特点以及形式多样的建筑构件，形成特色建筑和围合空间，进行动静分区，体现地域建筑文化。

院落效果图

三、规划主要内容

（一）规划目标

以建设俄罗斯风情街区和保护俄式建筑为契机，通过对城市传统风貌、街道肌理、建筑特色的深入解读，强化"东亚之窗、俄满风情"规划思想留下的珍贵历史印记，塑造俄式景观风貌新形象，实现满洲里俄式风貌特色、空间环境和城市功能的整体提升。建设满洲里市历史文化风情街区、中东铁路建筑旅游街区，形成涵盖历史回溯、文化展示、休闲娱乐于一体的城市旅游景区。

（二）街区建筑保护控制

对本次规划范围内的文物保护单位采用二级保护，即划定核心保护范围和建设控制地带。

核心保护范围——即文物保护单位的保护范围，在此范围内应严格保护，原则上不得进行对原有建筑构成影响的建设活动，并应按照文物保护单位的有关法律和规定进行维修和维护。

建设控制地带——即在核心保护区范围以外允许建设，但须严格控制其建（构）筑物的性质、体量、高度、色彩及形式的区域。

（三）核心区规划设计

核心区内以俄式保护建筑为主，共有19处，其中木刻楞房5处，石头房14处。规划以特色体验、艺术展示和历史陈列为主，意在展示俄罗斯饮食文化、康体娱乐、手工艺品为主题的历史文化风情街区。

木刻楞房改造效果图

石头房改造效果图

满洲里市俄式建筑历史文化街区规划设计

四、项目特点

（一）引入"城市触媒"

将历史事件、俄式建筑作为触媒元素，新功能的植入是触媒反应发生的主要途径，最终使历史文化街区成为新的城市触媒。利用"城市触媒"策略的积极作用，通过物质形态和非物质形态两种"城市触媒"的多元化形态，提出满洲里市俄式建筑历史文化街区保护改造过程中兼顾城市发展和历史风貌传承的规划策略，从而引导满洲里走向物质形态、经济结构与功能全面复兴的"魅力满城"。

（二）注入"活力"

充分挖掘街区历史文化价值，恢复传统街区风貌，重新激发街区的活力。

1.经济活力作为城市活力的重要组成部分，文化街区的商业开发是街区发展的活力源泉。

2.将旅游产业和文化产业导入历史文化街区，利用文化旅游产业增加街区的人气，从而给街区的发展带来更多的商机，使街区走上一条良性循环的道路。

水塔改造效果图

■ 五、实施情况

为了更好地保护内蒙古自治区优秀历史文化遗产，完善历史文化遗产保护体系，2017年11月，自治区人民政府批准满洲里市历史文化街区（满洲里市中东铁路第一站南区历史文化街区、满洲里市中东铁路第一站北区历史文化街区）为第四批自治区级历史文化街区。

历史街区效果图

延边大学校园规划设计

编制单位：哈尔滨工业大学城市规划设计研究院
编制人员：徐苏宁、刘生军、曹聪、张典、于婷婷、刘羿伯、陈璐露、卢新潮、
　　　　　赵欣、戴超、刘宇晴、刘妍、门赫、董秀明
编制时间：2016年
获奖等级：二等奖

一、规划背景

　　延边大学位于吉林省东部延边朝鲜族自治州，延边自治州地处中俄朝三国交界地带，是中国唯一的朝鲜族自治州和最大的朝鲜族聚居地，也是著名的教育之乡、山水城市。延边大学始建于1949年，是中国共产党最早在少数民族地区建立的高校之一，地理位置优越，景观优势明显，民族特色突出。

　　设计从项目背景研究、规划策略、总体规划设计、重点地段详细规划及控制性详细规划等方面层层递进，根据校园未来发展目标提出具有针对性的校园规划理念和发展战略，结合新老校区现状进行校园总体规划设计、南侧临街区域的校园规划策划及重要景观节点设计，并针对规划设计范围内的重点地段提出面向实施的一系列设计导引、图则，指导具体建设。

二、规划构思

　　紧紧抓住延边大学特色，以"开放、生长"为规划理念，突出其办学历史悠久、民族特色鲜明、山水景观丰富的优势，针对将学校建设成为国际具有一定影响力、国内具有一定地位、具有鲜明民族特色的综合性大学的总体发展目标，确定校园国际化、低碳化、生态化和历史性、民族性、地域性的分目标及为之落实的规划策略。

区域位置图

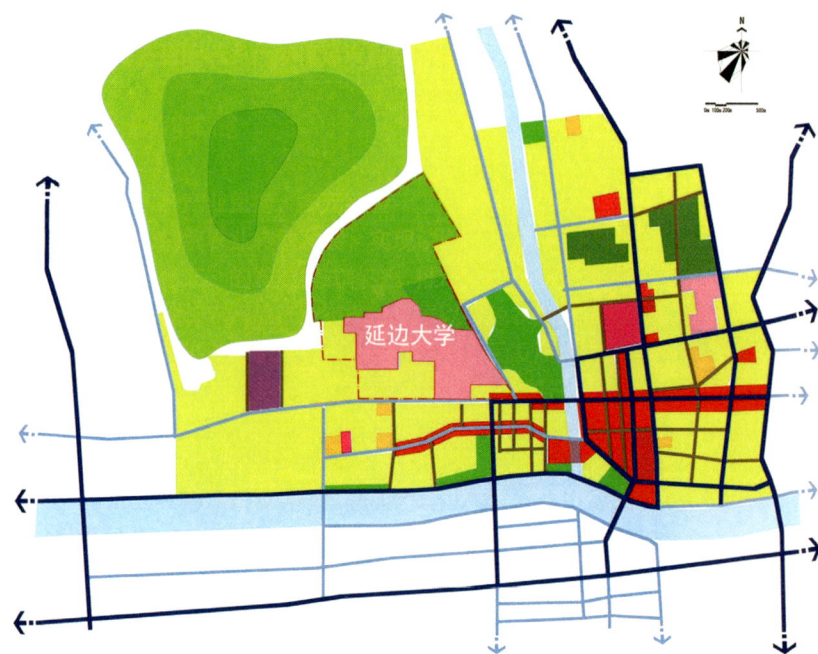

规划结构图

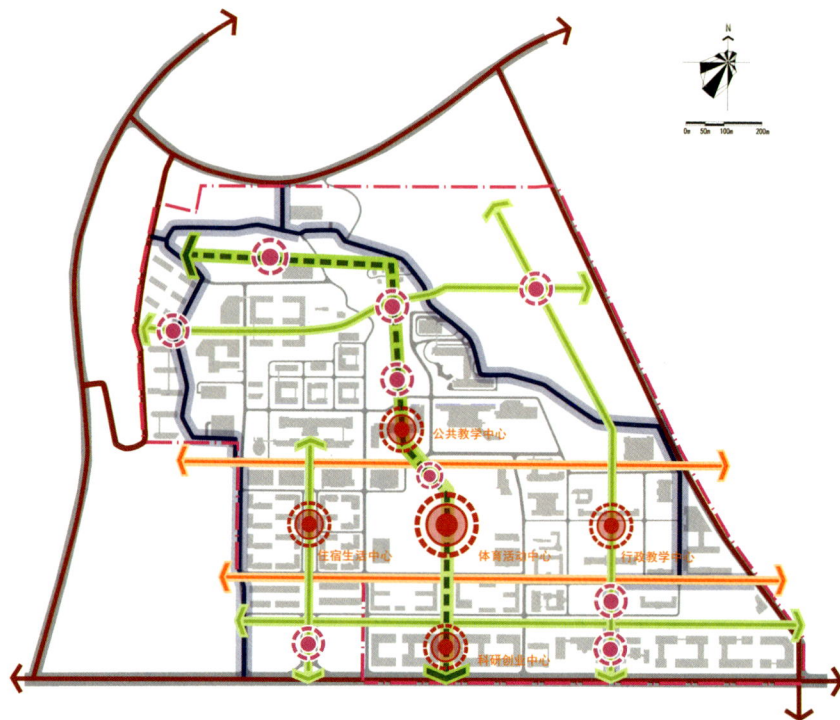

近期总平面图

图例
1 行政办公楼		23 基础医学院	
2 留学生中心		24 药学院	
3 图书馆		25 护理学院	
4 民俗博物馆		26 小动物饲养中心	
5 成人教育学院		27 农学院	
6 学生食堂		28 动物医院	
7 艺术学院		29 种植基地	
8 游泳馆		30 弓箭场	
9 美术学院		31 创业训练基地	
10 理工实训楼		32 学校宾馆	
11 朱德海花园		33 学校西区医院	
12 东公共教学楼		34 人文社科综合楼	
13 科技图书中心		35 体育馆	
14 西公共教学楼		36 文科科研楼	
15 调护院		37 艺术学院舞蹈教学楼	
16 研究生公寓		38 专家团队科研楼	
17 本科生宿舍		39 卧龙体育公园	
18 学生活动中心		40 室内足球场	
19 理学院		41 小体育场	
20 综合教学楼		42 大学生创新创业教育基地	
21 师范学院		43 医学养志楼	
22 工学院			

经济技术指标:
指标名称	数量	单位
规划总用地面积	127.59	hm²
规划总建筑面积	68.19	万m²
容积率	0.53	/
建筑密度	11.5	%
绿地率	55	%
停车位	3500	辆

远期总平面图

图例
1 行政办公楼		21 学校西区医院	
2 留学生中心		22 人文社科综合楼	
3 图书馆		23 体育馆	
4 民俗博物馆		24 文科科研楼	
5 成人教育学院		25 艺术学院舞蹈教学楼	
6 学生食堂		26 专家团队科研楼	
7 艺术学院		27 卧龙体育公园	
8 游泳馆		28 室内足球场	
9 美术学院		29 小体育场	
10 东公共教学楼		30 图书馆图书分馆	
11 理工实训楼		31 农学院	
12 朱德海花园		32 大学生创新创业教育基地	
13 科技图书中心		33 医学养志楼	
14 西公共教学楼		34 研究生新公寓	
15 锅炉房		35 体育场	
16 研究生公寓		36 新学生食堂	
17 本科生宿舍		37 公寓住宅	
18 学生活动中心		38 科研产业园	
19 创业训练基地		39 校前西广场	
20 实验办公综合楼		40 第二小体育场	
行政调整建筑		41 学生公寓	
综合教学楼		42 教职工住宅	
医学部		43 农业实习及教研用地	
学校宾馆			

经济技术指标:
指标名称	数量	单位
规划总用地面积	260.54	hm²
规划总建筑面积	126.80	万m²
容积率	0.48	/
建筑密度	9.9	%
绿地率	60	%
停车位	6647	辆

中期总平面图

图例
1 行政办公楼		23 综合教学楼	
2 留学生中心		24 医学部	
3 图书馆		25 学校宾馆	
4 民俗博物馆		26 学校西区医院	
5 成人教育学院		27 人文社科综合楼	
6 学生食堂		28 体育馆	
7 艺术学院		29 文科科研楼	
8 游泳馆		30 艺术学院舞蹈教学楼	
9 美术学院		31 专家团队科研楼	
10 东公共教学楼		32 卧龙体育公园	
11 理工实训楼		33 室内足球场	
12 朱德海花园		34 小体育场	
13 科技图书中心		35 图书馆图书分馆	
14 西公共教学楼		36 农学院	
15 锅炉房		37 大学生创新创业教育基地	
16 研究生公寓		38 医学养志楼	
17 本科生宿舍		39 研究生新公寓	
18 学生活动中心		40 体育场	
19 创业训练基地		41 新学生食堂	
20 实验办公综合楼		42 公寓住宅	
21 行政调整建筑		43 科研产业园	
22 文科教学楼		44 校前西广场	

经济技术指标:
指标名称	数量	单位
规划总用地面积	146.76	hm²
规划总建筑面积	111.94	万m²
容积率	0.76	/
建筑密度	14.9	%
绿地率	52	%
停车位	5600	辆

三、规划主要内容

（一）总体规划设计

1.规划结构：采用"一带、五核、六轴、多节点"的规划结构，将设计范围内五个核心及多个功能节点串联起来，形成校园整体联动模式。

2.功能布局：主要包含教学实验、行政办公、体验活动、生活服务、公共服务、产业孵化、绿化景观等各个功能体系的布置和调配，各功能区的规划布局各有特色，教学办公功能集中、生活与教学区联系紧密、体育活动区分别布置、产业孵化区临街布置，最大限度地满足学校发展需要和教学与生活需求。

3.学科分区：对延边大学校园学科分区进行了系统布置，除公共教学区以外，体育、艺术、文科、理工、医农各教学系统都有各自的教学组团。各组团紧密相连，形成连续的教学区，整个教学区占据校园中心区域，每个组团以内街或主题广场形成各自的空间聚集中心。

延边大学校园规划设计

4.场地交通：交通骨架采用"平地成环、坡地分级分支"的规划模式，校园内主要车行路中形成内外两个环路，加强各教学组团之间的联系。除道路规划外，还进行了出入口布置、静态交通规划，场地竖向设计等，把场地限制条件转化成优势条件加以利用，形成具有山地特色的校园场地规划。

5.绿化景观：景观系统规划形成主要景观轴带统领全局、次要景观轴线交叉成网、多个景观节点体现活力、特色景观片区彰显特色的格局，并在此格局基础上对卧龙公园和各个景观片区进行了详细的规划设计。

（二）重点地段详细设计

根据近期校园发展目标，共确定十个重点地段并进行了详细设计，其中包含文科楼、医学形态楼、音乐学院配套教学楼、校医院、校宾馆、专家团队科研楼、体育馆、室内足球场等不同职能的高校设施。每个地块均有控制性详细规划和相关城市设计导则，从环境设施、建筑设计、空间指引、竖向设计等方面进行导引，旨在营造高质量公共空间环境。

研究范围图

（三）控制性详细规划

根据国家及自治州的相关要求，对规划范围内48个未建设或需调整的地块进行了控制性详细规划，包括总图图则和分图图则两部分。总图图则从总体角度对各地块的用地功能、五线控制、道路交通、公共服务设施、高度及开发强度进行了统筹性控制，分图图则则针对每个地块进行详细而系统地控制说明。

■ 四、创新技术

设计紧密结合自然山地地貌，创造丰富的校园空间；提炼朝鲜族文化精髓，塑造鲜明的校园特色；充分建构新老校园互动，组织完备的校园功能。制定发展策略，编制面向实施的校园设计导则和控制性详细规划，作为落实校园三维空间的指导文件。通过编制校园设计导则，对环境设施、建筑设计和公共空间进行专项引导，对整体空间特色、开放空间、景观轴线等进行宏观协调。规划内容丰富全面，真正实现了校园建设的多时期、多角度、多维度的发展研究，建立了校园形态的立体导引体系。为延边大学制定出较全面的可以用来指导未来校园规划建设的纲领性的文件，并明确分期建设范围。

■ 五、实施情况

本次规划设计研究范围包括三个层次，首先对校园265.54公顷的区域进行校园规划设计研究，统筹周边地块功能，预测校园未来的发展趋势，实现世界一流大学的目标；其次对校园146.76公顷的区域进行中长期规划，统筹新旧校园，预测校园未来发展趋势，对校园临街地块进行规划策划，并对其中127.59公顷的校园核心区域进行详细规划设计与城市设计研究。

三个研究层次对应三个发展阶段，从时序上看由近及远分为近期、中期、远景三个阶段的规划。近期设计中结合地块交通区位、土地利用功能、现状建设情况及建筑风貌、地形地貌分析，确定发展建设条件，主要解决校园现阶段相关问题并进行十个重点地块的详细设计，实现对校园内部的有序调整；中期的规划方案专注于协调近远期校园发展目标，着重研究校园临街地块的设计策划，规划建设形成集产学研于一体的产业园区，实现校企城联动远景；远景时至建校100周年，方案重点预测延边大学校园发展趋势，对学校师生基数变化、建筑与用地需求进行研究，对远景研究范围内用地建设提出建议方案。

重庆市江北区唐桂新城城市设计

编制单位：哈尔滨工业大学城市规划设计研究院
编制人员：宋聚生、戴冬晖、张长文、李广华、陈康、袁艺、涂静文、边博文、
王希铭、于潇、贾丽博、贾翼萌、赵阳、孙泊洋
编制时间：2016年
获奖等级：二等奖

一、项目背景

作为我国西部最繁荣开放的国家级中心城市，重庆地处长江经济带、丝绸之路经济带和渝新欧大通道的交汇处，正迎来全新的发展时期。在这样的机遇下，位于重庆都市功能核心区与拓展区交汇点的唐桂新城，尽享周边城市功能区辐射带动，已被确定为江北区"十三五"期间城市建设的重要拓展区，产业升级的主战场，经济发展的新引擎。唐桂新城东邻4A级铁山坪国家森林公园，南邻长江，西北两侧被重庆港城工业园环绕，规划用地面积8.26平方公里，其中建成区1.27平方公里。位于重庆都市边缘区的唐桂新城是污水处理厂，监狱，少管所，地铁车辆段等"城市厌恶型设施"的集中地。但其同时又集铜锣峡、长江静水湾、唐家沱老街、英商开埠遗址、抗战名人故居、东风造船厂、富矿温泉等得天独厚的自然与文化资源于一体。

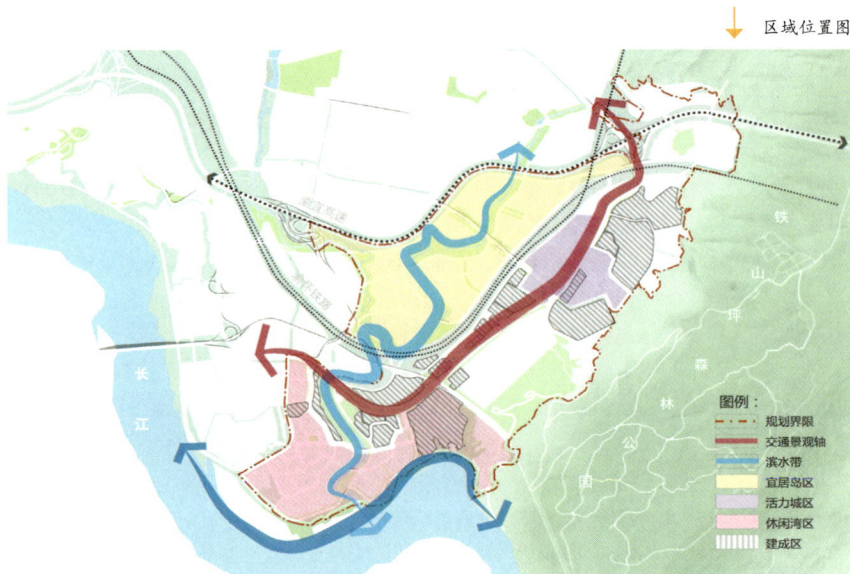

区域位置图

二、规划构思

城市设计利用唐桂新城九大特色资源，打造"重庆最美山水小城"。以"两江智慧港，山水休闲城"为城市设计的总体目标。

两江智慧港：唐桂新城位于重庆都市功能核心区与拓展区的交汇点，周边十公里范围被港城工业园，长江-铜锣山隔离，形成相对独立功能完善的综合城区。重点打造以智慧办公、创意服务为主的产业体系，形成服务周边，辐射全市的创意智慧服务新区。

山水休闲城：利用唐桂新城丰富的山水资源优势和积淀深厚的历史文化资源，重点打造以传统文化、体验娱乐、生态社区为主的综合城区，形成服务全市的文化休闲区。

三、规划创新

（一）功能匹配的片区产业

在充分分析新城主导产业特征的基础上对未来唐桂新城产业结构进行预判。策划都市文化休闲、地产、生产三大产业模块。最后结合各地块优势条件分别确定了栋梁半岛、崔家湾TOD、老街和车辆段及公园四大功能区。其中，栋梁半岛以生态居住为主要功能，配套建设创意设计、咨询服务、商务会所等功能；崔家湾TOD以时尚商业为主要功能，配套建设高档商务公寓、商务会所等功能；老街以文化休闲娱乐为主要功能，辅以创意设计、咨询服务功能；车辆段及公园以运动健身为主，配套部分居住、教育、餐饮等功能。

（二）结构清晰的功能秩序

城市设计在现状认识的基础上，确定了"一轴，两带，三片区"的基本结构；一轴——提供便利交通条件、展现唐桂新城风貌的海尔路交通景观轴；两带——生态景观基础良好的长江滨水带和栋梁河滨水带；三区——功能差异互补、风貌特色鲜明的可持续片区，其中宜居岛区为拥有完善功能、优美环境的生态宜居地，活力城区成为体现独特休闲购物假日体验的首选地，休闲湾区引领唐桂新城发展成为都市旅游休闲的目的地。

（三）传承积淀丰富的历史文化

对唐桂新城所承载着的文化进行充分挖掘，梳理出了开埠文化、近现代工业文化和名人文化三条文化主线。最终确定以码头文化为主导文化。城市设计中采用多元开发的文化表现手段，规划新建五里坪TOD湿地特色建筑商业街、崔家湾TOD传统建筑特色商业等文化区的同时将老街、东风船厂等原有的历史元素改造成为新的文化区。采用展览纪念的文化表现手法，规划新建船舶文化馆的同时结合原有历史元素建设船台文化纪念区和亚细亚公司展览馆。多种文化表现手法营造多种类型的码头文化区，实现对深厚的原有历史文化的传承。

（四）山水交融的开放空间

城市设计在对现状山水格局充分认识的基础上，确定了以海尔路沿线、栋梁河沿线及长江沿线为贯穿新城的主要公共空间轴线；以连通铁山坪—海尔路—五里坪TOD、铁山坪—崔家湾TOD—栋梁半岛各处开敞空间的两条轴线为次要公共空间

轴线。设计中明确了廊道遵循的原则、廊道控制要素、廊道控制内容及主要开放空间遴选原则等具体内容。

（五）公平便捷的公共设施

城市设计在公共设施配置上考虑街道级、社区级两级服务中心配建标准。结合现状公共设施建设情况，对公共管理与服务设施、基础教育设施、医疗卫生设施等的选址和规模进行确定。在满足上位规划的前提下，实现公共设施的便捷与公平。

（六）特色鲜明的城市风貌

城市设计着力打造富有魅力的新城夜景观。确立了"照亮两江创意明珠，点缀江北休闲之城"的夜景照明总体目标。制定了整体考虑、重点渲染、层次分明、强化山水、绿色节能等夜景照明策略。唐桂新城的夜景照明呈现"两核、一轴、两带"的空间结构。

两核——以女职中站地铁物业的塔楼和裙楼为载体，形成区域核心照明群，打造唐桂区域夜景的城市名片。以唐家沱老街为特色夜景核心，形成具有历史文化特色夜景核心区。

一轴——以海尔路沿线功能型照明为主要载体，配合重要节点景观性照明，形成贯穿整个区域的夜景照明轴。

图例

桂花湾公园　　两江明珠　　女职中轨道站　　火游场　　五里坪轨道站　　新竹园安置房　　唐家沱文化老街　　江湾温泉酒店
上坪小学　　喷泉广场　　太平冲安置房　　变电站　　五里坪商业中心　　东风汽车客运站　　西洋主题餐厅　　五里佛塔
加油站　　崔家湾商业街　　金桂花园　　胜利中学　　潜地公园　　东风加油站　　唐家沱码头　　东风实验小学
胜利小学　　果树园小区　　铁山坪街道办　　水岸广场　　运动公园　　智慧产业园　　船台嘉年华
第十八中学　　渝州监狱　　唐家沱轨道站　　栋梁半岛社区中心　　胜利花苑　　望江花园洋房　　唐广文化loft
女职中　　下川安置房　　载英中学　　东风医院　　太阳城居住区　　陪都商业街　　民生号
老年公寓　　少管所　　车辆段上盖商住　　栋梁小学　　河岸公园　　星海广场　　船舶博物馆

土地利用规划图

土地利用规划图

图例：
规划界限
居住用地
行政办公
中小学
医疗卫生
社会福利
商业用地
商业娱乐用地
公用设施
道路交通设施
安保用地
公园绿地
防护绿地

两带——以长江和栋梁河沿线景观性照明为载体，形成独特的滨水夜景带。栋梁河周边用地性质差异较大，照明较弱，长江岸线照明带展示性较强，着重打造。

唐桂新城夜景照明目标在于对新城内的夜景灯光进行统筹规划布局，确定重点打造中心，建设高水平、高品质的城市功能和景观照明灯光体系，充分展现唐桂新城的历史文化底蕴，并促进新城商业、旅游业的发展。

重庆市江北区唐桂新城城市设计

■ 四、实施情况

（一）建设时序

1.近期计划（2016～2020年近期目标）首个五年重点片区首期启动阶段。

这个时期以政府投资为主，优先建设目标是重点片区的开发建设、景观环境提升项目建设以及部分基础设施的配套项目建设，以提升城市空间环境品质，为下一阶段的全面启动打好坚实基础。

2.中期计划（2021～2025年中期目标）第二个五年为全面启动阶段。

主要建设目标是全面推进基础设施建设，基本形成城市空间框架，完善景观环境，进一步提升交通可达性及服务品质，为下一阶段全面建设打好基础。

3.远期计划（2026～2035年中期目标）十年为全面建设阶段。

该阶段为全面推进开发单元建设阶段，目标是实现城市功能布局和空间环境的完整，全面建设宜游、宜居、宜业的新城时期。

（二）近期实施情况

本次城市设计完成后，该片区的城市建设工作和城市管理工作都已逐步展开。

在城市建设方面，指导了10余项已批待建项目成果调整和实施方案的落地；在规划管理方面，形成了贯彻总规、城市设计要求的分区控制性详细规划成果的修编。

本次城市设计成果已经成为指导中心城区各项规划设计的重要指导文件，并将继续指导后续专项规划及片区规划设计，加强对整个城市整体空间品质的控制与引导。

↓ 沿江夜景图

城市设计鸟瞰图

五排山城遗址文物保护规划

编制单位：哈尔滨工业大学城市规划设计研究院
编制人员：赵志庆、陶刚、胡佳勇、王璠、刘梦、金鹏、胡建辉、王高波、
　　　　　丁志博、李伟光、徐璐、梁东瑶、李岩、宋吉富、王贵明
编制时间：2016年
获奖等级：二等奖

一、规划背景

五排山城址位于黑龙江省东宁县道河镇小地营村五排屯西南2km的五排山上，是中国古代北方民族开发建设绥芬河流域的历史见证。五排山城址扼绥芬河上游之咽喉，是诸多山城中较典型的一处。其山城与山下台地上的遗址被视为沃沮人的一处聚落遗址。类似组合的聚落址，目前还较少发现，因此，在考古学研究方面具有较高的考古与学术价值。为了真实、完整、有效地保护五排山城址，延续其历史信息及全部价值，促进中华民族史和文化遗产研究工作。通过建立技术、法律、法规体系，修复自然和人为活动给文化遗产带来的损伤，制止新的破坏，提高文物保护工作的科技含量。同时，协调保护与发展的关系，科学、合理、适度地发挥五排山城址在地方文化建设、精神文明建设和经济建设中的积极作用，特编制五排山城址文物保护规划。《五排山城址文物保护规划》编制时间由2014年7月开始至2016年3月完成。现正在国家文物局进行审批。

二、规划构思

（一）规划框架

本次规划的线路分为现状、评估、规划以及实施四个部分。通过详细的现状调研，对文物与文物周边环境现状进行梳理，再分类进行系统评估，总结出现状主要问题，在根据问题进行规划基本对策的制定，划定合理的保护区划，制定具有针对性的保护措施，然后进行各专项的规划，特别是环境以及展示利用规划，通过与相关部门的协调，使其更具操作性、实施性。最终制定分期实施规划，指导实施。

（二）主要规划内容

本次保护规划的主要内容包括确定合理的保护区划与管理要求，确定文物本体保护、文物环境保护、文物管理、文物展示、文物保护与地方社会经济发展协调共存的各项规划要求与措施。

保护区划规划包括细化原保护范围，进行局部调整，确定可操作的管理要求；遗址本体保护包括对文物遗存的考古及基址清理，文物本体的维修加固，城址的勘察与检测，城垣的维修加固与保护等内容；文物环境保护包括对保护区划内自然地貌、河流、山石、植被及空间关系的保护，逐步恢复植被和修复遭到损

伤的景观环境；文物展示利用即正确把握文物不可再生的特殊性，尽可能制定展示路线，展示方式选择恰当，积极引导，科学利用，以体现遗存的特征；与地方社会经济发展相协调即正确把握与农业生产和旅游业发展的关系，在保护文物的同时，兼顾地方经济建设的发展，同时提高当地居民的历史文化遗产保护意识，使文物保护与地方社会经济发展双赢；确定合理的分期保护实施项目，提出项目经费初步估算。

三、规划创新

（一）明确文物与环境构成

根据五排山城址和遗址的价值与特点，将与五排山城址有关联的各组成部分分为三种要素，包括：①文物：与五排山城址直接相关的所有文物遗存，包括五排山城址以及与其直接关联的地下埋藏和出土于遗址的可移动文物；②文物环境：与五排山城址的形成和保存有直接关联的环境要素，包括山体水系、自然植被、村庄、相关文化遗存以及周边遗迹与景观等；③相关环境：与五排山城址有关联的周边环境要素（除文物环境以外），包括：现代民居、周边道路、吊桥、现代坟、耕地、基础设施等。

五排山城址城垣现状图

（二）保护区划注重整体性，分级控制

根据国家的相关规定，我们将五排山城址的保护区划分为以下几个部分：保护范围以及建设控制地带。建设控制地带分为了Ⅰ类建设控制地带、Ⅱ类建设控制地带两类。保护范围主要是城址以及城内遗迹所涉及的五排山上的相关环境，而Ⅰ类建设控制地带则包括了五排山城址以及山下相关文化遗址所涉及组成这一聚落址的山体、水系等周边环境，Ⅱ类建设控制地带则是五排屯的村屯建设用地。

（三）保护措施分段分类制定

据五排山城址自身特点以及现状评估和破坏因素分析，制定了以下主要保护措施。主要包括强化日常保养、近期内进行重点修整，健全管理措施，加强展示利用的设施建设、完善安防系统等措施，详细的措施会在各专项规划中体现。针对文物遗存、文物环境、相关环境制定分段分类保护措施，其中文物环境以及相关环境综合为环境专项规划的内容，所以分类保护措施主要针对城垣、城内遗迹、可移动文物制定了保护措施。其中城垣部分根据现状评估的内容对保存较差、已坍塌的部分进行重点修整。城内遗迹以及附属遗址均需结合考古工作。考古工作再进行下一步的保护措施。综合防灾措施主要包括建立安全监测系统、制定防洪防涝、消防安全措施以及对安全防灾管理进行相应的规定。

（四）环境整治控制无序建设，恢复历史风貌

环境保护规划是专项规划中比较重要的部分，是分类措施中针对文物环境以及相关环境现状问题进行的详细规划，其目的是保护文物环境不被破坏。整治五排山城址保护范围与建设控制地带内影响文物安全的因素；整治五排山城址保护范围与建设控制地带内所有不符合遗产文化价值的不和谐景观因素，提高整体和谐性；力争文物环境符合文物遗存的历史环境状态，配备环保设施，提前预防垃圾污染。

分区整治措施明确保护范围以及建设控制地带的环境治理模式。再分项对整治措施进行具体说明，包括对相关文化遗址、山体水系、自然植被、非文物建筑、现代坟、道路、耕地以及基础设施。对非文物建筑提出了修整、整饰、保护现状三种处理方式。控制建筑的无序增加。道路整治通过新建、重铺车行砂石路形成展示路线，也为五排屯的居民提供生活方便，新建登山的石阶或者木质栈道，方便展示利用。

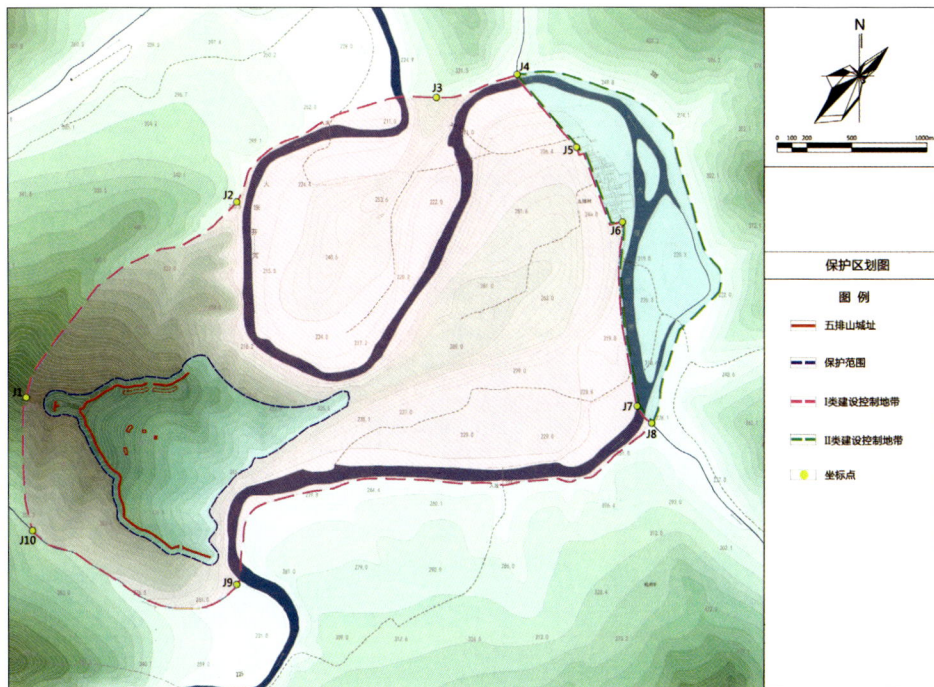

保护区划分图

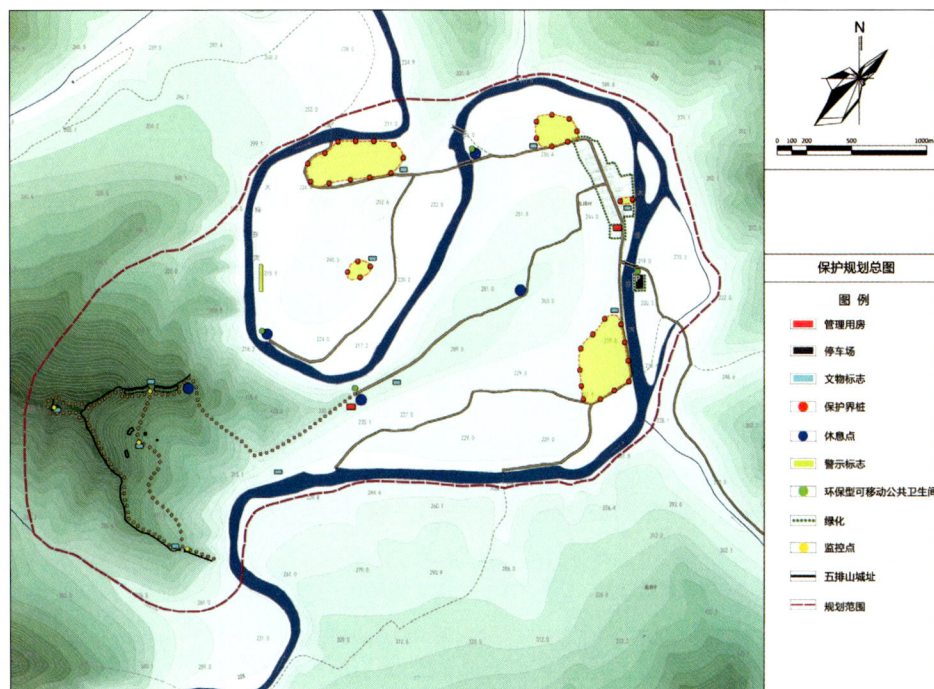

保护区规划总图

五排山城址图

四、规划实施

由于全国重点文物保护单位的保护规划必须经过国家文物局的审批，审批时长较长，现阶段《五排山城址文物保护规划》虽然通过黑龙江省文化厅的评审，但还在进行国家文物局审批流程中，尚未实施。

文物环境构成图

哈尔滨市"海绵城市"专项规划及示范项目建设实施

编制单位：哈尔滨市城乡规划设计研究院
编制人员：高岩、赵志强、刘欢、韦二雄、庞连峰、刘堃婷、黄中阳、郑文裕、赵宁、
　　　　　杨维菊、于洁、江海滨、孙航、谷锐、宋宏伟
编制时间：2016年
获奖等级：二等奖

一、规划背景

　　按照中央城镇化会议中提出建设"海绵城市"的要求，住房城乡建设部全面推进海绵城市试点工作，城市规划与建设思路发生了深刻变化。在全新的生态视角下城市基础设施建设找到新的建设途径，国家对于城市的水生态建设也有了新的要求。哈尔滨作为中国具有典型北方地区特征的滨水城市，建设"海绵城市"具有积极的示范效应与独特的地区特色。同时城市多年来所面临的内涝问题在新理念的指导下有了新的解决方向。《哈尔滨市"海绵城市"专项规划及示范项目建设实施》规划成果包括哈尔滨市"海绵城市"总体规划、重点示范片区详细规划及重点示范项目设计。

二、规划构思

　　在全面分析城市水环境与城市排水分区等现状条件的基础上，综合开展"海绵城市"建设专项研究，结合城市生态保护、土地利用、水系与绿地系统、城市基础设施、环境保护等相关内容，因地制宜地制定哈尔滨市城市年径流总量控制率及对应的设计降雨量目标，制定城市低影响开发雨水系统的实施措施，划定重点实施区域，保障城市水系统向健康、生态、可持续的方向发展。

　　生态修复，构建海绵空间体系。合理控制开发强度，优先利用自然生态，减少开发对自然环境的影响。留足生态用地，增加水域面积，促进雨水积存净化。通过规划设计让绿地、花园、道路、房屋、广场等成为滞留雨水的绿色设施。

　　统筹规划、分期实施：统筹城市发展对水资源和环境的要求，进行综合规划，分阶段建设实施。根据哈尔滨市的现实条件、发展阶段特点，突出个性和特色。选择试点，逐步推广经验。

↓ 低影响设施开发前后对比图

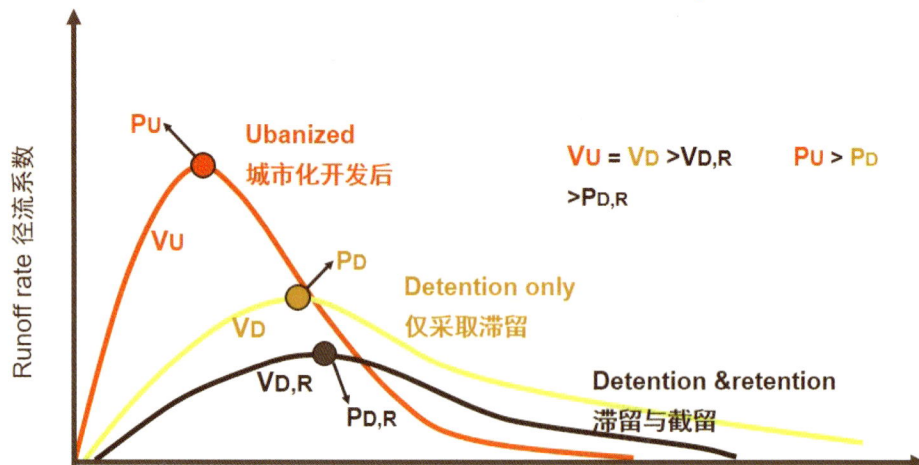

$$V_U = V_D > V_{D,R} \qquad P_U > P_D$$
$$> P_{D,R}$$

海绵城市系统图 →

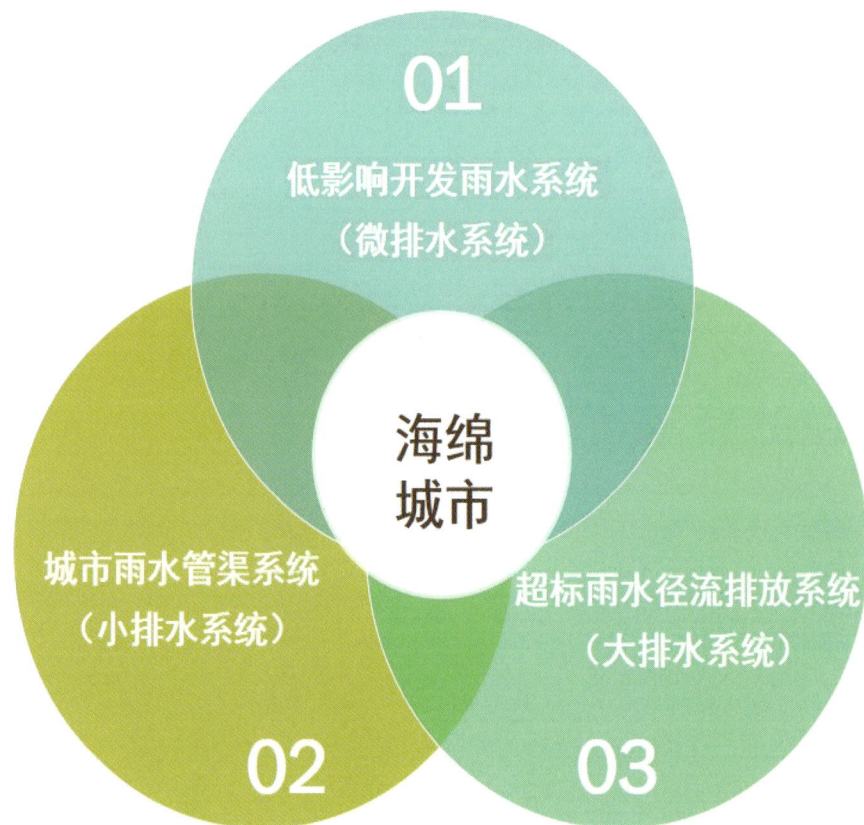

三、规划主要内容

（一）建设规模

本规划的规划范围分为影响范围与规划范围两个层次，分别为：

规划影响范围——哈尔滨市区范围内松花江流域、呼兰河流域及阿什河流域；

总体规划范围——根据《哈尔滨市城市总体规划（2011—2020）》确定的城市总体规划范围，总用地面积458平方公里。

（二）总体目标

紧密围绕"一江居中，两岸繁荣"的发展战略总纲，依托哈尔滨市"一江、两河、三大城市内河水系"的水域资源，按照城市低影响雨水系统建设的要求，形成服务半径覆盖整个哈尔滨城区范围，涵盖集水绿地、综合管网、生态交通等符合海绵城市建设体系，全面推广和应用低影响开发雨水系统建设模式，创新城市节水、治污和合流制改造的方法，创建海绵城市建设、验收和监控各项制度，实现海绵城市由科研向产业转换，最终将哈尔滨市建设成为我国北方地区独具地理区域特点的海绵城市典范，保障城市水系统向更健康、生态、可持续的方向发展，引领东北地区都市宜居生态环境的建设与发展。

（三）重点建设示范区

近期推进3类8片海绵城市重点建设示范区，完成到2020年建成区20%面积达到海绵城市建设标准的目标。

1.综合性示范区
群力及道里综合示范区总面积23.85平方公里。
建设重点：建设四大示范区，分别为生态湿地保护区、内涝改造示范区、人居环境提升示范区和新区建设示范区，从综合层面系统性的对于海绵城市建设先行试点。

2.新区建设示范区

（1）空港新区启动区总面积32平方公里。
建设重点：结合内河水系与生态道路网络，搭建雨水收集系统，结合工业用地为主的城市用地类型，强化雨水净化与调蓄回用的低影响设施体系，突出雨水收集回用的建设示范。

↓ 径流总量控制分区图

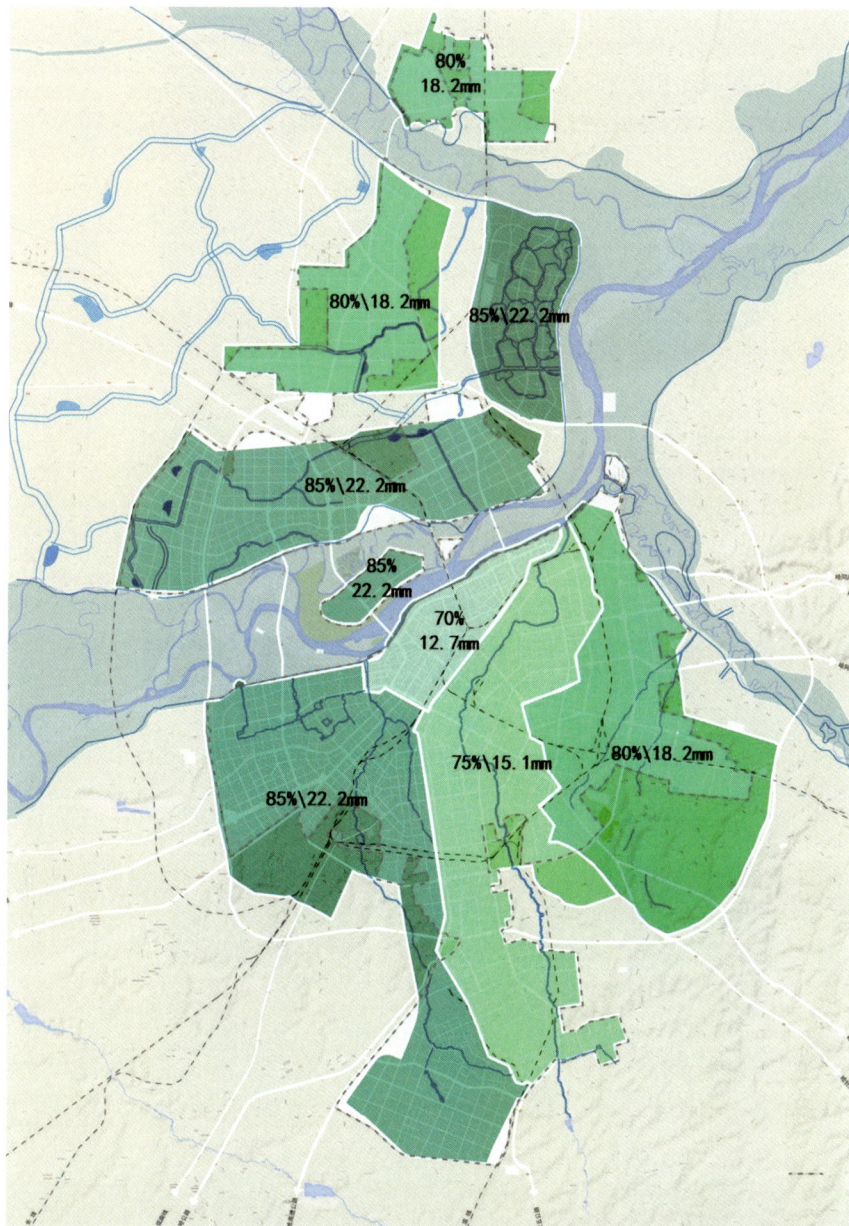

（2）松江避暑城地区总面积32平方公里。
建设重点：依托城市内河水网，全面建设以内河水系为核心的"海绵城市"建设示范区。

（3）群力西区综合示范区总面积10平方公里。

建设重点：系统全面的建设海绵设施系统。

（4）哈南生态绿地示范区总面积1.5平方公里。

建设重点：依托核心生态绿地建设海绵城市示范区。

3.老城区改造示范区

（1）道外新一及周边沿江地区总面积8平方公里。

建设重点：重点结合沿江港务局地区改造及新一地区棚改建设，推进老城区市政管网综合改造及雨水调蓄设施建设示范。

↓ 试点区分布图

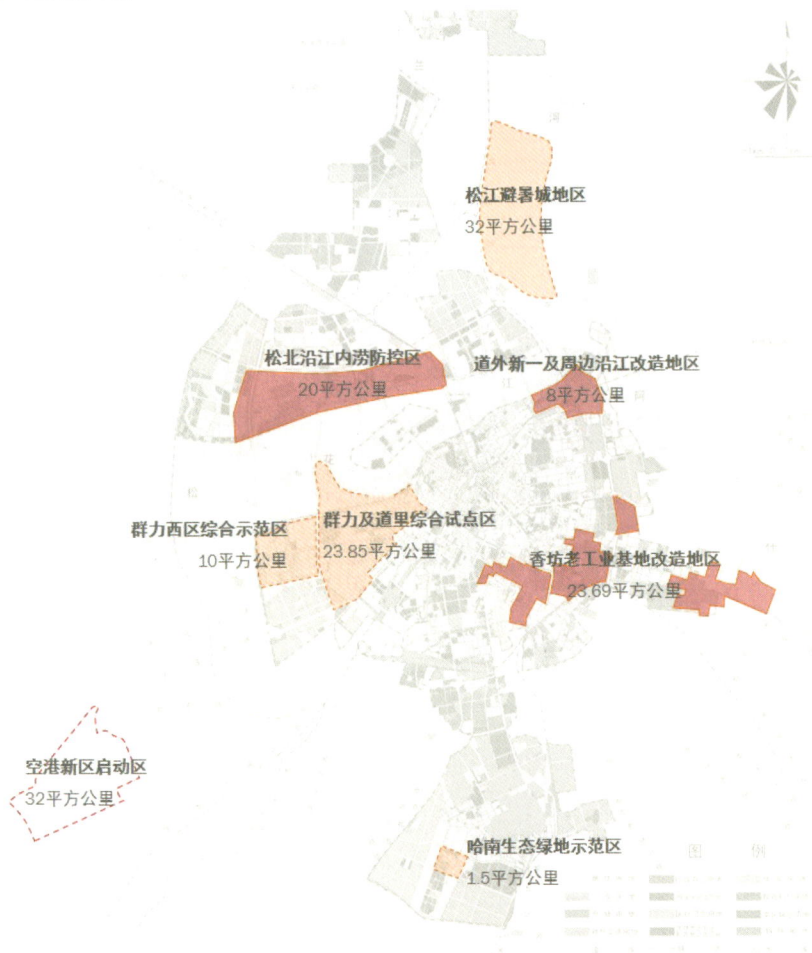

（2）香坊老工业基地改造地区总面积23.69平方公里。

建设重点：结合老工业基地改造，推进老城区生态道路及综合雨水调蓄设施建设示范。

（3）松北沿江内涝防控区总面积：20ha。

建设重点：结合滨江内河水系与排水泵站，加强沿江区域排水防涝能力。

四、规划特点

（一）编制体系的创新——同步编制、多层规划融合

为了更好推进"海绵城市"建设，本次规划从总体——示范片区——示范项目三个层面上逐步深化。

在总体规划中明确海绵城市建设的目标策略、建设重点、城市的生态格局、低影响设施系统的总体布局及分区指引、衔接各专项规划等宏观内容；在示范片区层面上，选取近期重点建设示范区内既覆盖老城区又包含新城区的典型地带，作为设计示范片区进行深化设计，明确片区内达到海绵城市建设目标的实施途径与技术路线、划定控制单元及控制指标与计算方法等，将"海绵城市"建设目标在片区内分解为控制指标，指导城市规划建设；在示范项目层面上，重点落实"海绵体"建设，从设计技术角度通过低影响系统的设计实现"海绵城市"地块控制指标。

三个层面的规划设计完整地展现了"海绵城市"建设从规划目标到控制指标再到地块设计的"海绵城市"实施过程，为哈尔滨市海绵城市建设推进提供了坚实的体系支撑。

（二）理念创新——由"治水"向"理水"的转变

本次规划设计实现了规划思想与规划方法的两大转变。思想的转变是从过去的偏重"工程治水"转变为"生态治水"，将生态优先与资源化利用作为规划的主导思想，优先利用城市自然水资源，均衡布局城市"海绵体"。

（三）技术创新——整合多平台数字技术

本次规划设计基于遥感和GIS分析评价技术，将城市规划数据平台、自然地理数据平台、市政管网数据平台进行叠加，综合分析出哈尔滨市水环境情况，统筹布局城市多级雨水调蓄系统。将灰色基础设施与绿色基础设施、地表径流与管网调蓄、地块开发与生态建设相结合、制定出更科学、完整、系统的"海绵城市"建设系统。

五、实施情况

1.本次规划设计由市规划局、市建设局组织编制，市政、水务、气象、绿化等部门全程参与，并邀请国内知名专家进行技术把关。2016年4月哈尔滨市城乡规划委员会规划批复。

2.重点示范项目群力健康生态园在2016年3月开始施工，7月初开始集中展开公园海绵系统建设，包括主路两侧下凹绿地、检修井、雨水花园、蓄水池等。到7月下旬，海绵体建设基本施工完成。经过7月底一场大雨的考验，园区径流雨水全部汇入雨水花园，公园海绵体示范建设取得阶段性进展。目前，群力健康生态园一期工程已进入收尾阶段，预计2017年8月份开园迎客。

鸟瞰图

生态雨水调蓄设施图

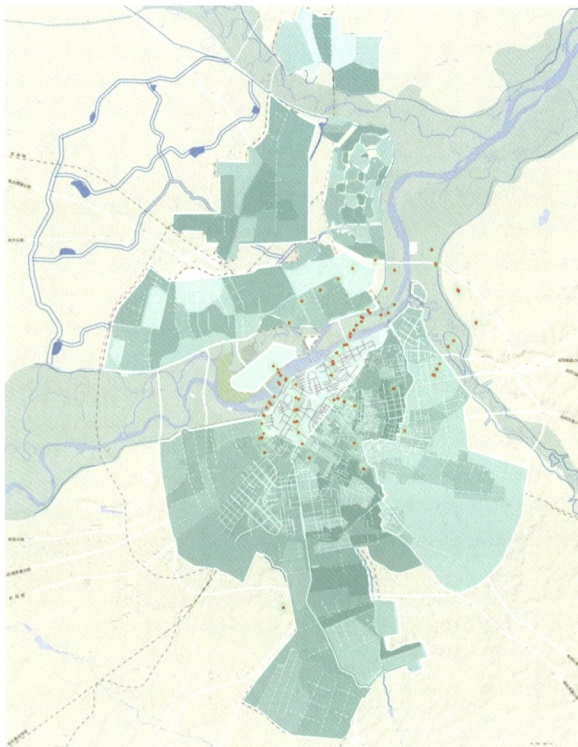
中端雨水调蓄设施图

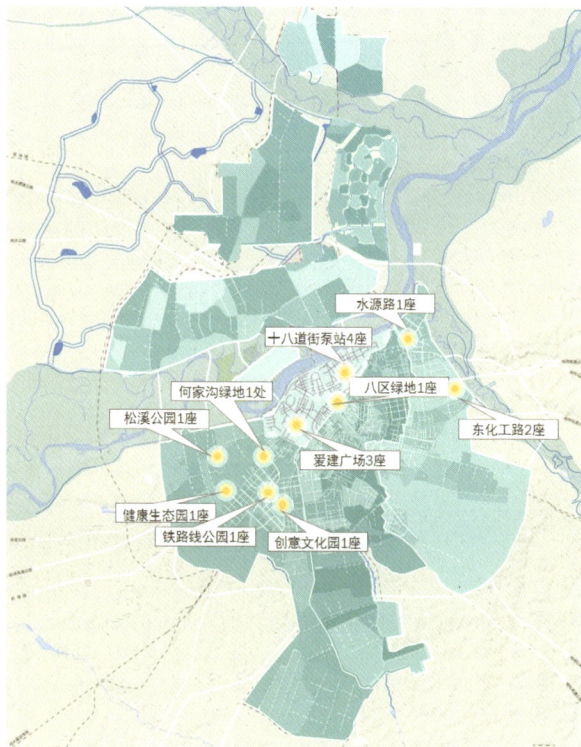
人工雨水调蓄设施图

哈尔滨市新型城镇化总体规划

编制单位：哈尔滨市城乡规划设计研究院
编制人员：于亚滨、潘玮、张克军、金石川、万宁、岳欣、崔然、吕海蓉、韩金玲、
赵哲、张毅、庞连峰、陈阳、朱明、付莲华
编制时间：2016年
获奖等级：二等奖

一、规划背景

随着国家和黑龙江省新型城镇化规划的陆续出台，为贯彻落实国家、省规划的最终实现"人"的城镇化目标，根据市委市政府的要求，哈尔滨市城乡规划局本着城乡规划的职能与特点，需要针对突出以"人"为核心的城镇化进程，重点对农业人口转移与承接、城乡空间布局、城乡用地的高效利用、基础设施、公共服务设施城乡一体化发展、城乡可持续发展等问题进行研究和规划。努力走出一条符合科学发展观要求、具有哈尔滨特色的城镇化道路。该规划通过招标，最终由哈尔滨城乡规划设计研究院承担编制任务。

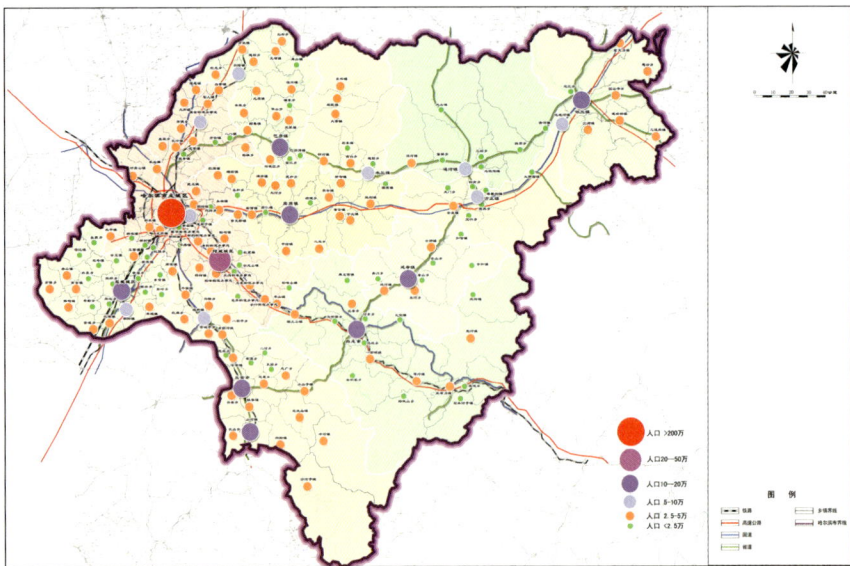

现状乡镇人口城镇化水平分析图

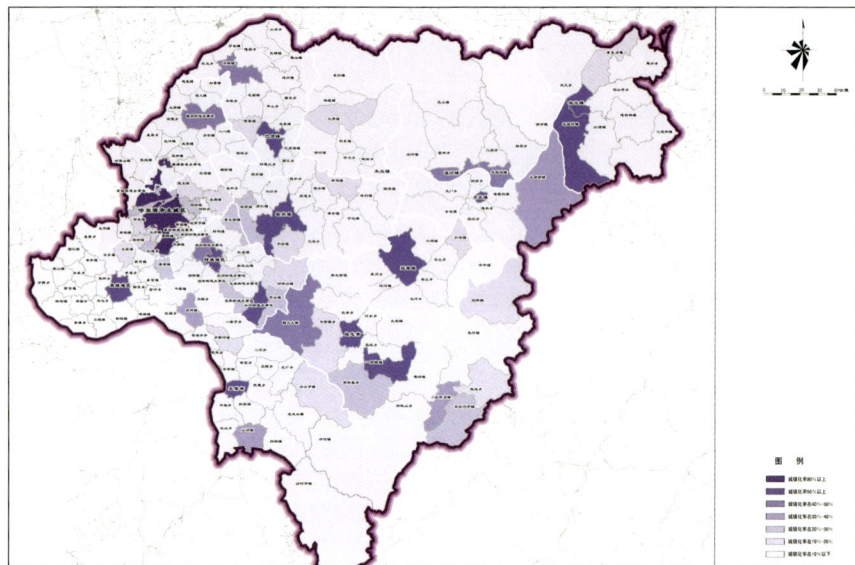

现状人口规模分布图

二、规划构思

本次规划以 "十八大"提出的加快推进新型城镇化战略为核心，以国家和黑龙江省规划为框架，按国家、省、市有关新型城镇化的工作重点和推进方向，根据哈尔滨产业、人口、地理、资源特点，以提升产业支撑能力、做大做强外围新型城镇群、推进新型农村社区建设、率先实现农业现代化为主线，进一步促进哈尔滨市产业优化升级，优化城镇空间布局，统筹城乡人口分布，实现城镇绿色发展，最终打造全国新型城镇化示范城市。

三、规划主要内容

规划以四大部分统筹19章64节内容。重点突出了农业人口转移与承接、城乡空间布局、城乡用地的高效利用、基础设施、公共服务设施城乡一体化发展、城乡可持续发展等方面内容。

1.以人的城镇化为核心，有序推进农业转移人口市民化

推进符合条件的农业转移人口落户城镇，推进转移人口共享城镇基本服务，优化城乡空间资源配置，划定生态控制红线和城乡建设用地增长边界，实现城镇建设发展与资源、环境的统筹协调。规划确定到2030年哈尔滨市常住人口1250万人，城镇化率达到75%。

2.以城市群为主体形态，合理调整优化城镇空间布局

推动哈尔滨都市区建设，增强中心城市辐射带动功能，培育三大城镇组群、四大城镇走廊引领地区发展，有重点发展小城镇，推动城乡一体化发展。

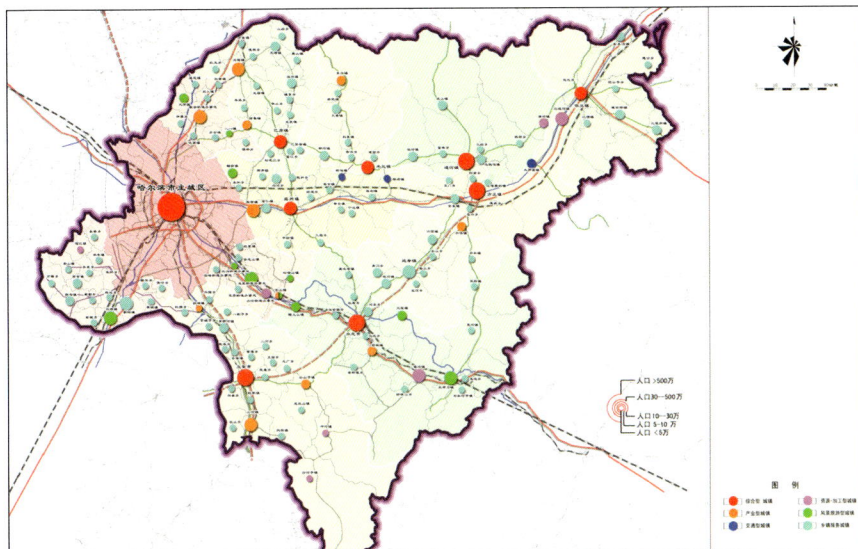
职能结构规划图

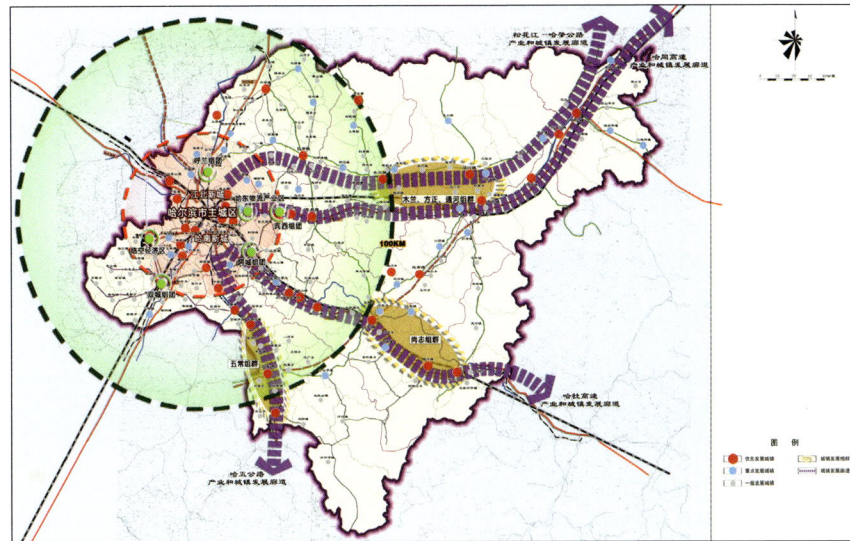
空间结构规划图

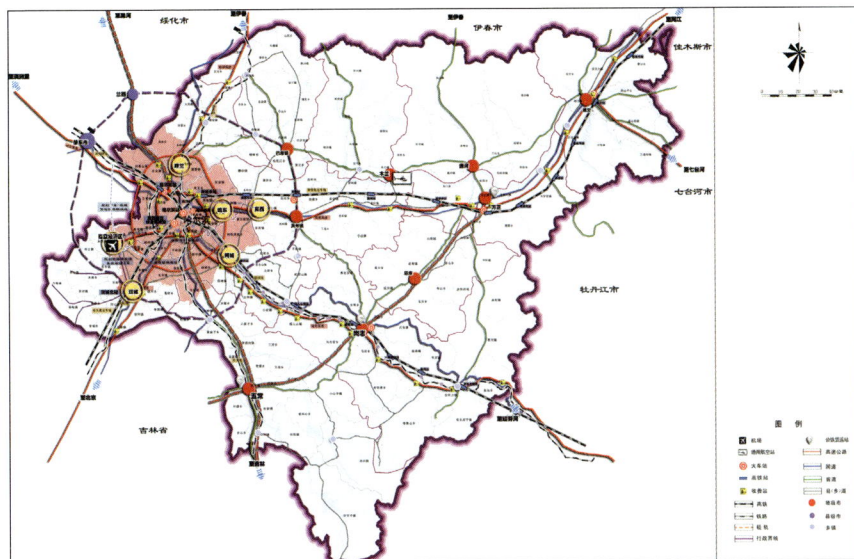
综合交通规划图

3.以综合承载能力为支撑，提升城市可持续发展水平

加快城镇产业发展与升级，强化城乡综合交通体系建设，推动基础设施和公共服务设施向农村延伸，构建城乡设施一体化体系。

4.以分区、分类建设为引导，实现城乡统筹协调发展

加快都市区、城镇分区建设的调控引导，合理分配城乡公共资源，加快美丽乡村建设，增强农村发展活力，实现城乡统筹协调发展格局。

哈尔滨市新型城镇化总体规划

四、规划特色

立足于新的发展阶段，哈尔滨经过一年多酝酿的总体规划，被视为是指导全市城镇化健康快速发展的宏观性、战略性、基础性规划。《规划》具有以下几个显著特色：

一是注重人口转移市民化的质量。注重农业人口转移过程中规模扩张向注重数量与质量并重转变。以都市区和重点城镇和产业园区为核心，有序地吸纳人口，真正做到产城融合，提升城镇发展质量。

二是提出我市新型城镇化发展战略策略。创新驱动、统筹协调、绿色发展、开放包容、聚焦发展、城乡共享六大发展战略引导《规划》内容，增强了《规划》的战略导向性，促进融合发展、建设都市区、突出大农业特色、加快市民化集聚人口、加快推进东西协调发展等构成了促进我市新型城镇发展的重要途径。

三是突出哈尔滨都市区的地位与作用。按照"一路一带"和"哈长城市"等发展战略，推动城市形态布局调整，构筑"一核两城、一带多廊、两区四星"的城市空间发展格局，积极推进主城区与哈尔滨新区的发展，大力建设卫星城镇，真正发挥哈尔滨的东北地区中心城市，国家重要的制造业基地的作用。

四是建设四大走廊引领东西部协调发展。建设哈牡高速、哈同高速、松花江-哈肇公路、哈五公路四条复合交通发展廊道，沿交通走廊轴带发展重点城镇；通过轴带展开，带动全市城镇化建设梯次推进、均衡发展。通过四大走廊促进巴木通方依地区和尚五宾延县市与哈尔滨都市区协调发展。

五是培育三大组群促进县域发展。根据哈尔滨市副中心城市发展滞后的现状，培育尚志、五常、方通三个城镇组群，在都市区外形成三个发展中心，带动区域的发展，促进组群内城镇的功能、产业、资源、环境、基础设施、社会设施的协调发展。提高组群的凝聚力和竞争路，提升城镇组群的整体功能，提供强大的空间平台和服务基地，促进市域东部、南部的城镇化建设水平。

六是突出美丽乡村建设在城镇化建设中的作用。由于哈尔滨大城市大农村的特征，城镇化发展过程中必须注重农村的建设。未来将着重通过均衡城乡要素配置、推进农业现代化、规划建设美丽乡村来缩小城乡差距。全市规划建设5000~6000个新型农村社区。重点培育壮大"一村一品"，依托乡村资源优势，培育350个五类特色乡村；重点推进500个示范村、5000个自然屯的村庄环境治理。

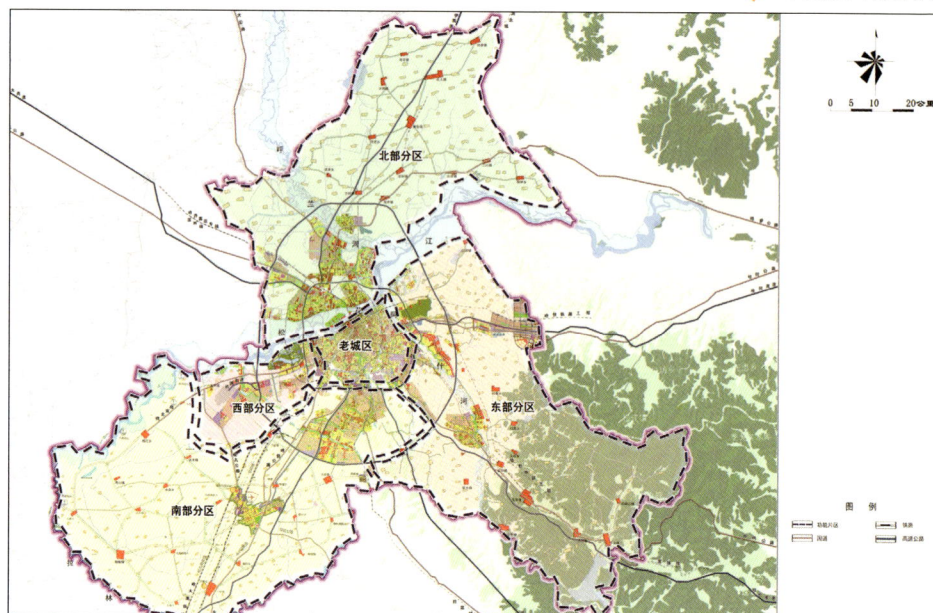
市区总体布局引导图

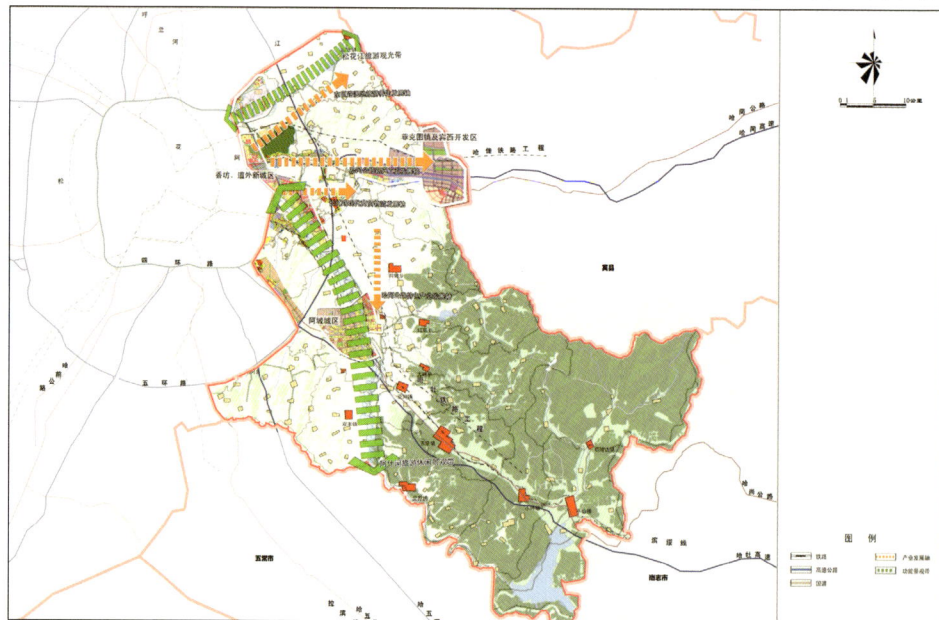
东部分区总体布局图

五、实施情况

已部分实施，效果良好。

↓ 尚志分区总体分布图

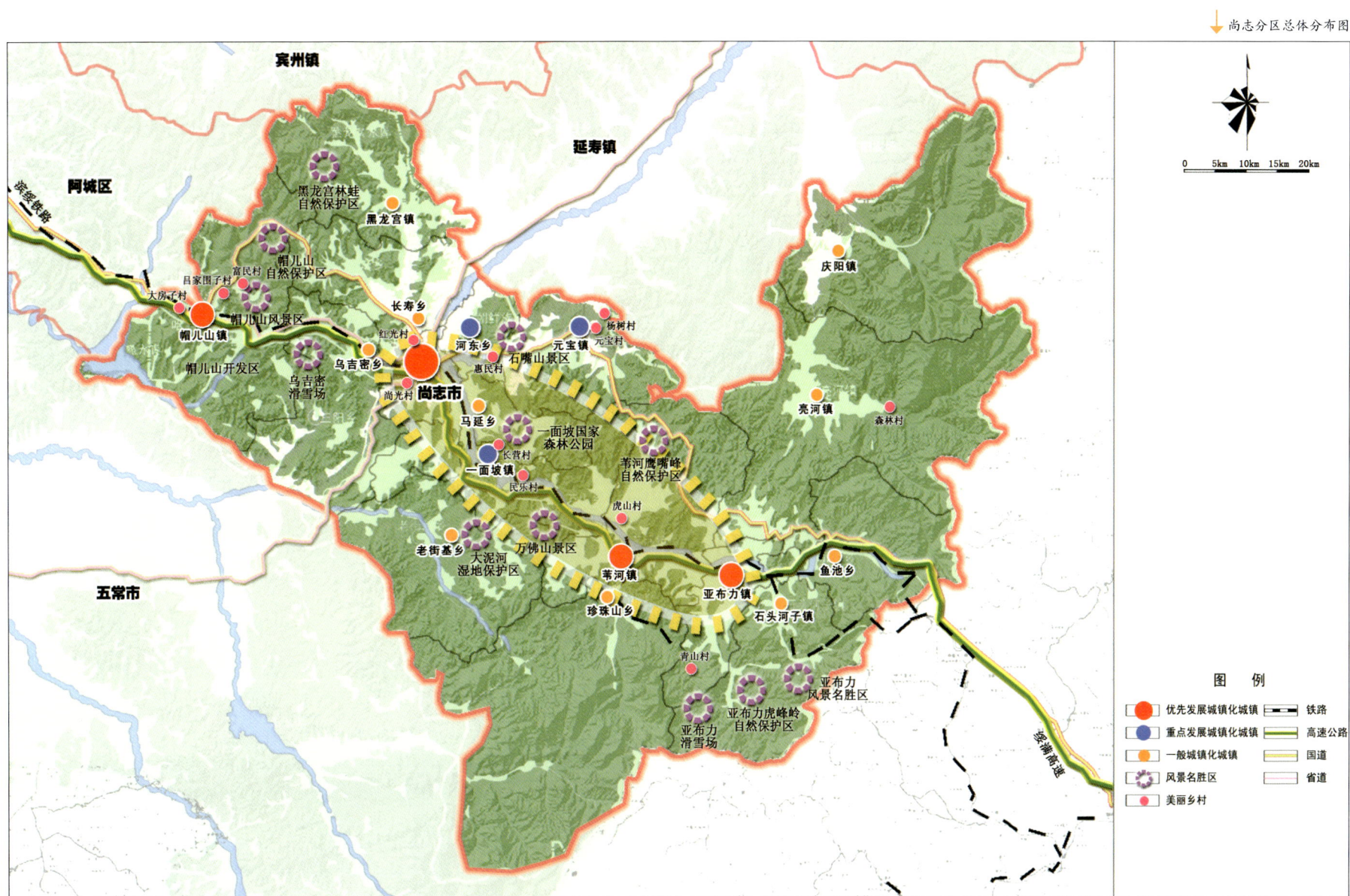

图 例

- 优先发展城镇化城镇
- 重点发展城镇化城镇
- 一般城镇化城镇
- 风景名胜区
- 美丽乡村
- 铁路
- 高速公路
- 国道
- 省道

新一地区城市设计-哈尔滨棚户区改造新探索

编制单位：哈尔滨市城乡规划设计研究院
编制人员：高岩、丁真光、朱晓雷、张志光、张新烨、张建喜、刘伟、邹雨虹、
　　　　　周含昭、刘奕彤、陆秋野、吴莲芳、陶玉蕾、郭鹏、贾焱
编制时间：2016年
获奖等级：二等奖

一、规划背景

新一地区地处道外区东部，是哈市主城区面积最大、内涝最严重、居民公企最多、火灾隐患最大的城市棚户区。市委、市政府高度关注新一地区严重内涝问题，并作出对新一地区实施整体搬迁改造的重大决定。按照搬迁改造计划，从2013年至2015年完成了全部万余户居民的搬迁任务，创造了我市实施棚改政策以来全市整体搬迁改造规模之最。为彻底改变新一地区的整体面貌，进行此次新一地区城市设计的规划编制工作。

二、规划构思

在此次规划设计中，创造性地引入了"网"的概念，并以此为主轴，通过空中、地面、地下三个层次网络的搭建对城市功能、景观风貌、交通联系等实际问题进行了全方位的梳理与改进。

俯视网为从空中俯视所形成的网络，主要为城市的路网及由道路串联而成的城市功能网，通过对俯视网络的梳理来完成对道路及城市功能的深化。

立体网为人们在地面所能感知的，由城市各要素所构成的空间网络，通过对立体网的把控来营造以人为本的城市形象。

地下网为基础设施网络，由上至下又分为海绵城市的渗透网，综合管廊的管线网，及由地下空间构成下空间网络。通过地下网的改进对地下空间进行整体的提升。

三、规划主要内容

（一）俯视网

1.功能定位：通过各层级、各具特色的通道组成的网络，把规划区域建设成为——融汇"江河风韵"、突出"工业内涵"、延展"居旅功能"、串联"古今风情"的"现代化、生态化、可持续"的哈尔滨活力新区。

2.优化功能网：高端居住功能、商业商务功能、旅游休闲功能、综合文化功能。

3.深化道路网：完善路网联系、提升公交系统、打造慢行网络、调整用地功能。

（二）立体网

1.船视：轮廓突出、纵深鲜明。
2.铁视：标志凸显、现代风韵。
3.车视：高低错落、疏密相间。
4.人视：绿网连接、宜人尺度。
5.静视：绿化丰富、设施共享。

（三）地下网

1.渗透网：通过海绵城市等技术手段解决新一地区的内涝问题。
2.市政网：采用综合管廊方式综合处理市政管线。
3.空间网：通过地下空间建立地铁站点与商业核心区的便捷联系。

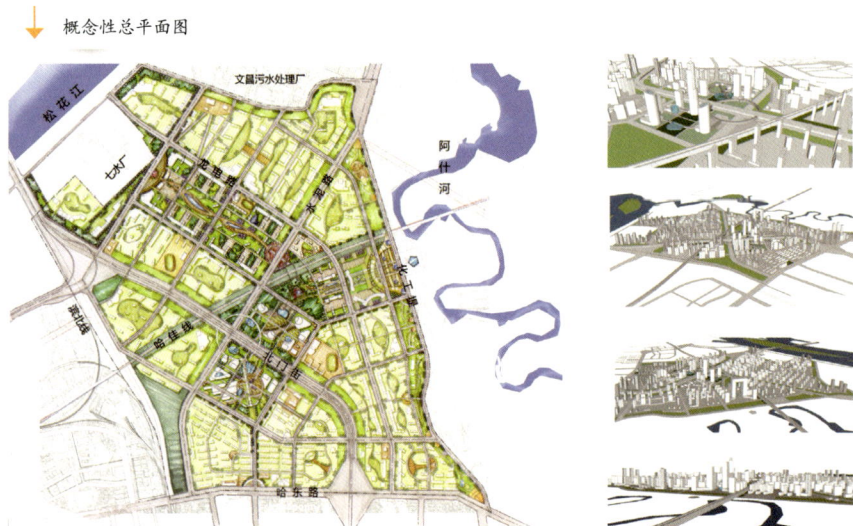
概念性总平面图

总体空间结构分析图

"Y"形主轴

"十字"框架

江河环绕

绿网延伸

景观节点

地标建筑

居住组团

四、规划创新

（一）建立网络

以网的概念为主轴，通过搭建空中、地面、地下三个层次的网络对城市功能、景观风貌、地下空间等实际问题进行全方位的梳理与提升。

（二）以人为本

在城市风貌的打造中，从船视、铁视、车视、人视、静视不同的人体视角，通过对重要空间要素的把控，打造宜人的城市空间。

（三）慢行优先

推崇慢行优先，建立内部及滨水的双重步行系统，增强街区的渗透性，尽可能地增加人们亲水、近绿的可达性与便捷性。

（四）开放街区

率先实践开放街区理念，加密核心区的道路网，改善交通状况，打造窄马路、高密度、小街区的现代街区形态。

（五）海绵城市

通过海绵城市、综合管廊等技术手段，形成地下空间网络，促进城市的生态性与可持续性，从根本上解决新一地区的内涝问题。

↓ 天际线图

沿阿什河立面

沿松花江立面

五、实施情况

作为哈尔滨市规模最大的棚改项目，市规划局及道外分局高度重视，多次听取了项目的汇报，对项目成果充分认可并提供了宝贵的建议。目前正进一步根据城市设计的成果对控详进行深化和调整，以便更好地指导下一步的建设。

目前新一地区已经完成了全部万余户居民的搬迁工作，棚户区已经拆迁完毕，地块中的高铁正在建设中，连接新一与江北的公铁两用桥接近完工，部分居住地块正在建设之中。我们期待着一个现代、生态、可持续的活力新区在不远的将来展现在人们的面前。

↓ 交通组织及交通设施规划图

图例

■ 城市快速路　　　⊞ 公交首末站
■ 城市主干路　　　Ｐ 停车场
■ 城市次干路
■ 城市支路

↓ 建筑色彩控制图

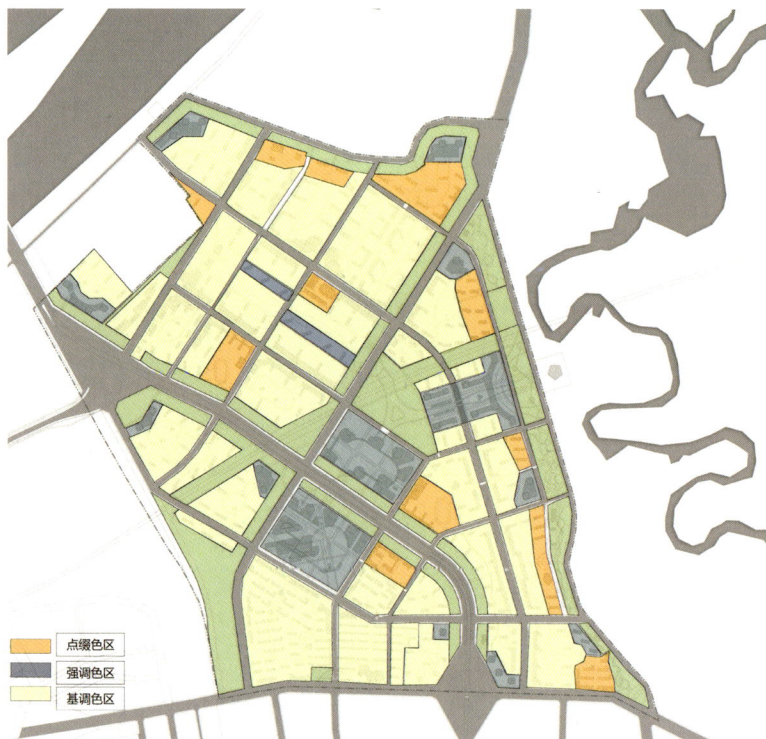

■ 点缀色区
■ 强调色区
■ 基调色区

↓ 高度分区图

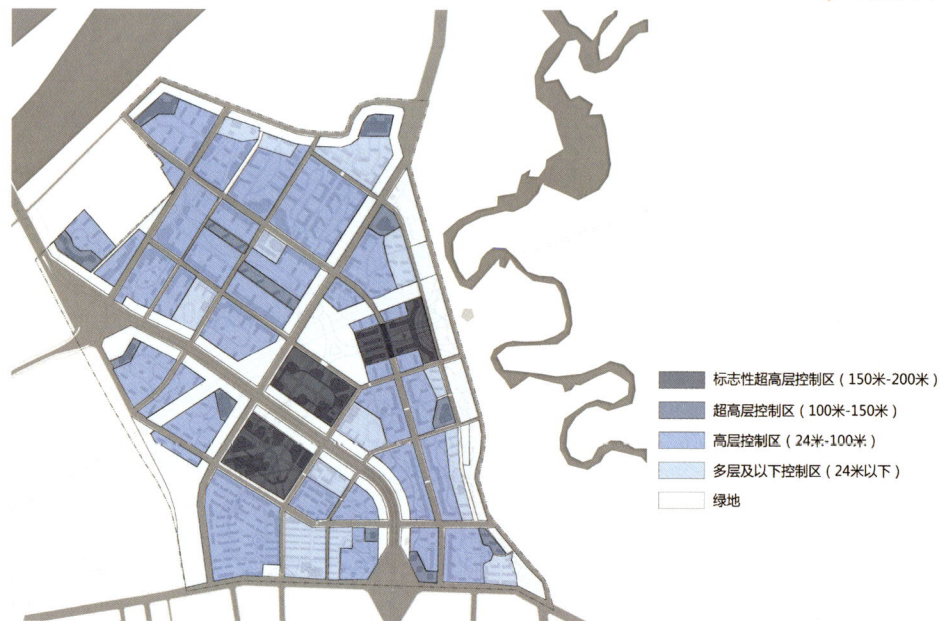

■ 标志性超高层控制区（150米-200米）
■ 超高层控制区（100米-150米）
■ 高层控制区（24米-100米）
■ 多层及以下控制区（24米以下）
□ 绿地

1905时间记忆-阿城文化创意产业园规划

编制单位：哈尔滨市城乡规划设计研究院
编制人员：张建喜、谷锐、王颖、董洪男、郑文均、孙航、范晓磊、迟洪冰、郑培玉、
　　　　　王觅熙、邢青、高璐、安勇、郑文裕、张贤淑
编制时间：2016年
获奖等级：二等奖

■ 一、规划背景

阿城糖厂位于阿城中心位置，临近阿什河，始建于1905年，是中国第一家以甜菜为生产原料的糖厂，随着中东铁路见证了中国东北近代工业发展的百年历程，城市现代化的高速发展，使得厂址部分建筑风貌遭到不同程度的破坏，原有的文化元素与历史脉络逐渐弱化，用地虽已近荒废，却遗留下来许多宝贵的工业文化遗产，其周边地区工业历史风貌浓厚、生态资源优越，在保护遗址的前提下，通过挖掘场所经济、旅游、文化潜力，使其焕发新的生机和活力，特编制本规划。

■ 二、规划构思

文化创意+情感商业+文创金融，打造以创意办公为主导的时尚创意产业园，集产业、商业、文化、旅游四位一体，涵盖展览展示、创意办公、旅游度假、娱乐体验、商业餐饮五大功能，实现保护历史文化财产的同时，将文化产业与工业历史建筑保护、文化旅游相结合，成为建筑价值、历史价值、艺术价值和经济价值的融合，提升阿城西区整体城市形象，带动周边土地升值，满足市民日益增长的精神文化需求。

↓ 规划范围图

会宁路　中都大街　解放大街

三、规划主要内容

通过对现有多个历史时期遗留的工业建筑进行调研、梳理及评估，利用工业建筑搭建创意产业发展的平台，将历史风貌保护、建筑有机更新、创新驱动融合，整合工作、社交、休闲、网络及资源共享空间，创建新型"众创空间"，实现糖厂区域形象与功能的跃升和拓展。

规划主要突出四大特点。

特点之一：传承历史文脉与地域特色的"乡愁"展忆空间。

规划首先通过调研、航拍等各种手段，深入研究了阿城糖厂各个历史时期遗留建筑的形成过程及历史价值，对糖厂厂区建筑风貌、空间格局、阿什河水系与厂区的关系等方面进行深入的分析和整理，梳理历史文脉及建筑风格，研究保留建筑在保护中利用的方式、方法，提出建设"留得住乡愁的展忆空间"，注重制糖产业与中东铁路历史个性与特色的挖掘和展示，通过保护地方传统的空间肌理、原生的生态环境、原真的乡土文化、独特的工业技艺，彰显地方个性，留住乡愁记忆。在基础设施之外，关注丰富的体验型产品与业态的导入。通过合理的方式，将工业厂区内的文化、生态与遗产资源一齐转化为可体验、可消费的旅游产品，并设计软性的现代消费服务体系。

特点之二：打造大众创业、万众创新的"草根"追梦平台。

规划将保留厂房进行改造，伴随大众创业、万众创新打造工业化"众创空间"，联手阿城高校，为大学生提供创业指导，为新型草根企业、创新团队提供开放的、自由的、互动的、艺术气息浓厚的低成本创业空间。

特点之三：助力创新2.0时代发展的"创客经济"驱动引擎。

规划完善创新服务模式，不仅为创业园区、金融创投、创业导师等资源进行对接整合，更为大学生提供创业辅导、创业孵化、创客逐梦等服务，汇聚各方力量搭建起创业者展示成长平台、投融资对接平台、孵化培育平台，为青年创新创业、创新型小微企业提供技术和场所支持。

特点之四：建立海绵城市生态建设示范区。

规划结合阿什河沿岸的改造，从源头、末端、受纳水系三者出发对水环境保护和改善。节能方面，利用工业厂房建筑改造，进行低碳绿色办公节能建筑试点建设，通过场地再开发、节水再利用、资源更环保、运营更高效等几方面获得降低能耗的效果，为厂区提供良好的生态人文环境。

糖厂城市设计平面

核心区域鸟瞰图

1905时间记忆-阿城文化创意产业园规划

核心区域鸟瞰图

四、实施情况

规划有序指导城市建设活动的合理开展，糖厂区域主要道路改造工程已实施完成，厂区内建筑群由7座欧式建筑组成，已将其申报为文物保护单位，核心区居民征拆工程已接近尾声，厂区内小工业企业土地整理按照规划已在有序进行中。

本规划的逐步实施对突出阿城区独特的地域文化，提高城市魅力，打造哈尔滨市新的城市名片，促进城市经济发展将起到巨大的推动作用。

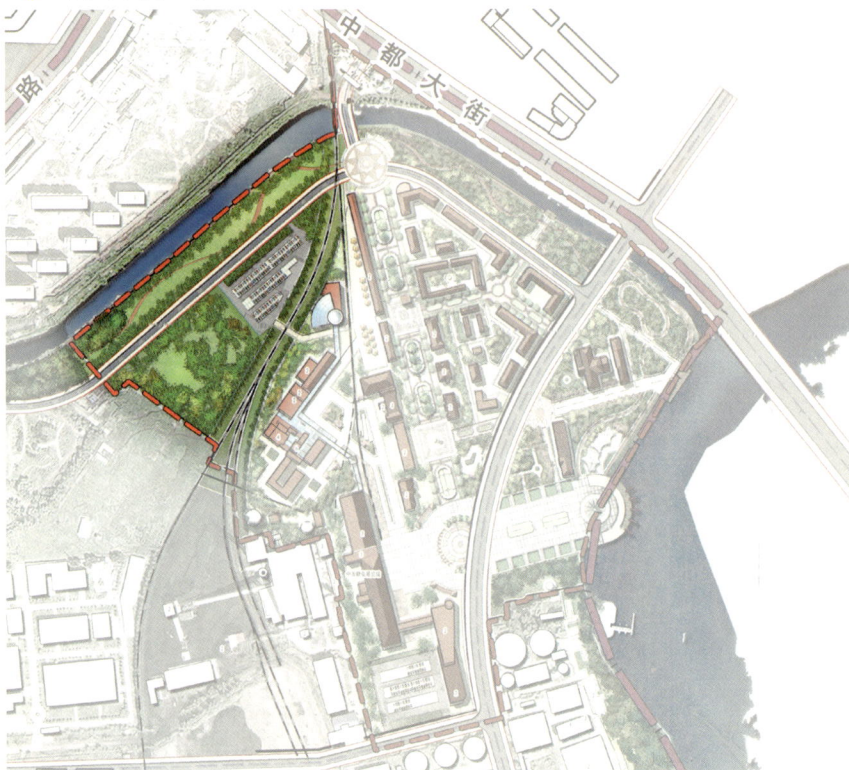

停车场局部平面图

沿河绿地局部平面图

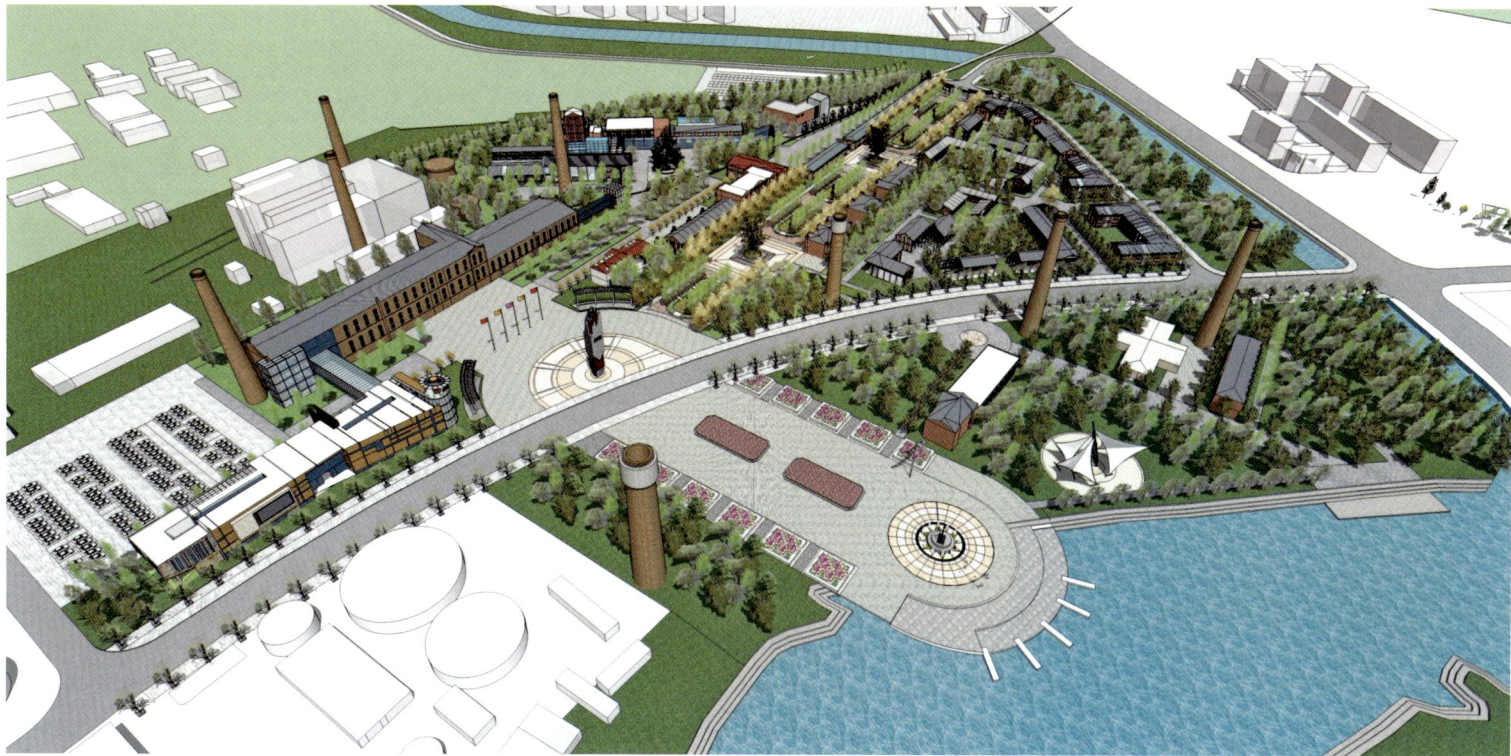

← 核心区域鸟瞰图

← 核心区域鸟瞰图

齐齐哈尔市中心城区地下综合管廊专项规划

编制单位：中冶京诚工程技术有限公司齐齐哈尔市城市规划设计研究院
编制人员：郝勇兵、王正大、刘曦光、王浩、岳超、崔巍、韩鹏、江伊婷、刘茜茜、
刘庆生、李金涛、于刚、史巍、李齐、王东海
编制时间：2016年
获奖等级：二等奖

一、规划背景

把城市的供水、排水、供气、供热以及电力、电信等管线集中布置在一定范围的地下空间内，形成集约化、规范化管理的新型市政基础设施，为积极推进齐齐哈尔市综合管廊发展，着重对齐齐哈尔市中心城区的管廊布局、断面形式、建设时序等方面进行技术支撑与建议。

二、规划构思

以基础研究为依据、以专题研究为支撑、以实施策略为保证进行编制工作。

首先，在解读齐齐哈尔市相关规划和现状条件的基础上，结合齐齐哈尔市自身条件和特点，提出综合管廊发展战略，预测综合管廊发展水平，分析综合管廊建设的必要性和可行性。

其次，综合考虑综合管廊的建设影响因素，建立管廊建设适宜性分析模型，对管廊适建性进行分析，合理划定综合管廊的建设区域及建设价值较高的路段，指导综合管廊规划阶段进行可行的选址与选线。

最后，以管廊适建性分析为重要核心依据，综合城市发展的实际需求、经济实力、合理确定综合管廊建设布局与建设规模，引导城市地下市政综合管廊建设的有序发展。

三、规划主要内容

（一）规划范围及规模

确定本次规划范围为龙沙区、铁锋区、建华区以及通北路以西以北区域。规划面积约145.70平方公里，规划人口约115万人。

（二）综合管廊布局规划

规划形成"干支混合+支线"相结合的综合管廊布局形式，共同构成"坏线+分支"型的综合管廊布局体系。在规划中核心位置规划干支混合型综合管廊，形成环状综合管廊系统；在环状系统基础上，建设"干支混合+支线"相结合的支状综合管廊系统。规划综合管廊总长度约为87.6公里。

（三）其他规划内容

《规划》还对城市综合管廊断面类型及选型、管廊与道路相对位置控制、管廊配套设施、附属设施、综合防灾、建设时序、投资估算与保障措施等方面都进行了规定与建议。

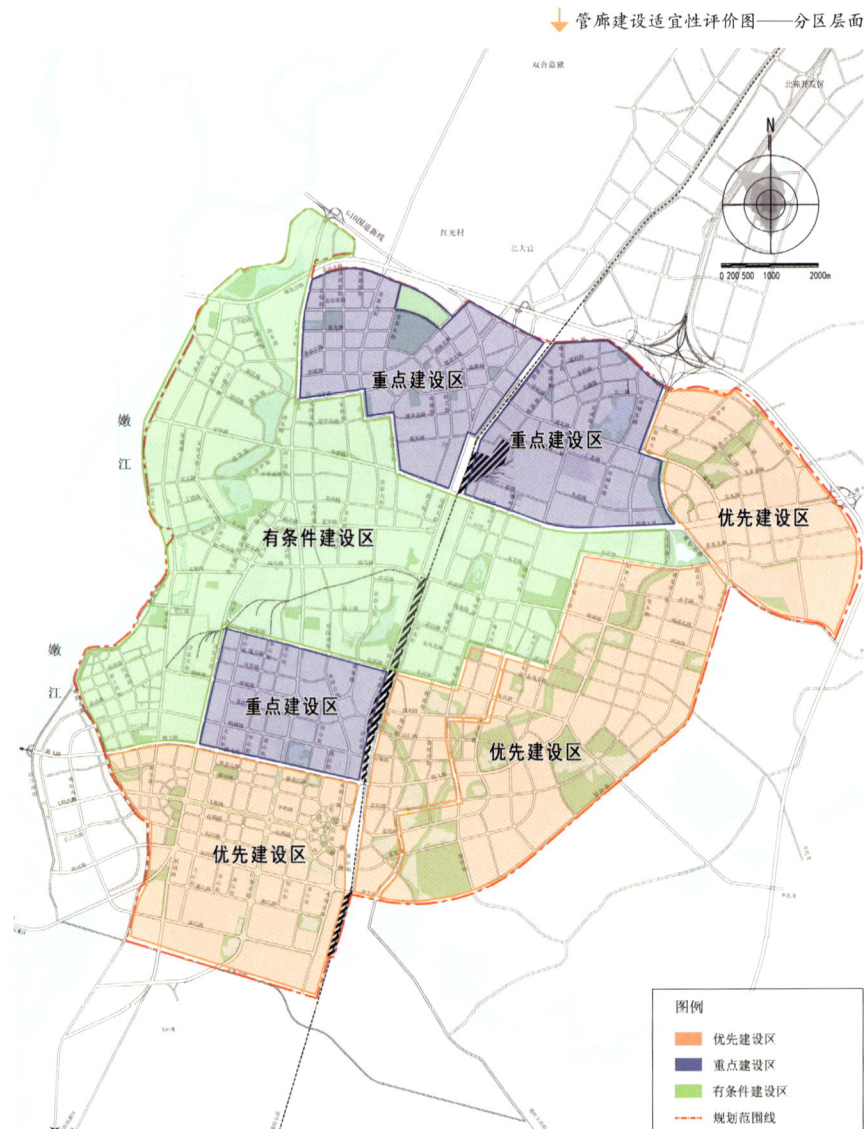

管廊建设适宜性评价图——分区层面

图例
- 优先建设区
- 重点建设区
- 有条件建设区
- 规划范围线

管廊规划布局图

北苑开发区
N
0 200 500 1000 2000m
G10国道新线
红光村
北大营
嫩江
新明街
卜奎大街
双华路
中华路
通北路
联通大道
曙光大街
创林大街
南浦路
民航路
东风路
新立街
天山街
庐山街
腾飞路
飞鹤路
图例
干支混合型管廊
干支混合型管廊（预留地铁线位）
支线型管廊
规划范围线

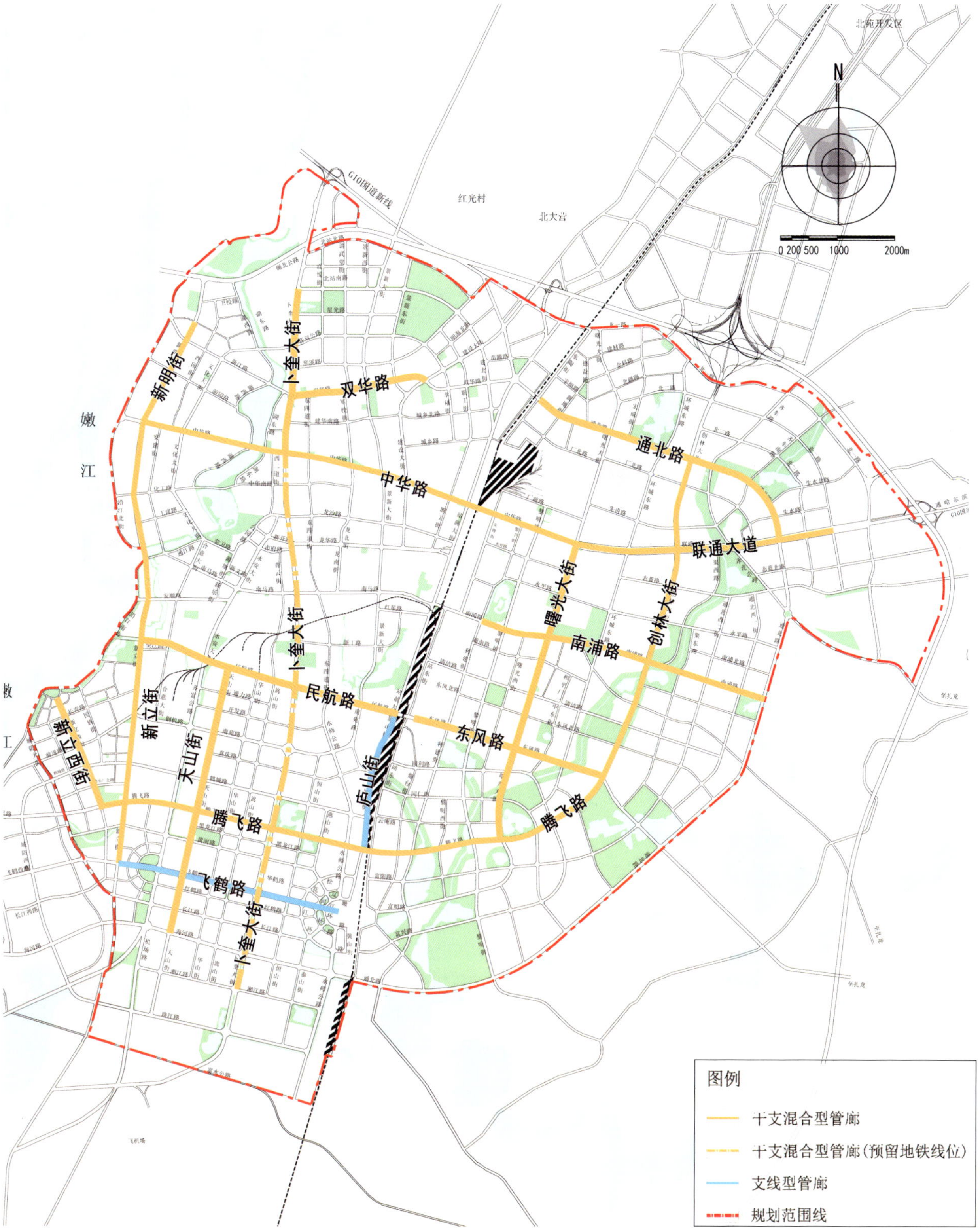

齐齐哈尔市中心城区地下综合管廊专项规划

四、创新技术

（一）基于GIS的管廊建设适宜性分析

依托GIS空间分析软件对规划范围内进行适宜性分析、需求分析与价值分析，从城市自然条件、城市建设条件和城市社会经济条件等各方面条件入手，综合选取影响管廊建设的各类因子，建立适宜性分析、需求分析、价值分析等三个层次的分析模型，为综合管廊的选线布局提供科学合理的定量分析结论支持，作为管廊规划布局的重要核心依据，从而确定管廊建设区域划分、管廊建设路段选线。

（二）重力流管线因地制宜的入廊条件分析

重力流管线入廊需因地制宜进行谨慎分析选取，同时综合管廊竖向埋深及平面布置应与城市道路、河道、地下空间开发及地铁等综合协调，以保证排水安全及综合管廊技术经济的合理性。

（三）新技术新理念在管廊规划建设中的运用

提出管廊建设应融入"海绵城市""BIM技术""智慧管廊"等新技术、新理念，并对相关方面提出切实可行的建设引导与建议。

五、实施情况

（一）建设时序

综合管廊建设时序规划分为近期建设与远期建设两个阶段：

（1）近期（2016~2020年）：图中蓝色管廊，总建设长度47.9公里。

（2）远期（2021~2030年）：图中绿色管廊，总建设长度39.7公里。

（二）实施情况

2016年，齐齐哈尔市已在通北路开始建设1.1公里长综合管廊，管廊内纳入给水管线、供热管线、供电管线和通信管线，管廊宽9米，高3.3米，覆土2.5~3米。

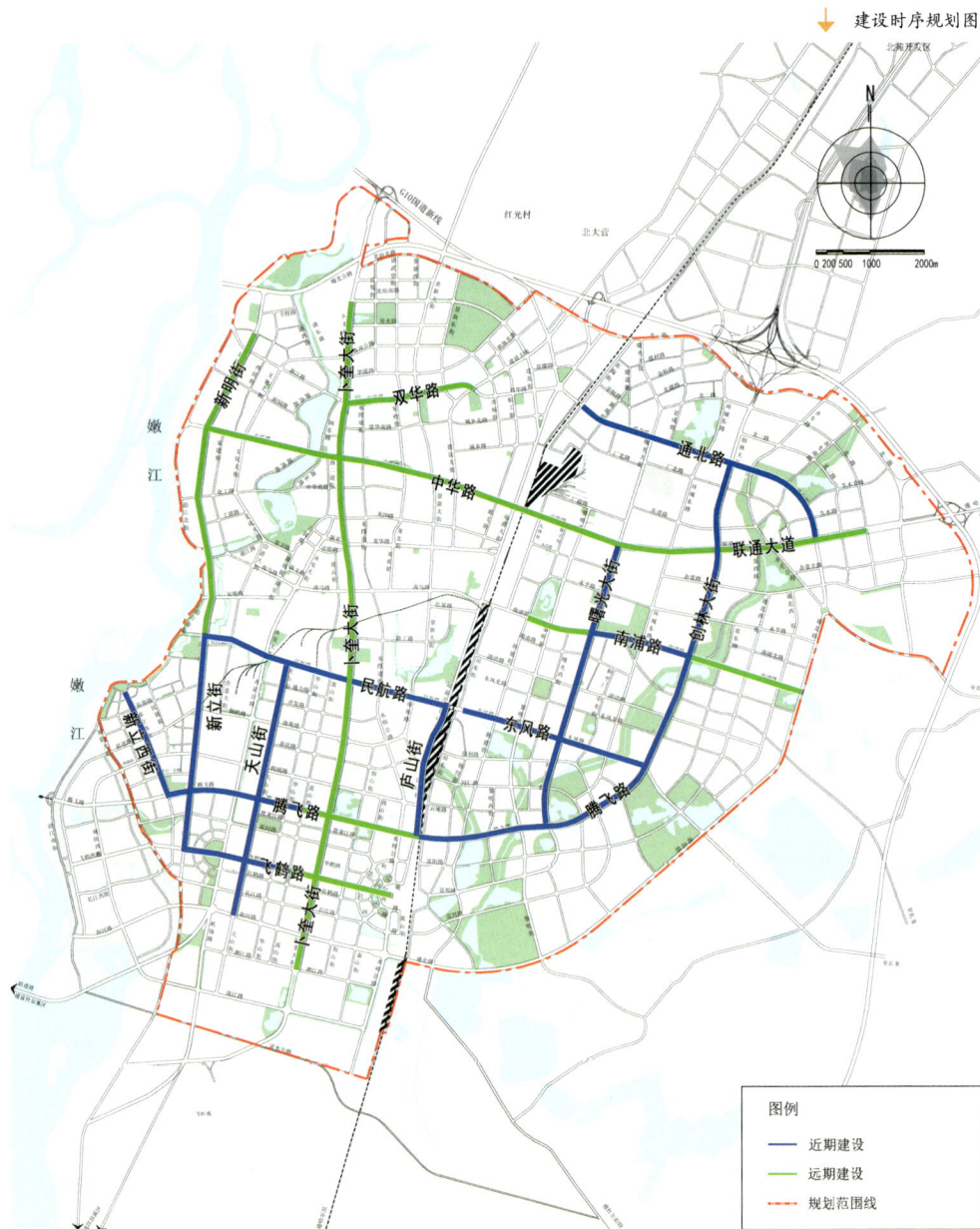

建设时序规划图

图例
近期建设
远期建设
规划范围线

管廊建设适宜性评价图——路段层面

N

0 200 500 1000 2000m

G10国道新线

红光村

北大营

S302省道
至甘南

嫩
江

嫩
江

适宜性弱　　适宜性强

都市CRD：乙烯农场地区城市设计

编制单位：大庆市规划建筑设计研究院
编制人员：戴世智、李罕哲、邱国平、崔征、韩树伟、王佳佳、张涛、米迷、王丹、
　　　　　董铭、裴晓红、齐超、王宏志、王志东、盛开
编制时间：2016年
获奖等级：二等奖

区位示意图

■ 一、项目背景

乙烯农场地区位于大庆市主城区东部门户地带，随着青龙山地区的整体开发及庆东新城的启动建设，龙凤湿地公园、阿斯兰小镇一期、龙凤小镇一期已基本建成，为促进该地区规模、集聚发展，乙烯农场地区的开发建设迫在眉睫。为此，大庆市城乡规划局组织编制了乙烯农场地区城市设计。

■ 二、规划构思

塑造城市门户地标：

1.与现状龙凤湿地公园共同构成城市东大门。

2.湿地公园的观光塔与强调水平线条的规划论坛建筑群相衔接，形成一横一竖的生动对比。

项目构思图

如何以恰当的方式，在此处树立地标，塑造城市门户，这是本案重点解决的问题。
我们的理念是：
首先，城市门户应当由龙凤湿地公园主入口和本区共同塑造完成，湿地公园的观光塔河本地的旅游发展论坛，两者在世纪大道两侧相呼应，共同构成城市东大门。

第三，对于论坛建筑群的处理，我们采用低调面对大自然的原则，以覆土建筑的形式水平展开，与大地景观相呼应。

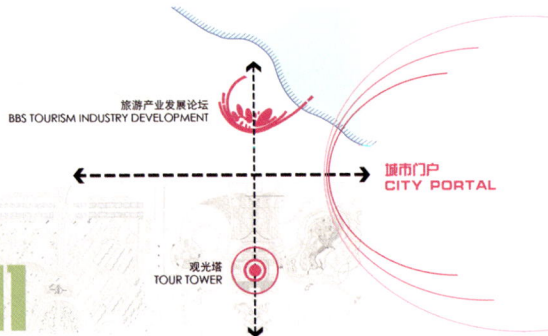

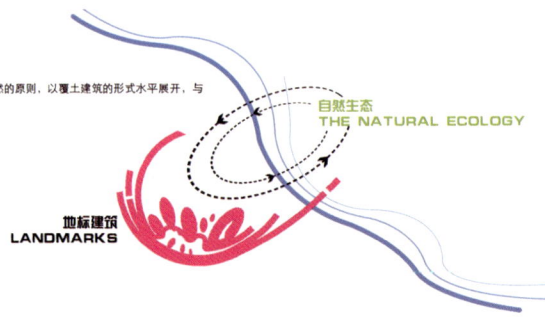

第二，观光塔以高取胜，本区内则强调水平线条的舒展，沿滨水区展开的大地景观艺术装置绵延数百米，与强调水平线条的论坛建筑群相衔接，一横一竖，形成生动对比。

第四，论坛建筑师本街区的地标建筑，但位置和形态布局充分与湿地公园相呼应，湿地观光塔在公园主入口广场处形成明显轴线，我们将此轴线延伸至本街区内，利用论坛建筑与之相对。

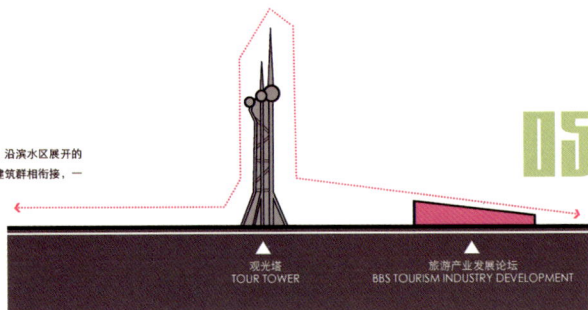

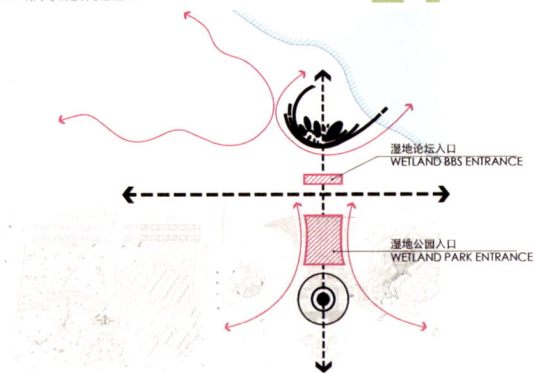

3.以自然生态的原则处理地区的地标性建筑，与大地景观相呼应。

4.论坛建筑作为本区的地标建筑，其位置和形态布局充分与湿地公园相呼应，并将轴线延伸至规划地块内。

■ 三、规划主要内容

（一）用地规模

本次规划范围为南起世纪大道、西至翔安大街、东临301运河、龙凤湿地，总面积为62公顷。

（二）规划理念

提出建设以度假旅游和高端商务休闲为目的的、与都市为邻的"中央休闲区"，简称CRD。

（三）功能定位

规划将乙烯农场地区定位为中央休闲区，打造旅游产业发展平台和高端商务接待平台。规划设计有旅游产业发展论坛、体验式购物公园、休闲养生会馆、公寓式度假酒店、旅游培训机构、生态度假住区、高端商务会所等功能区，将乙烯农场地区打造为以度假旅游和高端商务休闲为目的的、与都市为邻的"中央休闲区"。规划设计着重考虑地段的门户特征，挖掘大庆市的旅游资源和环境特点，利用标志性建筑的设计、丰富的项目策划及优美的环境设计实现地区的可持续发展。

（四）空间结构

以L型绿带连接形成九大功能区，即：高端商务会所、生态度假住区、公寓式度假酒店、旅游培训机构、休闲养生会馆、体验式购物公园、旅游产业发展论坛、公共活动空间、社区服务区。

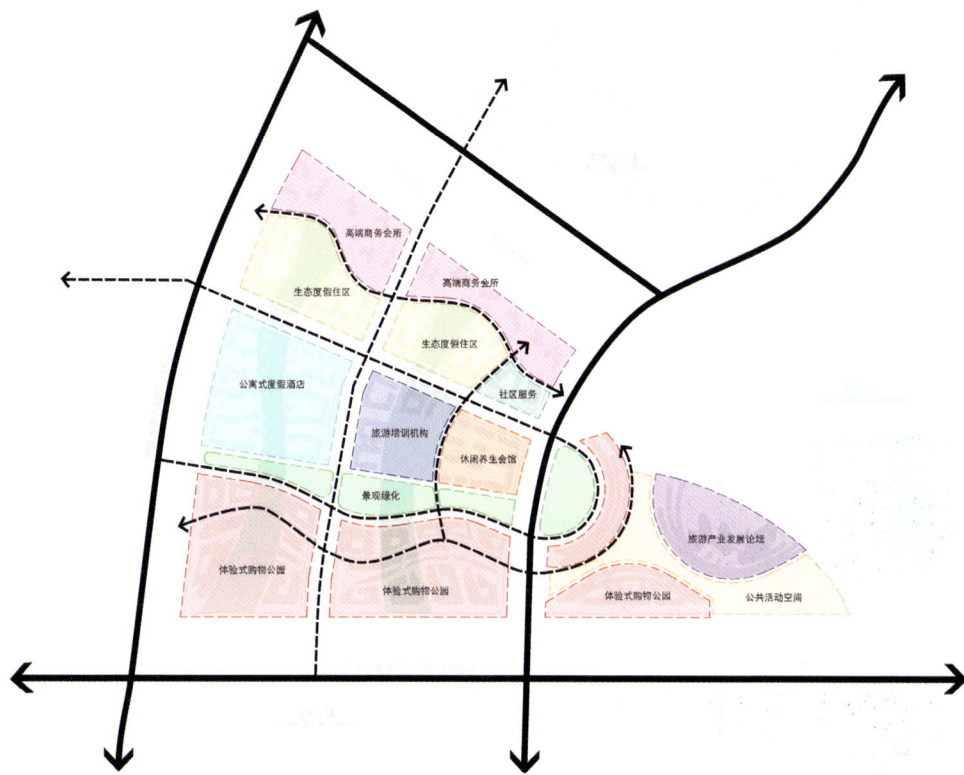

空间结构图

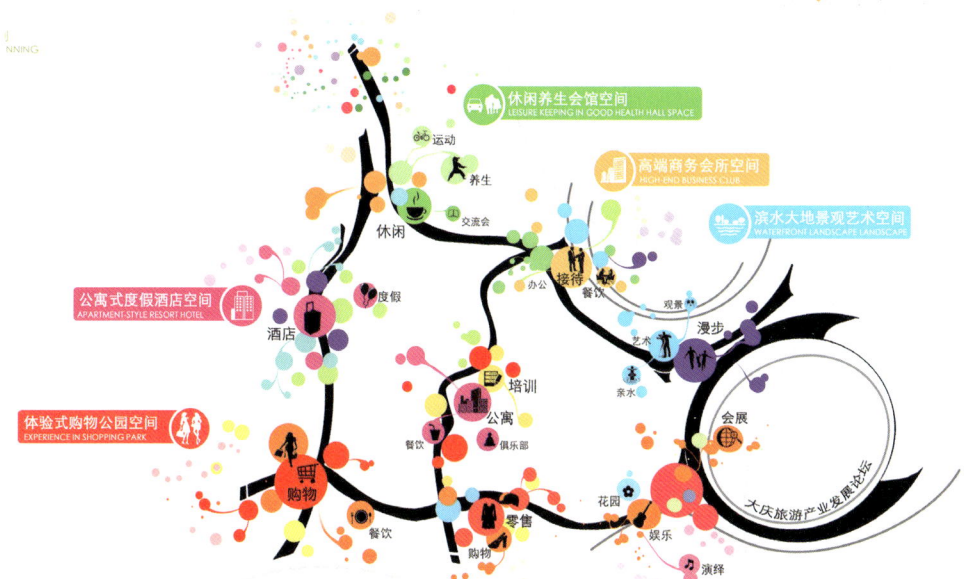

项目策划分析图

都市CRD：乙烯农场地区城市设计

四、项目创新

1.大庆市旅游产业发展论坛：会议中心、旅游信息中心、旅游产业发展中心、旅游博物馆。

2.体验式购物公园：大型购物中心、特色商业街、酒吧街、美食中心、大型超市。

3.度假公寓：会议俱乐部、康体中心、公寓、餐饮中心、商业中心。

4.休闲养生会馆：药膳调理、书画交流会、特色SPA、汉方理疗、放松健康假期、专享宁静独居。

5.高端商务会所：宴会、会议、数字影院、休闲娱乐、商务接待。

6.生态住区：自然清静假期、风情美食、专享家庭套间、文化广场、露天影院、生态长廊。

总平面图

N

图 例

1 高端商务会所
  HIGH-END BUSINESS CLUB
2 滨水大地景观
  WATERFRONT EARTH LANDSCAPE
3 生态住区
  ECOLOGICAL RESIDENTIAL
4 社区服务中心
  COMMUNITY SERVICE CENTER
5 景观绿廊
  LANDSCAPE GREEN GALLERY
6 度假公寓
  HOLIDAY APARTMENT
7 旅游培训学校
  TOURISM TRAINING SCHOOL
8 休闲养生会馆
  LEISURE KEEPING IN GOOD
  HEALTH HALL
9 台地绿化
  THE STEPS GREENING
10 公共活动空间
   PUBLIC SPACE
11 大庆市旅游发展论坛
   DAQING TOURISM
   DEVELOPMENT BBS
12 滨水微地形景观
   WATERFRONT TINY TERRAIN
   LANDSCAPE
13 体验式购物公园
   EXPERIENCE IN SHOPPING PARK
14 特色商业街
   CHARACTERISTICS OF THE MALL
15 微地形
   TINY TERRAIN
16 环形水系
   CIRCULAR WATER SYSTEM
17 滨水休闲广场
   CIRCULAR WATER SYSTEM
18 休憩广场
   REST SQUARE

五、实施情况

　　本规划对该地区的发展具有针对性及指导性，对地区的建设开发有一定的参考意义，目前正有序地按照规划对该地区的控制性详细规划进行调整完善。

整体鸟瞰图 →

↓ 夜景整体鸟瞰图

黑龙江省优秀城乡规划项目作品集

获奖作品编制单位及人员简介

编制单位

黑龙江省城市规划勘测设计研究院

黑龙江省城市规划勘测设计研究院创建于1979年8月，是隶属于黑龙江省住房和城乡建设厅的综合型规划设计勘察科研单位。具有城乡规划编制、建筑工程、风景园林、给水工程、排水工程、热力工程、道路工程、环境卫生工程、工程测量、岩土工程勘察、岩土工程设计、公路工程、工程咨询、旅游规划、文物保护、水文地质勘察等甲、乙级资质。院内设有12个生产作业所、1个园林景观分院、1个创新研究中心、5个管理部门和1个下属公司。现有职工216人，其中研究员级高级工程师14人，高级工程师75人，中级工程师55人，各类注册执业人员48人，专业技术人员占全院职工人数的90.0%。专业配置齐全，技术力量雄厚。

建院三十多年来，业务遍及14个省、自治区和直辖市，共完成各层次和类型的城市规划设计、市政工程设计、风景园林设计、建筑工程设计、勘察、测绘、工程咨询、旅游规划等项目6000余项，获得国家和省级优秀勘察设计、规划设计及科研成果奖500余项，获省级以上优秀论文奖400余篇，国内招标过程中多次中标和获奖。并多次获得了"省级文明单位"、"省建设系统文明单位标兵"、"省城乡规划行业先进单位"、"省五·一劳动奖状集体"、"省级卫生先进单位"、"全国住房和城乡建设系统先进集体"、"先进基层党组织"等光荣称号。

多年来，我院积极探索适应新形势的体制改革，面对我国经济社会的发展及城乡建设的需要，努力开拓设计市场，强化质量管理，注重人才培养，提升文化理念，树立精品意识，取得了良好的社会效益和经济效益。作为新时代的设计者，黑龙江省城市规划勘测设计研究院将以顾客至上、服务为本、快乐工作、快乐生活为核心价值观，以弘扬创业、创新、创优为动力，在推进以人为核心的新型城镇化建设过程中，全面构建符合行业特点及市场需求的发展格局，以提升凝聚力、创造力、竞争力为核心，打造可持续发展的综合型规划设计研究院。

编制人员

张宝武	院长、党委书记、高级城市规划师
李海波	常务副院长、研究员级高级工程师、注册城乡规划师
陶英军	副院长、园林景观分院院长、研究员级高级工程师、注册城乡规划师
陆彤	副院长、研究员级高级工程师、注册城乡规划师
宫金辉	总规划师、综合交通所所长、研究员级高级工程师、注册城乡规划师
张远景	院长助理、规划研究所所长、创新研究中心主任
	高级城市规划师、注册城乡规划师
杨岚	园林专业总工程师、研究员级高级工程师
刘东亮	规划一所所长、研究员高级规划师、注册城乡规划师
高春义	规划二所所长、高级城市规划师、注册城乡规划师
单景才	规划四所所长、高级城市规划师
马力	园林景观分院副院长、项目经理、高级工程师
李智博	园林景观分院副院长、项目经理、高级工程师
林晶	经济所副所长、高级工程师
邵凯	规划一所副所长、高级规划师
秦磊	规划二所副所长、高级城市规划师
谢尔恩	规划研究所副所长、高级城市规划师、注册城乡规划师
范震	规划四所副所长、城市规划师
归红	主任工程师、研究员级高级工程师
孙英博	主任规划师、高级规划师、注册城乡规划师
赵丽晔	主任工程师、高级工程师
房益山	副主任规划师、高级规划师
王锐	高级规划师
刘春阳	高级规划师
李艳杰	主任规划师、高级城市规划师、注册城乡规划师
郎朗	高级城市规划师、注册城乡规划师
王琳晔	高级城市规划师
曲仓健	高级城市规划师
丁冠华	高级城市规划师
王艺珊	高级城市规划师
吴玥	副主任规划师、高级城市规划师
李晓晶	主任工程师、高级工程师
王家成	主任工程师、高级工程师
苏琳	主任工程师、高级工程师
周小新	主任工程师、项目经理、高级工程师
刘泽泽	主任工程师、高级工程师
魏文波	主任工程师、高级工程师
杨博涵	副主任工程师、项目经理、高级工程师
贺军	副主任工程师、高级工程师

编制人员

张 蕾	城市规划师
魏文琪	城市规划师
原 帅	城市规划师
银小娇	城市规划师
王艳秋	城市规划师
穆伟东	城市规划师
李达书	城市规划师、注册城乡规划师
宋 扬	城市规划师
张 雷	城市规划师
王春龙	副主任规划师、城市规划师
张 尧	城市规划师
肖一夫	城市规划师
李城润	城市规划师
贺 红	城市规划师
陈昭明	城市规划师
朴金姬	城市规划师
张斯茗	城市规划师
王泽华	城市规划师
高向娜	工程师
薛 琳	工程师
赵 健	工程师
邱成刚	工程师
张双玲	工程师
陈 淼	工程师
张婷婷	工程师
郑 昊	工程师
翟世博	工程师
于 萍	部门主管、工程师
张乃欣	助理城市规划师
白 兰	助理城市规划师
房永亮	助理城市规划师
卜德鹏	部门主管、助理城市规划师
武胜楠	助理工程师
韩 杨	助理工程师
张 赫	助理工程师

编制单位

哈尔滨市城乡规划设计研究院

哈尔滨市城乡规划设计研究院成立于1981年8月，是经省编委批准成立的自收自支事业单位，行政级别为副局级，隶属于哈尔滨市城乡规划局。具有国家建设部批准的城市规划、建筑工程设计、土地规划甲级资质；旅游规划设计及风景园林工程设计专项乙级资质。是黑龙江省领军人才梯队（城乡规划方法与理论专业）、哈尔滨市领军人才梯队（交通运输工程其他学科）。内设15个部门：总体规划研究所、规划一所、规划二所、城市设计所、交通市政所、风景园林所、建筑一所、建筑二所、GM工作室、行政管理部、人力资源部、生产经营部、技术管理部、信息管理部、财务部。现有职工139人，其中研究员级高级工程师19人、高级工程师63人、工程师21人；博士1人；享受国务院特贴1人、享受省政府特贴1人；哈尔滨市有突出贡献中青年专家4人；具有国家注册规划师、建筑师、结构师、咨询师及设备工程师的人员43名。专业齐全，技术力量雄厚。

建院三十七年来，本着"依法治院、文明建院、科技兴院"的宗旨，坚持诚信、高效、优质、创新的方针，以科学发展观为统领，以为政府服好务、当好参谋为己任，以创建国内一流科研设计单位为目标。本院先后完成了战略规划、总体规划、分区规划、控详规划、修详规划、城市设计、建筑设计和道路、园林、旅游、基础设施等各类大中型规划项目8000余项。规划设计成果遍及国内外，先后与法国、新加坡、美国、南非、俄罗斯等国家，中国规划院、北京大学、南京大学、哈尔滨工业大学等单位在科研、设计等方面进行了合作，并取得了较好的社会和经济效益。在立足哈尔滨市场的基础上，积极拓展国内市场，项目遍及云南、广东、内蒙古、山东、辽宁等省。多项设计成果分获各级奖励，其中建设部优秀设计奖九项；国土资源部科技进步二等奖两项；省级科技进步奖八项；市科技进步奖二项；省级优秀设计百余项，编制完成了两项省级地方标准。为把哈尔滨市建设成为具有鲜明地域特色和文化魅力的中国"冰城夏都"、国际冰雪文化名城及"三个适宜"现代文明城市做出了突出贡献。

在社会各界的大力支持下，全院职工共同拼搏、努力开拓，取得了可喜的成就，形成了自己独特的管理模式和经营理念，在激烈的规划市场竞争中日益成熟起来。我们将与全国同行及哈尔滨市各界携起手来，为我国规划事业的发展和哈尔滨的美好明天共同奋斗。

编制人员

高 岩	院长、研究员级高级工程师、注册城乡规划师
张建喜	副院长、院党总支书记、研究员级高级规划师、注册城乡规划师
刘 伟	总规划师、研究员级高级规划师、注册城乡规划师
侯 晓	副总规划师、研究员级高级规划师、注册城乡规划师
谷 锐	所长、研究员级高级规划师、注册城乡规划师
潘 玮	所长、研究员级高级规划师、注册城乡规划师
赵志强	所长、高级工程师
丁真光	所长、高级城市规划师、注册城乡规划师
汪海滨	副总工程师、高级城市规划师、注册城乡规划师
范晓磊	副主任、研究员级高级工程师、注册城乡规划师
朱晓雷	副所长、高级城市规划师
郑培玉	副所长、高级城市规划师
赵 宁	副所长、高级工程师
邢 青	研究员级高级规划师、注册城乡规划师
王 颖	高级城市规划师、注册城乡规划师
张克军	高级城市规划师、注册城乡规划师
于 洁	高级城市规划师、注册城乡规划师
陈 阳	高级城市规划师、注册城乡规划师
崔 然	高级规划师、注册城乡规划师
郭 鹏	高级城市规划师、注册城乡规划师
吴莲芳	高级城市规划师、注册城乡规划师
付莲华	高级工程师
陆秋野	高级城市规划师
陶玉蕾	高级城市规划师
刘 欢	高级城市规划师
万 宁	高级工程师
吕海蓉	高级规划师
杨维菊	高级城市规划师
贾 焱	高级城市规划师
高 璐	高级建筑师
朱 明	工程师、注册城乡规划师
庞连峰	工程师
韦二雄	工程师
岳 欣	工程师
韩金玲	规划师
张新烨	工程师
邹雨虹	规划师
刘奕彤	工程师
董洪男	工程师
孙 航	工程师
郑文均	工程师
张志光	规划师
王觅熙	助理工程师
刘堃婷	助理工程师
周含昭	助理工程师

编制单位

哈尔滨工业大学城市规划设计研究院

哈尔滨工业大学城市规划设计研究院成立于1993年，现有全职专业技术人员170余名，国家注册规划师20名，文物保护工程责任设计师13名，城乡规划学等相关专业的博士和硕士研究生82名。目前我院已有城乡规划编制甲级【证书编号：[建]城规编（141074）】、文物保护工程勘察设计甲级【证书编号：文物设甲字0501SJ0002】及国家旅游规划设计甲级资质【证书编号：旅规甲06-2013】。

我院依托哈尔滨工业大学大土木学科优势、建筑学院雄厚的师资力量，近年来应国内外科研与专业业务发展的需求，已逐步形成了10个各具特色专业市场领域的规划设计所。承接项目与业务的范围主要包括：区域规划、城镇体系规划、城乡统筹规划、城乡总体规划、城市设计、海绵城市规划、综合交通规划、控制性详细规划、修建性详细规划、景观规划与设计、历史文化遗产保护规划、近现代建筑修缮设计、旅游规划设计等各类规划和咨询项目。

近年来，我院为城市与环境规划设计各相关领域的课题研究、政策探讨、项目落地实施与专业领域的国际学术交流等做出突出贡献，成立了以硕博人员为主、实务技术人员为辅，兼具研发与创作相结合的创作研究中心。在此基础上我院同俄罗斯圣彼得堡国立大学于2015年10月成立了中俄中东铁路文化遗产保护创作研究中心，创研中心充分发挥无人机技术优势，在规划领域广泛应用，高效完成了中东铁路数据库平台的建设。

2016年7月我院在任南琪院士的领导下，与法国苏伊士公司、哈工大城市水资源与水环境国家重点实验室共同组织成立了中法海绵城市研究中心，专职研究与执行城市水环境发展的一系列研究课题与专项规划。

我院为突显地域发展需求与寒地文化特质，又于2016年12月成立具有国际领先水平以冰雪文化及创意创作为主体的创意设计中心，积极参与中俄文化的交流活动并完成冰雪艺术在环境规划设计中的业务推广。

按照我院的整体发展战略，为加强城市规划设计配套产业发展战略研究，更好发挥战略规划在规划设计项目市场开拓的先导作用，特成立战略发展研究中心。中心依托中国宏观经济研究院等高端智库资源、站在国家发展战略的前沿，为城市发展规划、产业发展规划、市场开拓规划、园区发展规划等提供咨询服务。

我院已完成大量的国家科研项目和城乡规划设计项目，获得国家级优秀城乡规划设计一等奖1项，国家级优秀规划设计二等奖1项，国家级优秀规划设计三等奖7项。省优秀城乡规划设计一等奖、二等奖和三等奖数十项。另外，我院十分重视国际交流以及相关业务领域的整合，先后同英国谢菲尔德大学规划系、俄罗斯圣彼得堡国立大学、太平洋国立大学签署全面交流合作协议。

我院长期在产学研一体的建设宗旨下，已充分发挥哈尔滨、深圳、中国台北市的城乡规划设计优势和人才培养优势，力争起到学科交流的桥梁和纽带作用。此外又和中建三局以及黑龙江驴妈妈旅游有限公司签署了战略合作协议，全面落实规划设计、施工与运营一条龙的专业服务。

2011年，城乡规划学和风景园林学被国务院学位办批准为国家一级学科，作为学科发展的实验室平台之一，我院在学科建设、研究生培养、国际交流、科研创新、专业培训、规划新技术新方法研究等方面发挥了积极的推动作用。

编制人员

赵志庆	院长、教授、注册城乡规划师
夏子康	副院长/设计总监、高级规划师
马 和	副院长、研究员级高级工程师、注册城乡规划师
张国涛	副院长、研究员级高级工程师、注册城乡规划师
姜鸿涛	所长、研究员级高级工程师、注册城乡规划师
胡佳勇	所长、工程师
宋扬扬	所长、城市规划师、注册城乡规划师
杨 灵	所长、城市规划师
张丽燕	所长、工程师
秦 耕	所长、工程师
王清恋	主任、工程师
王作为	副主任、城市规划师、注册城乡规划师
张 璐	副主任、城市规划师、注册城乡规划师
金 鹏	副所长、城市规划师
王 璠	副所长、城市规划师、注册城乡规划师
杨家宝	副所长、城市规划师
张昊哲	技术顾问、城市规划师、注册城乡规划师
宋继蓉	设计师、高级城市规划师
张 冰	设计师、城市规划师、注册城乡规划师
胡建辉	设计师、工程师
田 蕊	设计师、城市规划师
江雪梅	设计师、城市规划师
徐 涵	设计师、工程师
夏 鑫	设计师、助理工程师
康晓菲	设计师、工程师
崔鑫悦	设计师、工程师
刘 畅	设计师、城市规划师
信乃琪	设计师、工程师
李子为	设计师、园林工程师
杨曼荻	设计师、城市规划师
盛 晖	设计师、城市规划师
于 音	设计师、城市规划师
徐亚彩	设计师、助理工程师、注册城乡规划师
王 雪	设计师、助理工程师
张 博	设计师、工程师
李毓书	设计师、工程师
齐 爽	设计师、工程师
林杰妮	设计师、助理工程师
张 放	设计师、工程师
丁志博	设计师、工程师
刘 梦	设计师、建筑师
蒋向荣	设计师、城市规划师、注册城乡规划师
刘丽君	设计师、城市规划师
王晓磊	设计师、城市规划师
赵 彬	设计师、城市规划师
王 锐	设计师、城市规划师
田 鑫	设计师、城市规划师
陈 磊	设计师、城市规划师
郑佳鑫	设计师、工程师
史 琳	设计师、城市规划师
左 晖	设计师、城市规划师

编制人员

教师项目组：

徐苏宁	哈尔滨工业大学建筑学院城市设计研究所所长、教授
宋聚生	教授
戴冬晖	副教授
刘生军	城乡规划系副主任、副教授
曹　聪	规划师
张　典	规划师
于婷婷	规划师
刘羿伯	规划师
陈璐露	规划师
卢新潮	规划师
赵　欣	规划师
戴　超	规划师
刘宇晴	规划师
刘　妍	规划师
门　赫	规划师
董秀明	规划师
路郑冉	规划师
郭　嵘	哈尔滨工业大学建筑学院城市与区域发展研究所所长、教授、注册城乡规划师
崔　禹	规划师
苏万庆	哈尔滨工业大学建筑学院城乡规划系第一教研室主任、讲师、注册城乡规划师
薛　睿	规划师
李　盛	规划师、城市规划师
崔彦权	规划师
王振茂	规划师
高　野	规划师
黄梦石	规划师
白玉静	规划师
赵　婧	规划师
宋晓雅	规划师
卞　贺	规划师、助理规划师
谷梦婷	规划师
邹志翀	哈尔滨工业大学-美国加州大学伯克利联合可持续发展研究中心执行主任、副教授
武　彤	规划师

编制单位

齐齐哈尔市城市规划设计研究院

齐齐哈尔市城市规划设计研究院是国家甲级资质城市规划编制单位，于1984年建院至今已走过了三十多个春夏秋冬。我院经历了由小到大，由弱到强的发展历程。由建院初期的十几人，发展到今天的几十人；由乙级晋升到甲级；由初期的每年完成十几项任务，到今天每年完成上百项任务，在各个方面都达到了较先进的水平，取得了巨大成就。

齐齐哈尔市城市规划设计院坐落在黑龙江省西部地区，美丽的嫩江东岸，主要承揽全市7个区，9个县（市）的城乡规划的设计任务，以及部分土建工程设计任务，是政府的重要的参谋部门。主要承担的业务范围包括城市总体规划、居住区规划、园林规划、道路交通规划、市政工程管线规划、城市设计、建筑设计、规划信息咨询服务等，计算机绘图普及率达100%，设计水平得到了很大的提高。

齐齐哈尔市城市规划设计研究院现有工程技术人员58人，其中高级职称34人，中级职称10人，初级职称10人。国家注册规划师10人。

我院以"设计时代精品，规划世纪蓝图"为己任，在1996年城市总体规划修编的基础上，按照市委市政府"建设生态市、园林城"，改造老工业基地和实施经营城市的战略部署要求，近几年中，科学系统、高起点、高质量、高水平地完成了各项规划近千项，并得以实施，建设了一批重点工程，使齐齐哈尔市的城乡面貌发生了巨大变化，百姓安居乐业，促进了社会稳定，为实现齐齐哈尔市城乡的跨越式发展做出了贡献，发挥了作用。近几年先后有几十个项目获省优秀规划设计一、二、三等奖，2016年度《齐齐哈尔市富拉尔基区和平路黎明路文汇路历史文化街区保护规划》获省优秀城乡规划设计一等奖，《齐齐哈尔市中心城区地下综合管廊专项规划》获二等奖，《碾子山区城市风貌景观规划》、《凤凰城棚改小区F区（金茂府）修建性详细规划》、《龙沙公园景观提升改造规划方案》获三等奖；2015年度《锋尚人家棚改小区修建性详细规划》获省优秀城乡规划设计二等奖，《齐齐哈尔市铁锋区南化棚改小区修建性详细规划》、《齐齐哈尔市绿色食品特色产业园区总体规划》获省优秀城乡规划设计三等奖。

齐齐哈尔市城市规划设计研究院各项工作取得了可喜成绩，领导班子团结战斗坚强有力，职工队伍思想稳定，经济效益逐年增长，多次受到上级行业领导机关和有关部门的表彰。

编制人员

刘曦光	院长、研究员级高级规划师
崔 巍	副院长、高级规划师
韩 鹏	总规划师、高级规划师、注册城乡规划师
王毅辉	高级规划师、注册城乡规划师
纪 峰	高级规划师
董兴野	助理规划师
赵珺雯	初级规划师
于 刚	高级工程师
史 巍	工程师
李 齐	工程师
王东海	高级工程师
高晓东	高级规划师、注册城乡规划师
林楠楠	助理规划师
鞠清翠	工程师
程钰莹	助理规划师
李晓梅	高级工程师
魏伟利	高级工程师、注册城乡规划师
于海凤	助理工程师
李雪梅	高级工程师
李艳菊	高级工程师
郑 宽	助理工程师
徐 伟	建筑师

编制单位

大庆市规划建筑设计研究院

大庆市规划建筑设计研究院创建于1989年3月，是以服务于城乡建设为主的综合型规划建筑设计科研单位，具有国家批准的城乡规划编制、建筑工程、道路工程及风景园林4项甲级资质，市政行业、测绘、工程咨询、土地规划4项乙级资质，公路工程设计资质等。

现有国家注册人员28人。可承担各种类型城乡规划编制，大型工业与民用建筑，大型城市道路，大型风景园林；市政给水、排水、热力、城镇燃气、道路、桥梁、交通工程、环境工程，公路工程，工程测绘等设计、工程咨询、土地规划编制等业务。

我们始终坚持以社会责任为己任。2008年，我院作为大庆市勘察设计行业一员率先为汶川地震灾后重建献力献策，2010年作为黑龙江省第一家援疆设计院进驻新疆阿勒泰地区，无偿进行灾后居民定居点和援疆干部公寓楼的规划、设计，受到了黑龙江省政府和新疆维吾尔自治区政府的表扬。

2008年以来，我院连续多年被评为全省最优规划编制单位，全省勘察设计先进单位，2013年、2016年连续获得全国建筑行业诚信单位荣誉称号，2013年被评为黑龙江省诚信示范企业。

我院始终坚持"以人为本"营造和谐企业文化，为员工提供舒适的工作环境，为各类专业技术人才展现才华、实现自我价值提供最合适的平台。努力开拓市场，凭借实力不断扩大业务服务范围。我院以"国内知名，东北一流"为发展目标，竭诚为全国各地城乡建设提供更加优质的服务，为全国城乡建设事业的繁荣发展做出更大贡献。

编制人员

戴世智	院长、高级规划师、注册城乡规划师
盛 江	副总规划师、高级规划师、注册城乡规划师
杨海军	规划分院院长、高级规划师、注册城乡规划师
刘洪亮	安达分院院长、高级规划师、注册城乡规划师
葛 明	规划分院所长、高级规划师
崔 征	规划分院所长、高级规划师、注册城乡规划师
郭宏杰	规划分院所长、高级规划师
李罕哲	高级规划师
许 娜	高级规划师
孙海明	高级规划师
朱广娟	高级规划师
刘宝军	高级规划师
刘 佳	高级规划师、注册城乡规划师
周景丽	高级规划师
张雪雁	高级规划师
盖 宇	高级规划师
韩树伟	高级规划师
史春华	高级规划师
柴兴楠	高级规划师
裴晓红	高级工程师
邱国平	高级规划师
石 磊	高级工程师
王宏志	城市规划师
徐 乐	城市规划师
薛 婷	城市规划师
王 薇	城市规划师
刘 玲	城市规划师
敖 雷	城市规划师
李文龙	城市规划师
张晓晨	工程师
盛 开	建筑师
曹晓谦	建筑师
杨光伟	城市规划师
齐 超	城市规划师
董 铭	城市规划师
王佳佳	工程师
张 涛	工程师
米 迷	工程师
王 丹	工程师
王志东	工程师
李春亮	工程师
乔 欢	助理工程师
高明月	助理工程师
张武鹏	助理工程师
于大江	助理工程师

编制单位

绥化市城乡规划局

上海同济城市规划设计研究院

编制人员

高中岗	同济规划院总工程师、教授级高级规划师
王 颖	规划院一所所长、教授级高级规划师
封海波	规划院一所总工、高级工程师
胥建华	工程师
彭军庆	工程师
郁海文	规划院一所副所长、工程师
傅 岩	规划院一所副所长、工程师
汪劲柏	工程师
郑国栋	高级工程师
徐琳斐	工程师
潘 鑫	高级工程师
付 军	局长
杜景波	副局长
赵曼丽	科长
徐丽丽	科员

编制单位

黑龙江易筑工程设计有限公司

黑龙江易筑工程设计有限公司成立于2014年，现拥有城乡规划乙级资质，可承担城乡规划设计、园林绿化工程设计、市政工程设计和建筑工程设计等各类设计业务。自成立以来先后完成了《黑龙江拜泉县村镇规划市政设施规划设计》、《穆棱市光义煤矿独立工矿区核心区总体规划》，《克东县社会福利院养老护理楼修建性详细规划》，《毕节市中心城区慢行交通专项规划》，《五大连池市城市停车设施专项规划项目》，《嫩江县双山镇总体规划、镇区控制性详细规划》，《嫩江墨尔根通用机场升级改造项目修建性详细规划》等各类设计任务，取得组织编制单位的一致好评。

编制人员

李书亭	项目负责人、讲师
罗娇赢	设计师、讲师
孙 昇	设计师、讲师
李海英	设计师、讲师
王庆华	设计师、城市规划师
周立昊	设计师、城市规划师
杨胜男	设计师、城市规划师
吕金库	设计师、城市规划师
卫 渊	设计师、助理工程师
霍春玲	设计师、高级规划师
聂云祥	设计师、助理工程师
马宏珊	设计师、城市规划师

编制单位

哈尔滨市城乡规划编制研究中心

哈尔滨市城乡规划编制研究中心，系公益类、研究型、技术性事业单位，为哈尔滨市城乡规划行政职能开展技术支撑和服务。拥有城市规划、经济地理、园林景观、道路交通、市政工程和数据信息等多学科高素质技术人员18人，主要职能是围绕负责城乡规划策略和重大项目前期研究、负责城乡规划基础数据管理系统维护发布、负责规划编制成果管理等。

编制人员

马双全	主任、高级城市规划师
林　佳	城市规划师
张　瑜	高级城市规划师
池　浩	总规划师、高级城市规划师
郑文裕	副主任、高级城市规划师
徐　健	城市规划师
王时光	工程师
郑斐然	城市规划师

图书在版编目（CIP）数据

黑龙江省优秀城乡规划项目作品集 2014-2016 / 黑龙江省城市规划
协会编著 . —北京：中国建筑工业出版社，2018.3
　ISBN 978-7-112-21940-7

　Ⅰ . ①黑… 　Ⅱ . ①黑… 　Ⅲ . ①城乡规划—作品集—黑龙江省—
2014-2016 　Ⅳ . ① TU982.235

　中国版本图书馆 CIP 数据核字（2018）第 049197 号

责任编辑：李　明　李　杰
责任校对：芦欣甜

黑龙江省优秀城乡规划项目作品集 2014-2016
黑龙江省城市规划协会　编著
*
中国建筑工业出版社出版、发行（北京海淀三里河路9号）
各地新华书店、建筑书店经销
北京点击世代文化传媒有限公司制版
北京富诚彩色印刷有限公司印刷
*
开本：889×1194毫米　1/12　印张：17⅓　字数：567千字
2018 年 3 月第一版　2018 年 3 月第一次印刷
定价：180.00元
ISBN 978-7-112-21940-7
　　（31847）